从"底图"到"蓝图"

——国土空间规划背景下广东省村庄规划的改革实践

广东省国土空间规划协会　编著

SPM 南方传媒
广东经济出版社
·广州·

图书在版编目（CIP）数据

从“底图”到“蓝图”：国土空间规划背景下广东省村庄规划的改革实践 / 广东省国土空间规划协会编著. —广州：广东经济出版社，2023. 10
ISBN 978-7-5454-8908-8

Ⅰ. ①从… Ⅱ. ①广… Ⅲ. ①乡村规划－研究－广东 Ⅳ. ①TU982. 296. 5

中国国家版本馆CIP数据核字（2023）第124305号

责任编辑：冯　颖　于明慧　陈　晔
责任技编：陆俊帆
责任校对：杨　蕾
封面设计：林晓夏

从“底图”到“蓝图”
——国土空间规划背景下广东省村庄规划的改革实践
CONG “DITU” DAO “LANTU”
——GUOTU KONGJIAN GUIHUA BEIJING XIA GUANGDONG SHENG CUNZHUANG GUIHUA DE GAIGE SHIJIAN

出版发行：广东经济出版社（广州市水荫路11号11～12楼）
印　　刷：珠海市国彩印刷有限公司
（珠海市金湾区红旗镇永安一路国彩工业园）

开　　本：787mm×1092mm　1/16　　**印　　张：**20.75
版　　次：2023年10月第1版　　**印　　次：**2023年10月第1次
书　　号：ISBN 978-7-5454-8908-8　　**字　　数：**400千字
定　　价：88.00元

发行电话：（020）87393830
广东经济出版社常年法律顾问：胡志海律师
如发现印装质量问题，请与本社联系，本社负责调换

《从“底图”到“蓝图”——国土空间规划背景下广东省村庄规划的改革实践》

指导单位：广东省自然资源厅

主编单位：广东省国土空间规划协会

参编单位：广东省城乡规划设计研究院有限责任公司
广东省建筑设计研究院有限公司

支持单位：（按首字笔画排序）
广东工业大学
广东中地土地房地产评估与规划设计有限公司
广东农村研究院
广东省农业科学院
广东城建达设计院有限公司
广东省建科建筑设计院有限公司
广州市城市规划勘测设计研究院
广州市科城规划勘测技术有限公司
广州地量行城乡规划有限公司
中山大学
中国人民大学
中国城市规划设计研究院
方塘智库
北京新兴华安智慧科技有限公司
江西自然规划设计有限公司
汕头市城市规划设计研究院
汕头技师学院
华南农业大学
华南理工大学
梅州市城市规划设计院有限公司
深圳市蕾奥规划设计咨询股份有限公司

策划团队

顾　　问：马向明　朱雪梅　许险峰
　　　　　沈陆澄　蔡云楠　朱旭辉
主　　任：邱衍庆
副 主 任：田　中　蔡穗虹　林善泉
　　　　　明立波　杨　超

编 委 会

主　　编：代秀龙　潘晓东　陈潇菡
副 主 编：江家顺　陆禹杭　何志薇
编写人员：李梓明　范家轩　赵家敏
　　　　　杨静雅　杜明轩　陈梦莹
　　　　　张玮珊　曾海霞

前言

Preface

我国一直重视乡村规划建设，尤其是实施乡村振兴战略以来，历年的中央一号文件更是持续作出整体部署。2019年3月8日，习近平总书记在参加十三届全国人大二次会议河南代表团审议时的讲话中，明确作出“按照先规划后建设的原则，通盘考虑土地利用、产业发展、居民点布局、人居环境整治、生态保护和历史文化传承，编制多规合一的实用性村庄规划”的重要指示精神，开启了新时期村庄规划工作的新篇章。

在乡村振兴战略与国土空间规划体系构建双重背景下，村庄规划作为实施乡村振兴战略的基础性工作，是国土空间规划体系中乡村地区的详细规划、法定规划，在乡村地区空间治理中扮演了重要角色。机构改革以后，自然资源部深入贯彻习近平总书记关于村庄规划的重要指示精神，出台了系列指导性文件，明确了村庄规划定位、工作任务等重要内容，有力地指导了全国村庄规划编制工作。村庄规划的规划理念、规划内容、规划技术方法等都有了新的转变，规划编制工作成为社会的热门话题。

作为中国改革开放的前沿阵地，广东省全面贯彻落实党中央、国务院的决策部署，立足不同时期的本省实际情况，以问题、目标与需求为导向，在推进社会主义新农村建设、美丽乡村建设的过程中，不同部门按照自身的工作职能针对村庄已开展过多轮规划，有了一定的工作基础；在新时期持续推进实施乡村振兴战略、“百县千镇万村高质量发展工程”中，较早开展了“多规合一”实用性村庄规划编制工作，按照试点的方式深入实践，在着力提升规划针对性、成果实用性、政策融合性、操作便捷性等方面开展探索，积累了一些经验，逐步形成了村庄规划的广东样本。

2022年4月，在广东省自然资源厅的指导下，广东省国土空间规划协会启动《从“底图”到“蓝图”——国土空间规划背景下广东省村庄规划的改革实践》

一书的编撰工作，经过一年多的努力，终于顺利完稿。本书以“广东省村庄规划改革实践”为研究对象，以广东省历年来的村庄规划工作实践为案例，系统探讨了村庄规划设计现状问题及发展历程、新时期村庄规划工作逻辑、规划编制技术路径、规划动态管理机制、规划政策支撑体系设计的创新思路，重点阐述新时期“多规合一”实用性村庄规划的探索工作，旨在为国土空间规划体系下优化村庄规划编制体系提供参考借鉴，探索一条符合中国国情和广东特色的村庄规划创新发展道路。新时期村庄规划尚处于探索阶段，限于作者水平，书中总结和感悟也是阶段性的，希望“村庄规划改革实践”的课题能够得到社会各界更加广泛、深入的关注与探讨，共同推进新时期村庄规划编制体系的完善。

本书基于“新时代多规合一背景下广东省村庄规划新要求与优秀试点经验交流推广宣介项目”研究成果编撰，得到了广东省自然资源厅以及各级乡村规划主体、有关科研单位、专家学者的大力支持，书中引用的各类型村庄规划优秀案例由公开征集而来，对此深表感谢！

序 言

Preamble

"规划+"为乡村振兴创造价值

乡村振兴重在全面彰显乡村的价值，而乡村规划就是以规划思维方式、规划工作方法、规划技术手段和规划信息平台，优化整合空间资源要素，实现乡村价值塑造的技术手段。实践证明，通过规划赋能，可以进一步彰显和塑造乡村价值——空间价值、生态价值、经济价值、文化价值与社会价值。近年来，广东省的村庄规划改革实践系列，就是秉承"'规划+'为乡村振兴创造价值"的理念，坚持以价值为导向优化并定义乡村规划，从而为乡村发展的持续性、乡村建设的宜居性、乡村治理的有效性提供了较好的综合解决方案，包括如下五个方面。

提供时代解决方案，走具有广东特色的乡村振兴道路，推动广东乡村振兴迈进全国第一方阵。紧紧围绕统筹推进乡村振兴和"百县千镇万村高质量发展工程"这个中心工作，在驻镇帮镇扶村机制、乡村振兴示范带、海洋牧场、绿美广东生态建设、万里碧道、南粤古驿道等具有广东特色的重点任务和重大项目建设中，科学把握乡村的差异性和发展走势分化特征，做好顶层设计，注重规划先行、突出重点、分类施策、典型引路，发挥乡村规划的统筹引领作用。

提供机制解决方案，建立有效乡村规划传导机制，实现县镇村一体化规划建设。秉承系统性思维，从"规划打架"向"体系清晰"转变，建立"发展规划—空间规划—建设规划"的规划体系和传导机制，通过三个规划的无缝衔接，完成规划目标，合理功能布局，实现项目能落地、用地有保障、建设有秩序，从根本上解决过去乡村规划类型多、层次乱、内容杂、落地难等问题。遵循实用性原则，从"天马行空"向"脚踏实地"转变，建立"深调研""接地气""可操作"的规划工作机制，从"政府主导"向"多元共治"转变，形成共建、共治、共享的乡村规划实施机制，使规划的公共政策属性真正成为创造价值的策源力、源动力。

提供空间解决方案，以全域土地综合整治盘活利用乡村资源要素，优化乡村"三生"空间。突出全局性思维，在奠定生态基底的基础上，充分实现农业农村联动、生产生活生态融合，充分考虑联农带农机制、生态产品价值实现机制，合理安排乡村空间布局，谋划乡村振兴的一张“蓝图”。突出存量规划理念，针对乡村土地破碎化、房屋闲置化等问题，综合运用土地整治手段，积极盘活存量低效用地，提高土地集约利用水平。突出乡土文化传承，把南粤古驿道，历史文化名镇、名村，传统村落和不可移动文物，历史建筑等物质文化遗产和呈现非物质文化遗产的空间载体的保护利用作为传承乡村文化的重要抓手，让乡村历史文化遗产在有效利用中成为乡村的特色标识和公众的时代记忆。

提供流程解决方案，从项目用地、项目建设、项目融资三个方面分别开展全流程服务，提供协同推进的工作方法及一体化解决方案。改变重编制轻落地的惯性思维，将规划实施作为提升规划质量的重要努力方向。建立项目融资的实施路径，依托规划进行项目策划并生成项目库，努力实现多渠道融资。建立项目用地的实施路径，在国土空间规划编制和实施阶段，充分对接乡村振兴用地政策，避免负面清单，综合运用土地整治措施，完成项目用地各项流程，保障项目可落地、能实施。建立项目建设的实施路径，通过规划与设计的一体化推进，合理安排建设内容、建设规模、建设方式、建设工期等，推动项目实施一气呵成。

提供数字解决方案，搭建乡村空间数据平台，提供信息化决策支撑系统。乡村空间的信息化管理是实现乡村空间优化决策的前提。建立基于地理信息系统的云数据中心和公共支撑平台，运用地理信息、大数据、云计算等数字技术，实现数字乡村空间数据资源标准化汇集与治理，提供更加高效的空间分析、业务应用功能和开发接口，为数字乡村建设提供空间数据资源和应用支撑。建立信息化决策系统，通过集约高效的数字基础设施，在市县级建立乡村空间数据公共平台，基于空间数据的信息化分析和场景应用，为乡村振兴提供信息化决策支撑，包括自然资源决策支撑、人口管理决策支撑、产业发展决策支撑、公共服务决策支撑等，以数字乡村激活乡村振兴新动能。

总之，乡村振兴、规划赋能，要从科学认识乡村多元价值出发，积极探索乡村规划的理念创新和技术重构，让“‘规划+’ 为乡村振兴创造价值”。广东省国土空间规划协会组织编纂的《从“底图”到“蓝图”——国土空间规划背景下广东省村庄规划的改革实践》，便是以上理念和实践的全面展示。

广东省国土空间规划协会第六届理事长

目 录

Contents

第四篇 ▸ 实践与展望

从“底图”到“蓝图”

——国土空间规划背景下广东省村庄规划的改革实践

第一篇

基础与研究

本篇阐述了研究的背景、意义、思路与架构，从乡村、农村与村庄，村庄规划的理论基础，乡村发展与规划体系等方面梳理了村庄规划理论综述；基于乡村振兴战略实施和国土空间规划体系构建双背景，提出了村庄规划的时代职责和趋势；围绕新时期村庄规划发展，简述各省市村庄规划的工作实践概况，分析其共性与差异，总结了新时期各省市村庄规划的转型趋势。

第一章
绪　论

乡村是中国社会的重要组成部分，村庄是构成乡村的基本单元，乡村发展和村庄规划历来都是国家现代化的基础问题。在党的十九大提出的乡村振兴战略和近年来构建国土空间规划体系部署的双背景下，国家从产业振兴、文化振兴、人才振兴、生态振兴、组织振兴五个方面推进乡村全面振兴，要求将乡村地区纳入全域国土空间统筹考虑，形成城乡融合发展新机制，对村庄规划提出生态优先、高质量绿色发展、以人民为中心等新要求，为新时期开展村庄规划实践与研究指明了方向。本书全方位展现了广东省在村庄规划方面的探索创新与实践成果，可为新时期村庄规划全生命周期管理提供借鉴。

第一节　研究背景

乡村振兴战略是关系全面建设社会主义现代化国家的全局性、历史性任务，是新时代“三农”工作的总抓手。在《中华人民共和国国民经济和社会发展第十四个五年规划和2035年远景目标纲要》中，“坚持农业农村优先发展，全面推进乡村振兴”是其重要组成部分，意味着“三农”工作的重心将全面转向乡村振兴。随着乡村振兴战略的实施推进，部分地区已经着手计划全面推进乡村振兴建设，各地逐步认识到“先规划后建设”的重要性，如何对整个乡村的布局、目标、举措、政策体系进行完善，规划引领的作用愈加凸显，村庄规划成了实施乡村振兴战略的基础性工作，在乡村振兴战略实施中肩负着重要职责，成为社会各界关注的重点话题。

自2019年习近平总书记提出编制“多规合一”的实用性村庄规划后，国家在构建国土空间规划体系部署中就明确分级分类建立国土空间规划，乡村空间作为国土空间的重要组成部分，实用性村庄规划成了国土空间规划体系中的重要一环，成了城镇开发边界外的乡村地区的详细规划，需要通盘考虑土地利用、产业发展、居民点布局、人居环境整治、生态保护和历史文化传承，指导优化国土空间布局，提出各类开发建设、修复整治等的管控和引导要求，并作为开展国土空间开发保护活动、实施国土空间用途管制、核发乡村建设项目规划许可、进行各项建设等的法定依据。村庄规划的法定地位得到进一步提升，对村庄规划技术方法提出了新的要求。

按照国家的战略部署，广东省抓住实施乡村振兴战略的契机，从全域推进农村人居环境整治、美丽乡村建设和“千村示范、万村整治”工程，先后部署省级新农村连片示范建设、“一十百千”美丽乡村示范创建、省定贫困村创建社会主义新农村示范村、实施“百县千镇万村”高质量发展工程等工作，全面推进乡村振兴战略实施，并通过加强推进村庄规划工作，基本保障了乡村振兴工作的开展有规可依，全面支撑了全省乡村振兴工作的有序开展，同时在实践中也积累了诸多创新举措和工作经验。

第二节 ▸ 研究意义

第一，总结探索新时期村庄规划编制的实用模式。自“多规合一”实用性村庄规划提出以来，各地开展了诸多实践和研究，但由于处在国土空间规划改革过渡期、存在多种客观因素的制约，村庄规划编制的技术路径尚未完善。本书基于广东省开展多轮村庄规划编制工作的实践活动，围绕优化村庄规划编制方式、提升村庄规划空间响应能力、提升村庄规划特色和优化村庄规划成果表达等方面探索村庄规划编制的工作方法和技术路径，形成新时期“多规合一”实用性村庄规划的广东模式，为完善村庄规划技术方法提供借鉴。

第二，为乡村振兴战略深入实施提供基础支撑。当前阶段是推动乡村全面振兴深入实施的关键时期，而乡村发展还存在仅关注规模指标、走粗放扩张路子等问题，且有关配套新政策供给尚在不断完善，导致村庄规划难以提供精准的空间保障。本书从助力农村一二三产业融合发展、统筹乡村设施配置、指导乡村风貌优化提升等支撑乡村振兴落地实施的措施开展探索，创造性提出、丰富或完善了系列解决方法，探讨了保障乡村振兴项目落地实施的做法和经验。

第三，为建立健全村庄规划管理机制提供路径方案。随着国土空间规划体系构建，村庄规划在乡村治理中发挥的作用愈加凸显，村庄规划也被纳入国土空间规划全生命周期管理体系中，但由于基层规划实施管理力量薄弱、政策配套不完善等，村庄规划实施管理较难落地。本书通过村庄规划评估、规划调整机制的分析，创新性提出了多种门槛条件的村庄规划优化动态维护方式，探索村庄规划实施管理工作模式，为推动基层乡村规划管理工作提供支撑或者借鉴，为全国村庄规划管理机制完善提供路径方案。

第三节 ▸ 研究思路

从三个方面回顾过去。首先，从发展历史看广东省村庄现状基础，从历史文化发展脉络、区域发展差异、城镇化进程中的城乡空间特征，以及乡村治理体系特点等方面阐述广东省村庄现状特征。其次，从编制历程看广东省村庄规划演变，对从改革开放以来至国土空间规划体系构建以前广东省村庄规划编制历程进行分析总结，重点研究了建设社会主义新农村以来广东省各类村庄规划编制特征。最后，从编制体系构建、对乡村建设活动支撑等方面，阐述了广东省村庄规划工作的成效。

以三个视角探索创新。第一，探索“多规合一”下的规划编制技术方法。依托广东省村庄规划优化提升试点工作实践，从优化规划基础、提升空间响应、提升规划特色、优化成果表达、注重落地实施等方面创新村庄规划编制的技术方法。第二，探索体检评估下的规划动态维护机制。结合广东省村庄规划评估工作和规划管理经验，创新新时期村庄规划的动态调整机制。第三，探索政策支持下的规划落地实施路径。广东省为支持乡村振兴战略实施出台多项用地保障和支持政策，从国土空间规划过渡期规划政策、用地政策供给和规划人才保障方面优化村庄规划政策支撑体系设计。

第四节 ▸ 论述架构

全书按照“基础理论—分析研判—探索创新—案例实践”的研究逻辑，形成“基础与研究”“现状与回顾”“探索与创新”“实践与展望”四篇共十二章。

第一篇“基础与研究”，基于村庄规划理论综述探讨了乡村、农村与村庄的异同，追溯了村庄规划的起源和乡村发展、乡村规划管理体系的发展历程，同时从乡村振兴战略、国土空间规划体系构建等方面探讨了村庄规划的时代职责，并总结了新时期全国各省市村庄规划实践与转型工作中的共性与差异，系统地揭示了村庄发展与村庄规划的共性规律。

第二篇“现状与回顾”，基于广东省村庄发展现状和城乡发展格局，探讨了广东省村庄发展演变与特征、困局与需求，回顾了机构改革前广东省村级规划的发展历程，并从规划体系和技术方法的完善、规划管理机制的构建、规划实效与经验等方面对机构改革前广东省村级规划的成效与反思进行了探讨。

第三篇“探索与创新”，从机构改革以来广东省村庄规划实践的四个阶段系统总结了其工作逻辑特征，从夯实规划基础、提升空间响应、突出规划特色、优化成果表达、注重落地实施五个方面探讨了新时期广东省村庄规划编制技术路径，总结了新时期广东省村庄规划动态管理机制探索、村庄规划政策支撑体系方面的经验。

第四篇“实践与展望”，按照自然生态类、历史文化类、产业发展类和综合类四个方面选取了广东省新时期村庄规划的16个规划编制实践案例，剖析了案例的规划思路、主要措施和做法、规划创新、工作成效等，为新时期“多规合一”实用性村庄规划实践提供参考借鉴，并从规划编制、规划实施、规划管理等方面对未来村庄规划进行了思考，为全国村庄规划编制体系的建构、编制内容及方法的创新提供借鉴。

第二章
村庄规划理论综述

自古以来我国就是农业大国，农村长期作为我国人口聚居的重要区域，先民们在建造村落时就已有一定的规则和理念，村庄规划和村庄建设融合一体发展，在我国有着悠久的历史。本章从概念辨析上区分了乡村、农村与村庄的关系，梳理了村庄规划的起源、发展演变历程，对世界各地乡村发展趋势与管理体系作了研究，总体阐明了村庄规划的理论基础。

第一节 乡村、农村与村庄

“乡村”“农村”与“村庄”，是不同语境下我国对城市建成区以外区域的差异化称呼，由于词源、词义的不尽相同，具体应用场景也有所区别，本节通过对“乡村”“农村”“村庄”三词的词源、内涵、发展等内容进行研究，厘清三者的应用场景，分析三者之间的差异及联系，阐述本书为何以“村庄规划”为题。

一、乡村

（一）“乡村”的内涵

1.“乡村”的词源

“乡村”（“村”本为“邨”的异体字）是我国传统固有的名词，可追溯到较久远的时期，主要有两个含义：一是与州县相对的地区，如“平叔又请，乡村去州县远处，令所由将盐就村粜易”（唐韩愈《论变盐法事宜状》）；二是指乡里，家乡，如“闺风首邦族，庭训延乡村”（唐王维《同卢拾遗过韦给事东山别业二十韵给事首春休沐维已陪游及乎是行亦预闻命会无车马不果斯诺》）。1915年版《辞源》中，没有收录“乡村”，但对“乡”的解释为“对城镇而言，城镇以外皆为乡”（第2523页）。“乡”的繁体字为“鄉”，本义意为“用酒食招待人”，《释名》说

"乡，向也，众所向也"。在《现代汉语词典》（第7版）中，"乡村"解释为"主要从事农业、人口分布较城镇分散的地方"（第1426页）。

2. **制度层面上乡村的内涵**

按照乡村的行政体制不同，历史上乡村可分为三个时期（见表2-1）。

表2-1 乡村行政体制的变迁

时期	时间段	治理特征
第一个时期	从周朝建立乡制以来到宋代之前	乡作为国家行政官僚体系的一环，在乡（亭）一级设有有秩（啬夫）、三老、游徼等官职，除三老是从地方长老中选拔外，其他皆是有俸禄的官吏
第二个时期	宋代以后到晚清民国时期	政府不再通过官吏直接对乡一级行政体制进行直接干预管理，而是通过里甲、保甲、乡约、乡地等职役组织，以及乡间有名望的人士，如乡绅、乡贤等，共同维持乡的统治秩序，即所谓"皇权止于县政"
第三个时期	新中国成立以来	新中国成立后对乡村的定义，最早可以追溯到党在新中国成立前的根据地、边区和解放区建立的政权结构，并通过1954年宪法正式明确实行"乡、民族乡、镇"的建制。国家层面对乡村的最新的定义出现在2021年发布的《中华人民共和国乡村振兴促进法》中，"是指城市建成区以外具有自然、社会、经济特征和生产、生活、生态、文化等多重功能的地域综合体，包括乡镇和村庄等"。按照现在的定义，乡村的概念有所扩展，不仅指城镇地区以外的其他地区，县城驻地的建制镇和镇人民政府驻地也属乡村，蕴含着乡村振兴的县域基础

总的来说，新中国成立前传统的乡村，其意义更倾向于礼教治理，是中央政权所不能直接管控的广大州县之外的地区，是民众自治的地方，乡村在行政层面的初始含义具有社会治理边界的意义。新中国成立以来，中央政权管控到乡一级政权，虽然乡村的行政边界变化不大，但乡村治理发生了重大变化，从宗族自治的一元结构，变成了中央政权直接管理与传统宗族生成具有二元性的力量，一直影响至今，且其意义逐步发展成为一个包含自然、社会、经济、文化等多种特性的整体。

（二）"乡村"一词的沿革

回顾中国乡村社会治理的变迁，按照其历史演进，发展至今可大概分为"县政绅治""政社合一"和"乡政村治"的三个阶段[①]（见表2-2）。从传统中国的

① 苏海新.中国乡村治理模式的现代演进研究[D].长沙：湖南师范大学，2015.

"县政绅治"到新中国成立后的"政社合一"和"乡政村治"，即使政权变更和社会性质各异，但农民都是以缴纳税费的方式来感知国家的存在，而对农民自身利益切实影响较大的就是土地制度。随着税费改革、土地制度改革的开展，目前乡村治理多元主体缺乏有效沟通与协作，乡村治理仍存在一些难题亟待解决。国家提出乡村振兴战略"五位一体"推进路径中的"乡村组织振兴"，即是下一步乡村治理的重要探索方向。

表2-2　乡村社会治理的变迁

时期	阶段	社会背景	治理特征
封建社会	县政绅治	乡村在国家体系中的经济职能主要是土地上的农业税收，乡村治理受到人力、物力、财力及治理能力等的限制	封建时期国家对乡村社会的实际控制力度是有限度的，即"皇权止于县政"，国家一般需要通过一个权力中介来维持乡村秩序，即所谓的乡绅，让他们来担任乡社邻里的社会职务，以减少直接控制乡村社会的成本
人民公社时期	政社合一	直到新中国土地改革后，乡村地区大致经历了土地改革、村民互助小组、农业合作社等建设运动，农村集体经济得到确立，农村从原来的小农经济进入计划经济和小农经济并存的阶段，在一定时期内促进了乡村经济的发展，农业税依然是乡村在国家经济职能中的重要表现	随着撤区并乡、建立人民公社的开展，乡村地区形成"政社合一"的制度，行政力量开始介入村庄，国家政权支配每个农民的日常生活并将农民整合到自上而下的集权体系之中，人民公社是集基层行政管理、生产管理和社区管理三种功能于一体的组织，依靠不断提升的高度集权和国家强力来支撑[①]，是国家主导下的"政社合一"的治理模式
改革开放以来	乡政村治	20世纪70年代末，为了进一步解放生产力，部分地区开始探索家庭联产承包经营改革，虽然还是土地集体所有制，但随着改革的深入，土地所有权和使用权、受益权和转让权的分开，人民公社经济形式逐步解体，由此国家开始对经济领域放权，国家权力开始部分退出乡村	从1983年的"政社分开"到2018年的"三权分置"，我国乡村基层群众自治制度逐渐完善，国家权力下放到乡镇，基层自治组织主要依靠村党支部和村民委员会，形成了当代乡村社会治理中"乡政村治"格局的组织基础

① 朱宇.中国乡域治理结构：回顾与前瞻[M].哈尔滨：黑龙江人民出版社，2006.

二、农村

（一）“农村”的内涵

“农村”一词，从俄文的“дар”“драть”引入，其本义有垦荒、从树林中开辟耕地等意义，是以农业生产为主要职业的居民的居住地[①]。《大辞海》对农村的定义为“以从事农业生产为主的劳动者的居住地”，而对农村社区解释为“乡村社区”，与“城市社区”相对。“村”为聚落的含义，结合汉字“农”，“农村”的本义当是从事农业者的聚落。现在，国家对农村在现代经济系统中的功能定位是生产粮食，也和其本义接近。在户籍和土地经济层面上，农村是土地集体所有和具有集体经济组织的地区，与土地属于国家所有的城市相对。

（二）“农村”一词的沿革

在乡村建设开展的同时，十月革命的成功给中国带来了共产主义。中国共产党通过对中国国情的深刻认识，将苏联的“城市包围农村”转变为了“农村包围城市”，指导了中国革命取得最终胜利。其中对农村认识最深刻的当属毛泽东，他在农村做过《寻乌调查》《兴国调查》《东塘等处调查》《木口村调查》等多种农村调查[②]，还提出“没有这种调查，就没有农村的基础概念”[③]。总体上主要从社会阶级、产业结构等方面对农村进行研究，并形成政策文件。

我国的政策文件虽然没有对农村进行直接的定义，但出现农村的次数较多，如新中国成立后《中华人民共和国土地改革法》（1950年）第三十五条规定，“本法适用于一般农村，不适用于大城市的郊区。大城市郊区的土地改革办法，另定之。本条所称的大城市，由各大行政区人民政府（军政委员会）按城市情况决定之”。此时，农村指的是大城市和大城市郊区之外的地区。《农村人民公社工作条例（修正草案）》（1961年）中规定，“农村人民公社是政社合一的组织，是我国社会主义社会在农村中的基层单位，又是我国社会主义政权在农村中的基层单位”，“人民公社的规模是一乡一社。有的是小乡一社，有的是大乡一社。”农村包括了乡级建制及其以下的地区。这个定义在1999年发布的《关于统计上划分城乡的规定（试行）》中发生了变化，农村指集镇以外的地区，范围缩小了。而在规划制度层面，农村人民公社时代编制的农村人民公社规划包含了乡和村。

① 苏联大百科全书选译：农村[M].党凤德，译.北京：人民出版社，1954.

② 杨明伟.毛泽东早期是怎样做调查研究的[N].光明日报，2014-01-08（14）.

③ 毛泽东.毛泽东农村调查文集[M].北京：人民出版社，1982.

三、村庄

（一）“村庄”的内涵

村庄是农民居住和从事各种生产的聚居点，是农业生产及生活管理关系和社会经济的综合体，是乡村生产及生活、人口组织和经济发展的基本单位。村庄的规模和当地的资源环境、产业、人口、文化传统有关。我国村庄是一个自治体，土地属于集体所有，村民委员会是村民自我管理、自我教育、自我服务的基层群众性自治组织，办理本村的公共事务和公益事业，调解民间纠纷，协助维持社会治安，向人民政府反映村民意见、要求和提出建议①。

《现代汉语词典》（第7版）对“村庄”的定义为“农民聚居的地方”，这意味着村庄是承载乡村居民从事农业（包括耕作业和林牧副渔业）生产、生活及相关社会活动的聚集区。在我国不同地区，村庄又被称为“屯”“寨”“里”“庄”“嘎查”等，从地理空间来看，村庄还可被称为“乡村居民点”。很多村庄是以一个或数个姓氏为主的宗族聚居地，即使是在城市地区，这些居民的聚居地仍被冠以“村”“村庄”的名义，如“居民新村”“都市村庄”等。大的“村庄”可以包括一个、多个行政村，或形成集镇。很多村庄形成了现代意义的建制镇。

村庄的形成是一个长期的综合性的过程，其表现形式为农村聚落，故“村庄”又被认为是农村聚落的统称，或称为“村落”。聚落是人类生存、生产、生活和社会交往的中心，包括房屋、道路、广场、公园、池塘、菜地等要素。按照不同聚落的功能差异，可分为城市聚落与农村聚落。农村聚落是指除了城市聚落以外的所有位于乡村地区的乡村居民点。由此可见，“村庄”“乡村居民点”“乡村聚落”是同一事物的不同表述，虽然它们在名称上有所区别，但其实际内涵是一致的，即乡村居民生产、生活和社会活动的场所。因此，对村庄的理解，不应局限于空间的点或历史的聚落，还应综合考虑村庄的功能、空间布局、风土文化、经济发展、社会变迁等多方面因素。

（二）“村庄”概念的沿革

在漫长的中国历史中，村庄主要是由农民自发发展建设，传统意义上的村

① 李京生. 乡村规划原理[M]. 北京：中国建筑工业出版社，2018.

庄，一般泛指空间概念上单个集聚的村民聚居区，即现在所称的“自然村”“村民小组”等概念，是由村民经过较长时间，基于民族、姓氏、文化、战争避难等客观要素，在某种自然环境中聚居而自然形成的村落。一般情况下，全村只有一个姓氏，是同一个先祖的子孙后代，有相同的血缘关系。

《中华人民共和国村民委员会组织法》的颁布，保障了农村村民实行自治，由村民群众依法办理自己的事情，发展农村基层民主，促进了农村社会主义物质文明和精神文明建设。该法提出设立行政村级单位，由村民委员会进行村民自治，明确其管理范围，指出其是中国基层群众性自治单位。至此，村庄的概念得到了一定的延伸，既可以指代单独的自然村聚落，也可以指代行政村。

四、三者的异同

从词语的字义来看，对农村的定义主要从产业结构和社会结构上进行，在经济系统中主要承担生产粮食的职能；对乡村的定义主要是从社会治理上进行，并带有一定的文化属性；对村庄的定义则更多是基于纯粹的空间层面进行。从行政建制历史进程来看，自我国引入“农村”一词以来，由于改革开放以前很长一段时间内，在我国社会结构中，乡村地区主要以农业为主，因此“农村”和“乡村”两个概念在这一时期混用，是等同关系，都是包括乡级行政及其以下的广大地区；随着经济发展，农村的产业结构发生了巨大的变化，农村的范围在缩小，在《中华人民共和国乡村振兴促进法》中，“乡村”的概念被扩大，“农村”被包括在“乡村”内，两者是包含关系。在规划政策上，农村和乡村在人民公社阶段是重合的，改革开放后，农村范围缩小，出台的政策法规多针对乡村（村镇）。而在土地和经济制度上，很多街道办下还有城中村，仍存在集体土地、集体经济，从行政建制上已不属于乡，但在土地和经济制度适用上还是农村，乡村和农村属于并列交叉的关系。相较而言，“村庄”一般代指居民聚落本身或设立的村民委员会进行村民自治的管理范围——行政村，是空间层面和治理层面的概念，可以认为是乡村社会的最基本单元，属于“乡村”“农村”的下级概念。

本研究以“村庄规划”为题，其中的“村庄”指的是行政村，既考虑到在现行“五级三类”国土空间规划体系下，“村庄规划”作为城市以外地区法定详细规划的专用名词，同时也基于实际工作中相关发展、保护措施要落地于具体空间之中，“村庄”作为纯粹的空间概念可以更好地承载国土空间规划体系下的规划模式。

第二节 ▸ 村庄规划的理论基础

一、村庄规划的起源

（一）城乡规划的起源简述

现代村庄规划作为现代城乡规划体系之下的内容，与城市规划一样较早在英国出现，如18世纪英国出现的田园郊区理论，甚至比田园城市早出现100多年，其思想内涵是前工业化时代的村庄结合土地使用、景观及建筑的启蒙来创造物质空间的环境艺术，并希望以此来塑造邻里和培育社区感①。英国早期城乡规划的重点在城市，为防止城市无序蔓延而逐步关注到乡村地区的规划，由“明确城市的范围并抑制其增长”开始，此后对乡村问题的关注拓展到保护乡村土地不受城市发展侵蚀，到1932年颁布《城乡规划法》，形成了第一部涉及乡村地区的规划法律，该法律中将规划空间的尺度扩展到了全域国土空间，包括城市和乡村，甚至覆盖到了自然风景保护区②。

（二）村庄规划和城市规划的分离

在我国的村庄规划发展历程中，村庄规划原本依附于城市规划，但是其与城市规划具有较大的差异。随着《中华人民共和国城乡规划法》的颁布实施，我国村庄规划的理论不断完善，村庄规划也逐渐形成自身的特点。首先，在城乡二元化背景下，村庄地区发展背景、条件与城市相差甚远，规划内容也应当有所差异；其次，乡村布局分散化的现状导致其基础设施与公共服务设施覆盖率相对较低，因此首要目标是实现基础设施与公共服务设施的合理布局，保障村民的日常使用；最后，由于乡村地区特殊的自治性，公众参与在村庄规划中更应该也更容易体现。因此，村庄规划逐渐与传统城市规划分离，现如今作为“五级三类”国土空间规划体系中乡村地区的法定详细规划。

① 李京生. 乡村规划原理[M]. 北京：中国建筑工业出版社，2018.

② 周游，魏博阳，韦浥春. 英国乡村规划空间尺度的经验与启示[J]. 南方建筑，2019（1）：26-31.

二、我国不同时期村庄规划的内涵

（一）古代村庄规划与风水

1. 中国古代村庄规划

中国古代村庄规划起源于原始聚落时期以血缘为纽带的家族社会。中国古代的聚落并非纯粹的居住地，而是与耕地、猎场等基础生产设施相结合的综合性聚居点。在古代，聚落的核心是家族的核心活动区，也是宗祠的雏形。随着经济社会文化的发展，中国古代传统村落格局逐渐形成，原有的血缘纽带也在儒家文化的影响下，形成中国传统的宗族礼制，直到今天仍对乡村地区产生着一定的影响。广大的农村依然延续着历史悠久的中国农耕文明，虽然王朝和社会制度已发生演替，但农村地区长期以自然经济为主导，主要还是遵从传统的男耕女织的经济方式——以家庭为基本生产单位、以种粮为主的小农经济①。

2. 中国古代风水理论

“风水”又称“堪舆”，是中国古代村落规划的另一核心理论。在很长一段时间，风水都被认为是封建迷信的思想观念，不具备实际意义，但是经过多年各方专家的研究探讨，风水理论在抛去吉凶祸福、家族兴衰等主观内容后，其对村落选址区位的理论支撑，如“望气理气”“依山傍水”“天人合一”等理论，与现代城市规划理论中针对自然条件选址的相关理论具有异曲同工的效果。风水理论是在《易经》学说的基础上，结合古代人对自然地理、人文地理等相关内容相对不成熟的理解，形成的以“天人合一”为主要理念的聚落、建筑营造学说，虽然受到古代人的科学理论知识限制，其实际运用中往往掺杂着许多玄学的部分，但是对村庄、住宅的选址及布局的指导具有一定的科学性。

（二）近代村庄规划建设事件

20世纪初，乡村破坏激起了众多有识之士的救国热情，乡村建设运动在农村地区兴起，在20世纪20年代末至30年代中期形成高潮。当时参加这一运动的学术团体和教育机构有600多个，建立各种试验区1000多处，形成了各具特色的乡村建设模式②。如1931—1937年梁漱溟主持的山东邹平乡村建设实验，想通过“乡学村学”的制度设计，将“政治”与“教育”结合起来，培养中国民众的“团体组

① 罗丽琼. 新时代小农经济转型升级路径[J]. 农业经济，2021（6）：27-28.

② 李京生. 乡村规划原理[M]. 北京：中国建筑工业出版社，2018.

织”，寻找“建国”的乡村基础，在当时全国性的乡村建设运动中颇有影响①。虽然当时并没有明确提出“村庄规划”的概念，但村庄规划的行为已体现在村庄建设中。比如，为了践行通过教育搞好乡村建设的理念，乡村的改造以学校为中心，将商店、医院、武术会、石印厂等统筹布局于学校周边。

（三）新中国成立后的村庄规划

新中国成立后，百废待兴，为尽快将我国建设成工业强国，这一时期规划建设的重心集中于城市地区，乡村的生产方式仍以粮食种植为主，因此，这一时期的村庄规划成效有限，村庄规划往往作为城镇规划的附属。1965年后，全国兴起“农业学大寨”运动，全国各地均以大寨为样本，开展了村庄规划和建设活动，如农田基本建设、兴修水利、土地平整等，为将来的村庄发展格局打下基础。通过落实建设社会主义新农村的任务，开始了全面的村庄规划建设，逐步开展了村庄规划工作，村庄规划逐步从村庄建设中脱离出来。我国系统的村庄规划建设始于20世纪50年代，以农村人民公社规划融入国家的体制政策为起点②。

（四）改革开放后的村庄规划

改革开放后，村庄规划真正被提上议程，作为一个系统名词出现并被逐步规范化。如在1981年第二次全国农村房屋建设工作会议中提出，大力抓好村镇规划，合理安排各项建设，随后，国家颁布了《村镇规划原则》《村镇建房用地管理条例》等与村庄规划直接相关的政策法规，村庄规划依附在村镇规划中逐渐有了法定地位。

20世纪90年代，随着市场经济的提出，农村的产业发展和经营体制也开始进行创新，农村劳动力持续转移，进一步推动了农村的改革与发展。同时，村庄规划开始有了明确的立法文件，如1993年颁布的《村庄和集镇规划建设管理条例》、1994年颁布的《村镇规划标准》、1995年颁布的《建制镇规划建设管理办法》、1997年颁布的《村镇建设工作要点》、2002年颁布的《小城镇环境规划编制导则》等。同时，这一时期因为有了法规的设立，各个省市开始进行各自的村庄规划。2000年以后，我国经济有了一定的发展，与此同时，我国的农村农业发

① 张艺英，宋健. 民国时期的乡村建设与区域发展[J]. 中国农业大学学报（社会科学版），2022，39（1）.

② 温锋华. 中国村庄规划理论与实践[M]. 北京：社会科学文献出版社，2017.

展也进入了一个新的历史阶段，我国完善和健全了一系列的农村制度，谋求城乡之间形成一体化的状态，推动社会主义新农村建设，掀起新农村建设的浪潮。随着2008年《中华人民共和国城乡规划法》的实施，村庄规划正式得到了法律层面的认可，成为法定的规划之一。

2012年以来，国家对于乡村的工作提出了两个命题：一个是2013年中央一号文件提出来的“美丽乡村”，另一个是2017年提出来的“乡村振兴战略”。美丽乡村规划推动了村庄规划的编制工作。2014年，农业部开展了中国最美休闲乡村和中国美丽田园推介会，进一步推动了美丽乡村的规划与建设。2015年，住房和城乡建设部印发《关于改革创新全面有效推进乡村规划工作的指导意见》，要求提高村庄规划的覆盖率和实用性。到现在乡村振兴战略时期，推动“多规合一”实用性村庄规划的编制，要求将各类村级规划合并为新时代的村庄规划。

三、村庄规划的相关理论①

（一）城乡融合理论

城乡融合代表着中国现代化和城市化发展的一个新阶段，在马克思、恩格斯对城乡融合理论研究的基础上，中国城乡融合通过把工业与农业、城市与乡村、城镇居民与农村村民作为一个整体，旨在改变长期乡村的城乡二元经济结构，实现城乡在政策上的平等、产业发展上的互补、国民待遇上的一致，让农民享受到与城镇居民同样的文明和实惠，使整个城乡经济社会全面、协调、可持续发展。

城乡连续体理论是城乡融合理论下的一个重要理论，其核心思想是认为一个机体在进入城乡融合阶段后，城市社会和乡村社会的互动增强，经济和社会特征不断相互渗透。随着城乡的不断融合，将难以通过人口、政治、经济、文化等要素对城市、乡村进行划分，二者将形成一个城乡融合的连续体②。

城乡融合连续体的表现方式有以下三点：①乡村产业不断复兴，非农人口向乡村流动，社会设施和自然设施等不断融合，城乡呈现融合状态；②城乡社会特征重叠，人口密度、人际关系、产业发展、精神状态等城乡特征界限变得模糊；③城乡关系发生变化——乡村不仅是食物的重要生产地，也逐渐变成提供公共产品的主要场所。城乡互动日益增强，从对立竞争走向融合互补。

① 温锋华. 中国村庄规划理论与实践[M]. 北京：社会科学文献出版社，2017.

② 刘守英，龙婷玉. 城乡融合理论：阶段、特征与启示[J]. 经济学动态，2022（3）：21-34.

（二）城镇化理论

城镇化是指人口向城镇集中的过程。这个过程表现为两种形式：一是城镇数目的增多，二是各城镇内人口规模的不断扩大。从经济结构变迁看，城镇化过程是农业活动逐步向非农业活动转化和产业结构升级的过程；从社会结构变迁来看，城镇化是乡村人口逐步转变为城镇人口以及城镇文化、生活方式和价值观念向乡村扩散的过程；从空间结构变迁看，城镇化是各种生产要素和产业活动向城镇地区聚集以及聚集后的再分散过程。

目前我国城镇化发展主要有三大趋势：①城镇化面临的外部调整日益严峻，传统高投入、高消耗、高排放的工业化、城镇化发展模式难以为继；②城镇化转型发展的内在要求更加紧迫，原有依赖劳动力廉价供给的快速城镇化模式难以为继，城镇化发展由速度型向质量型转型势在必行；③城镇化转型的发展条件日益成熟，改革开放四十余年我国经济的快速增长，为城镇化转型发展奠定了良好的物质基础。国家着力推动基本公共服务均等化，为农业转移人口市民化创造了条件，交通运输网络的不断完善、节能环保等新技术的突破应用，为推动城镇可持续发展提供了有力支撑。

（三）系统规划理论

系统思想是城市规划工作的基本思维方式，对城市要素的认识和操作都必须将其置于城市整体的系统之中，《马丘比丘宪章》指出“不应当把城市当作一系列的组成部分拼在一起来考虑，而必须努力去创造一个综合的、多功能的环境”。规划一个城市的发展是综合和复杂的工作，主要包括经济预测、土地供给分析、土地需求预测、经济活动空间布局、城市土地利用与交通整合、城市发展与环境协调等内容。城市系统规划针对我国现行的发展规划、土地规划、城乡规划以及各部门专项规划之间衔接不畅的问题，提出了包括战略定位、产业发展、空间布局、项目策划、钢材建设、资金配置、制度保障和整体营销等内容的一揽子解决方案，为城市空间的可持续发展和城市竞争力的提高提供指导。

我国城市规划系统理论是基于城市系统的复杂性对政府部门的协调合作的规划探索，是当前部门职权和利益分化下的规划整合创新，更加注重规划对于城市长远发展的战略指导性和建设实施的实际操作性。而城市系统规划实践的推动力量主要有两类：一类是以规划管理部门为主要推动力的规划管理协调实践，另一类是以规划编制与设计单位为主要推动力的规划技术集成实践，高校及各类规划科研院所为两类实践提供的理论支撑和技术储备也至关重要。

（四）“多规合一”理论

我国传统空间规划存在“重纵向开展，轻同一空间上横向衔接和联系”的问题，而这恰恰导致在同一横向维度上，不同规划管控逻辑矛盾，带来我国城乡空间管理的众多问题。以规划编制的要求为例，国民经济和社会发展规划、城乡总体规划以及土地利用总体规划“三规”及其专项规划之间的法律依据、规划期限、分类标准各不相同：国民经济和社会发展规划编制依据宪法，规划期限为五年；城乡总体规划编制依据城乡规划法，规划期限一般为二十年；土地利用总体规划编制依据土地管理法，规划期限为十到十五年。三者在空间管控、规划编制、行政管理等层面程序也各不相同，造成了“三规”之间既有管理重叠、管控矛盾，又有管控真空区，难以形成合力，导致规划空间管控能力降低，生态环境保护缺乏有效协调，行政办公效率不足。为此，2014年国家发展改革委、国土资源部、环境保护部和住房城乡建设部四部委联合下发《关于开展市县“多规合一”试点工作的通知》，提出在全国28个市县开展“多规合一”试点。2018年机构改革与2019年国土空间规划体系的建立，标志着我国全面开展“多规合一”的空间规划编制工作。

第三节 乡村发展与规划管理体系

一、乡村发展趋势

（一）人类社会从工业文明向生态文明转型

自工业革命后，工业文明背景下的城镇化模式取代原本农耕文明背景下的乡村聚落模式，为人类文明的发展进步作出了不可磨灭的贡献，但是工业文明背景下的快速城镇化模式对环境的破坏及对城乡文化、肌理的破坏使其不再适用于当局的时代背景，生态文明的发展模式才是未来城乡健康发展的大势所趋。

我国在生态文明背景下的城镇化模式探索一直走在世界前列，在尚未完成国家工业转型建设的情况下，毅然提出了2030年前实现碳达峰，2060年前实现碳中和的总体部署，习近平总书记也多次提出“绿水青山就是金山银山”的重要发展理念，将生态文明建设作为城市发展的首要目标。

（二）发达国家乡村地区的发展趋势

乡村振兴是国家发展的必经之路，我国尚在这一路径上进行探索，而部分发达国家由于其发展较早与高城镇化率的情况，开展了各具特色的乡村振兴实践，可作为我国乡村振兴战略实施的经验借鉴。

1. 英国乡村地区发展趋势

英国乡村是主要依靠农业而存在的一个相对独立的社会单位，英国并没有专门针对乡村的规划管理法规体系，而是通过城乡统筹发展，通过《城乡规划法》来统一管理[①]。早期英国由于"二战"时期的粮食紧缺问题，为维护国家粮食供给，对乡村地区长期秉承着限制发展的策略，后随着乡村地区发展意愿的不断提升与规划理念的变化，英国逐渐开放乡村地区的发展建设，并给予较大的规划自主权，开展保护与发展并重的可持续性乡村发展模式，形成城乡综合空间。

2. 德国乡村地区发展趋势

德国乡村发展遵循的是"城乡等值化"理念，乡村地区享有同等的发展权力及高度的自主自治权力，通过立法保障乡村地方政府的规划高度自主权，规划实施保障机制完善。自20世纪80年代起，德国的村庄规划逐渐演变为村庄更新，其主要内容为以下6个方面：①规划理念及目标的确立；②基础设施与公共服务设施的改善及土地占有关系的调整；③居住建筑与院落的安排；④生产能力、产品品质与就业场所条件的提高；⑤环境的整治与再开发；⑥历史文化保护[②]。

3. 日本乡村地区发展趋势

日本乡村振兴依托的是自下而上的"一村一品"发展模式，以大分县大山町为起点，在全国开展了"政府引导+特色农产品+粗加工+文旅赋能"的乡村发展模式，形成了诸如"雪子寿司""马路村柚子""越后妻有大地艺术节"等一系列乡村振兴品牌，并将"一村一品"工作推广到中国、泰国、老挝、尼泊尔、马拉维共和国、吉尔吉斯斯坦等国家。

4. 韩国乡村地区发展趋势

与日本自下而上的乡村振兴运动不同，韩国乡村振兴采取的是自上而下的新村运动，通过为村民免费发放水泥钢筋、为居民进行精神启蒙培训、培育新村领导人等工作手段，有效加强了韩国乡村地区的房屋及基础设施建设。

---

① 李京生. 乡村规划原理[M]. 北京：中国建筑工业出版社，2018.

② 同上。

（三）我国所处的城镇化阶段以及乡村发展趋势

根据世界城镇化发展普遍规律，我国城镇化已达60%，处于城镇化率30%～70%的快速发展区间，但延续过去传统粗放式的城镇化模式，会带来产业升级缓慢、资源环境恶化、社会矛盾增多等诸多风险，影响现代化进程。与此同时，随着经济的发展与城市边界的不断蔓延，我国乡村地区部分人口逐步城镇化，青年人前往城镇居住、工作，村中仅剩下老年人与儿童，出现村庄空心化问题，部分村庄更是由于村民搬迁而直接消失。

二、乡村规划管理体系

（一）村庄规划编制体系

1. 城乡规划体系

长期的城乡不均衡发展，尤其是只注重城市的规划和建设，导致城乡发展的空间主体、城市规划的技术与方法难以有效处理村庄发展中的问题，村庄作为一个独立的系统而不是城市发展牺牲品的共识已经逐步形成。村庄规划应有别于城市规划，具备自身独立的编制体系。根据《村庄和集镇建设规划管理条例》和《中华人民共和国城乡规划法》的规定，村庄规划是“城镇体系规划—城市规划—镇规划—乡规划—村庄规划”体系下的第五级规划（见图2-1）。“五级三类”国土空间规划体系提出以后，村庄规划被明确为乡村地区的法定详细规划。

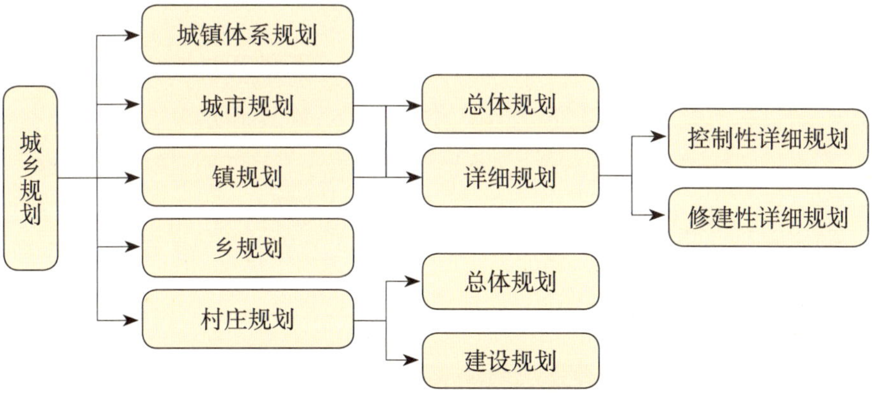

图2-1 城乡规划编制体系[①]

① 周游，魏博阳，韦浥春. 英国乡村规划空间尺度的经验与启示[J]. 南方建筑，2019（1）：26-31.

2. 土地利用规划体系

我国土地利用规划主要分为三大类：土地利用总体规划、土地利用专项规划、土地利用详细规划。土地利用总体规划可分为全国土地利用总体规划、省级土地利用总体规划、市级土地利用总体规划、县级土地利用总体规划和乡镇级土地利用总体规划。土地利用专项规划主要是针对土地开发、整治、整理及基本农田保护等某一专题内容进行规划，是土地利用总体规划的补充与延伸。土地利用详细规划是在土地利用总体规划的指引下，对某一地区、地段土地利用的具体安排与规划设计，村土地利用规划就属于详细规划层级[①]（见图2-2）。

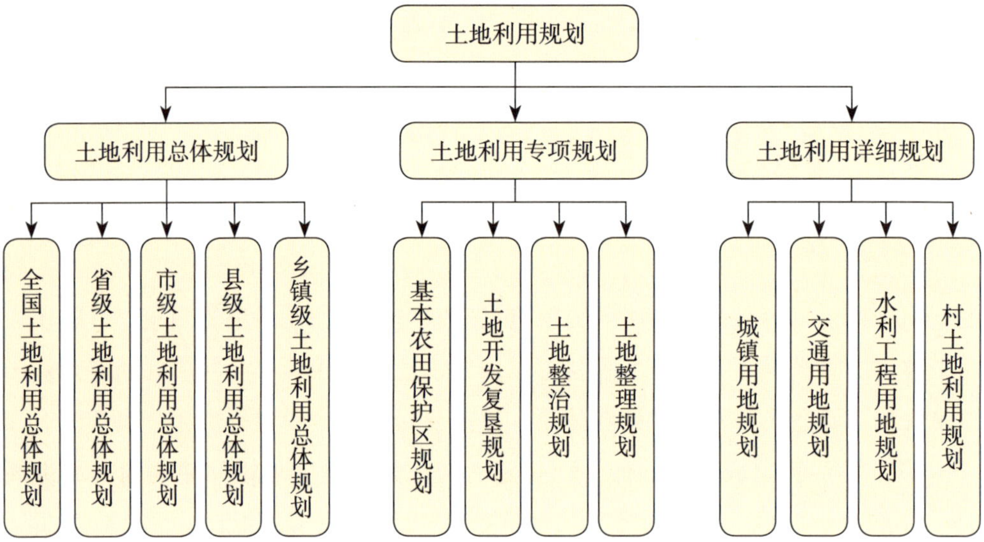

图2-2　土地利用规划体系

村土地利用规划主要是根据村域自然经济社会条件和村民意愿，综合研究确定土地利用目标，统筹安排经济发展、生态保护、耕地和永久基本农田保护、村庄建设、基础设施建设和公共设施建设、环境整治、文化传承等各项用地，制定实施计划。有条件的地方可进一步推进土地整治、风貌指引、建筑设计等任务。

（二）村庄规划编制流程

1. 城乡规划体系下的村庄规划编制流程

城乡规划体系下的村庄规划编制主要分为前期准备、资料收集及现状调研、

① 谭彩莲，黄春芳，唐云松.我国土地利用规划体系存在的不足及对策[J].安徽农业科学，2009，37（7）：3158-3159，3161.

规划编制、规划报批、规划公示五个阶段。

2. 村土地利用规划的编制流程

根据《村土地利用规划编制技术导则》，村土地利用规划编制工作由县级人民政府统一部署，县级国土资源主管部门会同有关部门统筹协调，乡（镇）人民政府具体组织编制，村民委员会全程参与。主要工作可分为工作准备、现状分析、编制方案、规划论证、规划报批、规划公告六大流程。

第三章 新时期村庄规划实践与转型

在乡村振兴和国土空间规划体系构建的双背景下，新时期赋予村庄规划新的历史任务。国土空间规划体系将村庄规划定位为城镇开发边界外乡村地区的法定详细规划，加强村庄规划是实施乡村振兴的基础性工作，村庄规划也在国土空间规划治理中承担了乡村空间用途管制和指导开发保护的时代职责。本章结合新时期各地在探索符合自身情况的实用性村庄规划实践的共性和差异性上研判了村庄规划的转型趋势。

第一节 乡村振兴战略实施对村庄规划的诉求

自乡村振兴战略提出以来，加强村庄规划成为实施乡村振兴的基础性工作。从村庄规划管理全覆盖，到加快推进有条件有需求的村庄编制村庄规划，按照产业兴旺、生态宜居、乡风文明、治理有效、生活富裕的总要求，国家战略层面政策与时俱进地对村庄规划提出了新的诉求，要求加快推进有条件有需求的村庄编制村庄规划。

一、支持城乡要素自由流动

城乡要素流动是资源合理配置的必然要求，是区域经济保持活力和竞争力的重要体现，但长期城乡二元体制下城乡发展机遇的不对等、发展模式的不适配造成了乡村要素向城市单方向流动的现状。在乡村振兴的背景下，乡村需要在城乡差异中寻求自身的立足点，形成区别于城市的乡村价值，吸引城市要素的流入。村庄规划的实质不在于对乡村进行表象上的美化，而在于要通过促进城乡之间要素的流动实现实质性的内生“造血”。

要塑造有利于乡村振兴的城乡要素流动的环境，要求村庄规划重点从以下三个方面着力：第一，在规划中重视和强化市场的力量，减少对要素配置直接干预，让市场充分发挥配置资源的基础性作用，吸引资金、技术和人才支持乡村发展；第二，整合乡村资源，通过挖掘乡村相对城市具有稀缺价值意义的要素，建立适合城乡发展的产业纽带，使得城市和农村之间产生内生联结的需求和动力；第三，重视公共基础设施的规划建设，提升乡村的开放性，让乡村农产品能够有效输出，促进乡村要素向其他地区流动，形成跨地域要素流动的网络关系，实现更广范围的城乡互动与互联。

二、保障农业生产粮食安全

确保重要农产品特别是粮食供给，是实施乡村振兴战略的首要任务，必须牢牢守住保障国家粮食安全这条底线。但是从国内看，我国粮食增产受到资源环境的刚性约束，现有耕地生产压力较大，水资源分布不均，粮食增产能力不足，依靠土地、劳动力等要素投入的粮食生产成本增加，产量增速放缓，尤其是高性能农业机械设备和油饲粮等高产品种育种等方面的关键核心技术亟待突破。此外，耕地保护意识薄弱，农村居民对破坏耕地耕种能力的后果认识不足，未经审批随意占用耕地修建房屋等建构筑物的情况时有发生。

要保障农业生产粮食安全，打好乡村振兴的基础，要求村庄规划从以下三个方面做起：第一，开发村庄优质农田资源，将低效的耕地改造成优质农田，发展精细农业，挖掘乡村高质量农业资源，全面提高农业质量效益和竞争力，培养精勤农民，全力打造农业农村高质量发展主力军；第二，科学布局农业生产要素，为加快农业机械化推广提供规划基础，提升农作物耕种收综合机械化率，推动形成结构合理、链条完整的优势特色产业集群；第三，执行最严格的耕地保护制度，强化耕地保护意识，坚守耕地红线，严禁任何单位和个人闲置、抛荒耕地和实施耕地“非粮化”，使粮食安全保障能力得到提高。

三、强化“三产”融合用地保障

保障“三产”融合用地是推进“三产”融合发展的基础，农村的“三产”融合是全面推进乡村振兴战略的必经之路。农村一二三产业融合发展用地是以农业农村资源为依托，拓展农业农村功能，延伸产业链条，涵盖农产品生产、加工、流通、就地消费等环节，用于农产品加工流通、农村休闲观光旅游、电子商务等混合融合的产业用地，土地用途可确定为工业用地、商业用地、物流仓储用地等。

要保障一二三产业融合用地，要求村庄规划重点关注以下三个方面：第一，优化农村“三产”融合发展用地布局，因地制宜合理安排建设用地规模、结构和布局，有效保障农村产业融合发展用地需要；第二，强化用地监管，可以优先安排农村产业融合发展新增建设用地计划，不得擅自改变土地用途或分割转让转租；第三，盘活农村存量建设用地，在充分尊重农民意愿的前提下，可依据国土空间规划，以乡镇或村为单位开展全域土地综合整治腾挪存量空间，鼓励对依法登记的宅基地等农村建设用地进行复合利用，用于支持农村产业融合发展和乡村振兴。

四、助力乡村建设行动实施

开展乡村建设行动是全面实施乡村振兴战略的关键，基本目标是改善农村生产生活条件，重点是保障基本功能，解决突出问题，补齐农村的短板。自党的十八大以来，各地区各部门把公共基础设施建设的重点放在农村，持续改善农村生产生活条件，乡村面貌发生巨大变化。但是我国农村基础设施和公共服务体系还不健全，部分领域还存在一些突出短板和薄弱环节，与农民群众日益增长的美好生活需要存在一定的差距。

为改善农村生产生活条件，要求村庄规划以以下四个方面为抓手：第一，加强乡村公共基础设施建设，继续把公共基础设施建设的重点放在农村，着力推进往村覆盖、往户延伸；第二，整治农村人居环境，稳步解决“垃圾围村”和乡村黑臭水体等突出环境问题，优化农村人居环境景观，完善农村人居环境设施，深入推进村庄清洁和绿化行动；第三，提升农村基本公共服务水平，建立城乡公共资源均衡配置机制，强化农村基本公共服务供给县、乡、村统筹，逐步实现标准统一、制度并轨；第四，全面促进农村消费，加快完善县、乡、村三级农村物流体系，推动城乡生产与消费有效对接。

五、促进乡村文化蓬勃发展

乡村文化建设是乡村振兴战略的重要组成部分。乡村振兴离不开文化的引领，文化振兴是乡村振兴的任务和追求，将文化产业赋能乡村振兴纳入全面推进乡村振兴整体格局，统筹优秀传统乡土文化保护传承和创新发展，充分发挥文化赋能作用，既能为乡村全面振兴提供哺育和支撑，也是推动乡村实现全面振兴的路径和抓手。

为推进乡村文化繁荣助力乡村振兴，要求村庄规划从以下四个方面入手：第一，要划定乡村建设的历史文化保护线，保护好文物古迹、传统村落、民族村寨等文化资源，使历史记忆、地域特色、民族特点融入乡村建设与维护，完善非物质文化遗产保护制度；第二，要优化完善公共文化设施布局，推进公共文化服务标准化均等化建设，健全覆盖城乡的公共文化设施网络，丰富优质公共文化产品和服务，提升村民的文化归属感；第三，要充分利用乡村文化资源，紧密结合特色小镇、美丽乡村建设，深入挖掘乡村特色文化符号，盘活地方和民族特色文化资源，走特色化、差异化发展之路，丰富农村文化业态；第四，要挖掘乡村文化特色，培养乡土文化本土人才，建设一批特色鲜明、优势突出的农耕文化产业展示区，打造一批特色文化产业乡镇、文化产业特色村和文化产业群。

六、加强基层治理“三治”融合

自治、法治、德治相结合，完善乡村治理体系，是乡村振兴的必然选择，是全面依法治国战略的实践要求，也是推进国家治理体系和治理能力现代化的重要路径。新时期乡村治理环境发生重大变化，乡村自治、法治和德治已具备融合的条件。自治、法治、德治“三治”融合，有利于积聚力量、凝聚人心，营造共建共治共享局面，最大限度激发基层发展活力。

为推进乡村振兴战略，要求村庄规划以以下两个方面为重点：第一，创新村民自治方式，在规划编制过程中积极采纳村民意见，引导村民关心关注村庄发展，引导社会组织和广大人民群众积极有序参与本村的建设与管理，健全群众利益协调机制；第二，加强乡村道德建设，村庄规划要深入挖掘乡村习俗、乡规民约，促进培育文明乡风、良好家风、淳朴民风，实现家庭和睦、邻里和谐、干群融洽，不断提高乡村社会文明程度。

第二节 ▸ 国土空间规划体系构建对村庄规划的要求

长期以来，我国空间性规划存在着纵向的部门垂直管理和横向的多规并行、复杂交错的问题。在众多的空间规划中，主体功能区规划、土地利用规划、城乡规划和环境功能区划等主导性空间规划间存在众多差异。随着国土空间规划体系的构建，国家从规划改革趋向、工作部署、规划体系等方面提出了新的要求，村庄规划被纳入了国土空间规划体系之中，同时对村庄规划也提出了新要求。

一、国土空间规划体系建立

新时期国土空间规划体系由“五级三类四体系”构成，从规划层级和内容类型来看可分为“五级三类”，从规划运行方面来看可分为四个子体系，即五级规划层级、三种规划类型、四个规划运行体系。

（一）五级规划层级

“五级”指的是在规划层级上，对应我国的行政管理体系，由国家级、省级、市级、县级、乡镇级组成的五级国土空间规划。不同层级的规划体现不同空间尺度和管理深度要求。国家级和省级规划侧重战略性，对全国和省域国土空间格局作出全局安排，提出对下层级规划的约束性要求和引导性内容；市级和县级规划承上启下，侧重传导性；乡镇级规划侧重实施性，实现各类管控要素精准落地。五级规划自上而下编制，下级规划服从、服务上级规划，不得违背上级规划的约束性内容。

（二）三种规划类型

“三类”指的是在规划类型上，由总体规划、详细规划、专项规划三种规划类型组成。国土空间规划强调的是规划的综合性，是对一定区域，如行政区全域范围涉及的国土空间保护、开发、利用、修复作全局性的安排，强调综合性。详细规划在市县及以下编制，强调可操作性，是对具体地块用途和强度等作出的实施性安排，是开展国土空间开发保护活动、实施国土空间用途管制、核发城乡建设项目规划许可、进行各项建设等的法定依据。在城镇开发边界内由市县自然资源主管部门组织编制详细规划，在城镇开发边界外由乡镇政府组织编制“多规合一”的实用性村庄规划作为详细规划。专项规划强调专门性，一般是由自然资源主管部门或者相关部门来组织编制，可在国家级、省级、市级和县级层面进行编制，是对特定的区域或者流域，为体现特定功能而对空间开发保护利用作出的专门性安排。

（三）四个规划运行体系

从规划运行方面来看，国土空间规划包括四个体系，即规划编制审批体系、实施监督体系、法规政策体系、技术标准体系。其中，规划编制审批体系和实施监督体系包括从编制、审批到实施、监测、评估、预警、考核、完善等完整闭环的规划及实施管理流程；法规政策体系和技术标准体系是两个基础支撑。

二、国土空间规划的新理念

党的十八大以来，生态文明思想引领下的生态优先、保护优先、绿色发展、高质量发展、强调以人民为中心的新发展理念日益成为发展共识，国土空间规划改革理念发展也有了新的趋势。国土空间规划的新理念要求规划要坚持生态优先、保护优先，要践行生态文明理念，推动国土空间开发格局更加优化，逐步形成人与自然和谐发展现代化建设新格局；要注重历史文化保护，保护好、传承好、利用好中华优秀传统文化。要求规划要守初心，即推动实现高质量发展和高品质生活，推动绿色发展，建设美丽国土，满足人们对美好生活的向往。要求规划坚持以人民为中心，增强人民的获得感、幸福感、安全感，使规划成为有灵魂、有情怀、有品位、有温度的规划。要求规划要接地气，即成为促进国家治理体系和治理能力现代化，能用、管用、好用的规划。

三、对村庄规划的新定位

（一）乡村空间治理的法定规划

在“五级三类”国土空间规划体系中，“多规合一”的实用性村庄规划是在城镇开发边界外的乡村地区的法定规划，是国土空间规划体系中乡村地区的详细规划，是开展国土空间开发保护活动、实施国土空间用途管制、核发乡村建设项目规划许可、进行各项建设等的法定依据（见图3-1）。村庄规划可以以一个或几个行政村为单元，由乡镇政府组织编制，报上一级政府审批。在规划编制实施过程中，村庄规划要以坚持先规划后建设、坚持农民主体地位、坚持节约优先与保护优先、坚持因地制宜并突出地域特色、坚持有序推荐与务实规划为工作原则，需强化村民主体和村党组织、村民委员会主导，需综合应用各有关单位、行业已有工作基础编制规划。村庄规划法定地位的相关政策文件见表3-1。

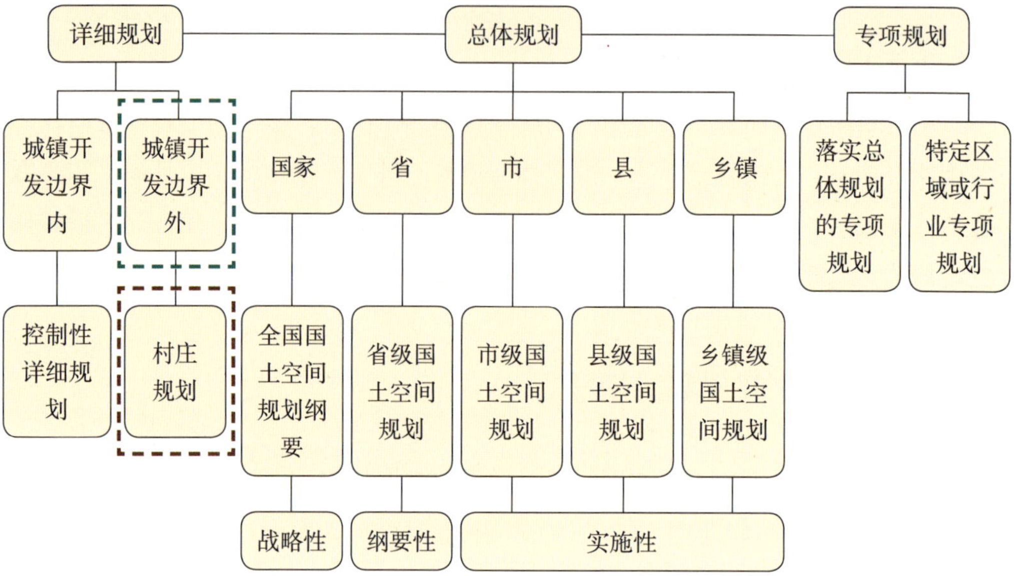

图3-1　国土空间规划背景下村庄规划法定地位

表3-1　村庄规划法定地位的相关政策文件

政策	内容重点
《中央农办 农业农村部 自然资源部 国家发展改革委 财政部关于统筹推进村庄规划工作的意见》	阐述了村庄规划工作的重要性，明确村庄规划工作总体要求和统筹谋划村庄发展
《中共中央 国务院关于建立国土空间规划体系并监督实施的若干意见》	明确在城镇开发边界外的乡村地区，以一个或几个行政村为单元，由乡镇政府组织编制“多规合一”的实用性村庄规划作为详细规划，报上一级政府审批
《自然资源部办公厅关于加强村庄规划促进乡村振兴的通知》	明确村庄规划是开展国土空间开发保护活动、实施国土空间用途管制、核发乡村建设项目规划许可、进行各项建设等的法定依据
《自然资源部国土空间生态修复司关于印发〈全域土地综合整治试点实施要点（试行）〉的函》	乡镇国土空间规划和村庄规划是实施全域土地综合整治的规划依据

（二）实现“多规合一”统筹全域全要素编制

新时期国土空间规划要求全域全要素编制村庄规划，以第三次全国国土调查（简称“三调”）的行政村界线为规划范围，统一底图底数，对村域内全部国土空间要素作出规划安排。规划编制工作逐渐向全域化、全要素、全过程的思路转变，要整合村土地利用规划、村庄建设规划等乡村规划，实现土地利用规划、城乡规划等有机融合，突出问题导向，解决好乡村发展的实际问题，做到能用、管用、好用。

国土空间规划一方面要优化国土空间布局，落实生态保护红线和永久基本农田，划好历史文化保护线，明确生态、农业、农村住房、产业、基础设施和公共服务设施等各类用地布局；另一方面则要提出各类开发建设、修复整治等的管控和引导要求，即包括统筹村庄发展目标、生态保护修复、耕地和永久基本农田保护、历史文化传承与保护、基础设施和基本公共服务设施布局、产业发展空间、农村住房布局、村庄安全和防灾减灾，明确规划近期实施项目（“八统筹一明确”），解决好乡村发展的实际问题。

（三）构建规划全生命周期管理机制

国土空间规划与全生命周期管理一样，要在传统规划、建设、管理等偏硬件功能的基础上，更加注重规划、建设、管理活动和运行与服务、维护与优化、升级与更新等更长周期城市治理活动和过程的联动，注重多元动态的治理结构对城市产生的综合绩效。村庄规划作为国土空间规划重点且重要的一环，需要形成自身的全生命周期管理机制，要求纳入国土空间基础信息平台，形成规划编制、审批、修改和实施监督全程留痕制度，以“多规合一”规划体系保障一张蓝图干到底，以空间用途管制制度和审批制度双改革再造规划许可管理模式，以规划资源全生命周期管理创新统筹“规划—建设—管理”三大环节，努力提升规划实施和治理水平。

第三节 ▸ 村庄规划的时代职责

在乡村振兴战略实施和国土空间规划体系构建双背景下，村庄规划作为“五级三类”国土空间规划体系中的详细规划，是城镇开发边界外规划全覆盖的法定载体，也是总体规划的细化和深化。它的编制和实施致力于推进乡村空间治理体系和治理能力现代化。村庄规划编制旨在传导上位规划确定的总体定位目标，落实村庄内农用地、生态用地和村庄建设用地，全面统筹村庄在粮食生产、生态保护、居民点布局、产业发展、人居环境整治、历史文化传承等方面的开发保护，指导村庄的发展建设，以支撑乡村振兴落地实施，具有明显的时代烙印。

一、落实国家粮食生产的责任

近年来，牢牢守住保障国家粮食安全和不发生规模性返贫两条底线，扎实有序做好乡村发展、乡村建设、乡村治理重点工作，推动乡村振兴取得新进展、农业农村现代化迈出新步伐，是国家乡村振兴工作的重点。我国作为人口大国，确保“米袋子”安全尤为重要。出于国家战略的需要，需要承接粮食生产保护的责任，村庄规划要在具体空间中落实国家粮食生产的责任。

二、统筹城乡发展，协调处理城镇和村庄规划建设

应建立区域整体视角，把城乡矛盾作为一个整体统一考虑。村庄规划要协调和平衡城乡区域之间的发展，但二者不是先后次序的关系，既不能先考虑城市发展后考虑乡村建设问题，也不能在考虑乡村建设之后才谈城市发展，必须有一个统筹城乡的方式，同步处理城镇化与乡村保护的问题。在县、乡镇级国土空间规划中，统筹城镇和乡村发展，合理优化村庄布局，重点统筹好县域城镇和村庄规划建设，按照不同类别分别在县、乡镇产业园与村庄统筹布局产业和各级基础设施、公益事业设施和公共设施。村庄规划也要做好规划传导，协调好城乡发展关系。

三、加强自然生态和历史文化资源保护

乡村是自然生态和历史文化资源富集的区域，但又极容易被侵蚀，需要村庄规划引导保护，明确乡村的具体功能区域，提供有效的保护途径。党的十八大以来，习近平总书记对城市规划建设管理、历史文化遗产和自然生态资源保护作出一系列重要论述，村庄规划要深入学习习近平生态文明思想和关于城市规划建设管理重要指示，确保加强乡村历史文化和自然生态资源保护工作在规划工作中落实落地。

四、推进乡村振兴战略落地实施

全面推进乡村振兴战略落地见效，村庄规划是前提保障。村庄规划应发挥规划引领作用，持之以恒推动乡村振兴战略落地实施。新时代的村庄规划基于“多

规合一”的规划编制技术以及国土空间规划体系的约束，更加强调实用性。村庄规划一方面是对村庄具体地块用途和强度等作出的实施性安排；另一方面是开展国土空间开发保护活动、实施国土空间用途管制、核发乡村建设项目规划许可、进行各项建设等的法定依据。此外，村庄规划还需将各类用地、规划、社会经济发展等政策指引转变为实实在在的落地方案，为乡村振兴发展提供规划支撑，为农村房屋改造和农村人居环境改善提供规划依据。

第四节 村庄规划的转型趋势

目前已有21个省、自治区、直辖市先后出台村庄规划技术导则（指南）及管理政策文件（见表3-2）。广东省立足自身乡村地区管控不到位、乡村振兴建设用地难保障、村庄风貌特色不突出等问题，秉承改革开放前沿的优势氛围，立足国土空间规划体系构建、乡村振兴战略深入实施，在全国率先出台一揽子村庄规划政策文件，明确过渡期村庄规划编制管理政策，系统部署村庄规划全面优化提升工作，并通过试点先行，探索出符合广东实际的“多规合一”实用性村庄规划路径。本节旨在系统梳理新时期广东省村庄规划工作逻辑及重点，全面总结村庄规划优化提升技术路径，着力构建村庄规划全生命周期管理机制。

表3-2 全国各省、自治区、直辖市村庄规划指导文件一览

行政区	文件名称	特色亮点
广东省	《广东省村庄规划编制基本技术指南（试行）》	明确过渡期村庄规划编制基本技术要点，提出各地市可根据自身需求补充细化
北京市	《北京市村庄规划导则（修订版）》	提出分区管控、分类引导的编制要求
上海市	《上海市郊野单元（村庄）规划编制技术要求和成果规范》	以郊野单元推进村庄规划编制，强调要素图则化管控，将成果分为法定文件和技术文件
黑龙江省	《黑龙江省村庄规划编制导则》	将编制内容分为村域规划、村庄建设规划、村庄整治规划
湖南省	《湖南省村庄规划编制技术大纲（试行）》《湖南省村庄规划编制工作指南（试行）》	提出入户调研、驻村编制等具体要求
四川省	《四川省村规划编制技术导则（试行）》	将规划分为村域国土空间总体布局规划和居民点建设规划

（续表）

行政区	文件名称	特色亮点
广西壮族自治区	《广西壮族自治区村庄规划编制技术导则（试行）》	将村庄规划分为简易版和完整版
河南省	《河南省村庄规划导则（试行）》	提出对已编制的村庄建设规划、土地利用规划、村庄整治规划等各类规划实施情况进行评估
江西省	《江西省村庄规划编制技术指南（试行）》《江西省村庄规划编制工作指南（试行）》	将村庄规划成果分为报批备案版与村民公示版，明确了规划修改要按原审批程序进行
山东省	《山东省村庄规划编制导则（试行）》	提出农村新型社区公共服务设施配置要求
天津市	《天津市村庄规划编制导则（试行）》	提出乡村基础设施专项技术要求
福建省	《福建省村庄规划编制指南（试行）》	提出村庄建设边界划定和建设用地规模预测要求，明确规划“留白”形式
河北省	《河北省村庄规划编制导则（试行）》	提出村庄用地分类与“三调”工作分类对照要求

一、各地村庄规划的共性和差异

当前，全国各省市都加快落实国家相关政策要求，从规划编制工作、规划编制技术、规划管理等方面推进“多规合一”实用性村庄规划实践工作，既形成了一些具有共性的做法，也探索了符合自身情况的村庄规划发展的差异性路径。

（一）共性做法

各地村庄规划在编制手段上存在以下五个方面的共性做法。第一，探索区域联动，以一个或几个行政村为单元编制，促进村庄之间的沟通与协作，设施共享，避免有限的财政资源因基础设施重复建设而造成规划资源成本浪费。第二，工作流程上均强调现状分析，突出村民全过程参与，基本流程都为“基础资料收集—现状调查分析—规划编制—论证公示—规划审批”，在部分省市的工作流程中明确需进行驻村调查、规划修改与规划实施保障。第三，在工作底图上，大多数省市的数据以“三调”为基础，以大比例尺地形图和正射影像图、农村建设用地确权登记、农村宅基地确权等基础调查为补充。第四，在编制内容上，统筹村庄全域全要素，强调空间管控，在空间规划变革下，原各规划部门职能进一步整合，规划范围为村域全部国土空间，村庄规划的重点也从集中的居民点到全域全要素空间统筹安排。第五，在规划成果上，要求简洁实用，分为行政管理和村民使用。各省市村庄规划成果既有规划文本、图件、表格、附件等内容的报批备案版成果，也有以简明性、通俗易懂、便于实施为原则，采用图文并茂形式的村民版成果。

各地村庄规划在规划管理上有以下两个方面的共性做法。第一，规划审批，各省市村庄规划审批通常分为草案公示、成果审查审批、成果公告、规划备案四个部分。第二，规划修改，编制修改方案，经县（市、区）自然资源主管部门组织审查后按原审批程序报批。经依法批准的村庄规划，任何单位和个人不得随意修改。因上位规划发生变更、行政区划调整、民生项目、重大建设工程或其他特殊情况确需修改规划的，应编制修改方案，经县（市、区）自然资源主管部门组织审查后按原审批程序报批。

（二）差异路径

差异路径是包含层级式管控和网格化管理的规划管理实施模式，主要以海南、上海、浙江三处为代表。

第一，层级式管控模式。以海南省为例，规划内容分为村域规划与村庄建设规划，村域规划重点深化落实“八统筹一明确”，在原来的“八统筹”基础上将人居环境整治工作单列出来。村庄建设规划内容包括村庄开发边界划定、村庄建设布局规划、农房建设管理要求、村庄配套设施建设。

第二，网格化管理模式。上海市通过乡村单元对乡村地区实现网格化规划管理。从行政管理需求角度出发，以镇总规划分的乡村单元为边界或以行政村为边界（即每个行政村为一个乡村单元）划分乡村单元，将郊野单元的各项发展指标落实到各个乡村单元。从维持自然生态网络格局的完整性、生活服务设施配置的便利性、产业功能集聚的便捷性等角度出发，依据自然边界、生活圈边界、产业分区边界划分乡村单元。浙江省明确区块管控与地块法定图则内容。区块管控内容分为区块法定图则、生态保护红线、生态修复、耕地和永久基本农田、农用地综合整治、村庄居民点、集体经营性建设用地、建设用地整治、“两山”转化建设用地、历史文化保护十类。涉及村庄居民点建设、集体经营性建设用地建设、全域土地综合整治和生态修复用地的，必须编制地块法定图则。

二、新时期村庄规划的转型趋势

（一）从盲目随意向分类分步按需编制转型

以往村庄规划编制为单村编制，村与村之间缺乏统筹，不同类型村庄规划范围深度不一、缺乏衔接，难以形成合力。新时期村庄规划编制可以以一个或几个行政村为单元编制，跟乡村振兴、村庄分类衔接，强调根据不同类型村庄需求编制，对于重点发展或需要进行较多开发建设、修复整治的村庄，编制实用的综合性规划。对于不进行开发建设或只进行简单的人居环境整治的村庄，可只将规定国土空间用途管制规则、建设管控和人居环境整治要求作为村庄规划。对于综合性的村庄规划，可以分步编制，分步报批，先编制近期急需的人居环境整治等内容，后期逐步补充完善。

（二）从关注建设引导向强管控重实用转型

以往村庄建设规划、村庄整治规划、新农村连片示范建设规划等类型的村庄规划过多关注居民点建设引导，未能有效衔接土地利用总体规划，存在突破土地利用总体规划建设用地规模、未满足耕地保有量等约束性指标等情况，部分村庄规划建设用地甚至占用永久基本农田，导致难以实施精准用地管控与保障。新时期村庄规划作为国土空间规划体系下城镇开发边界外的详细规划，突出面向空间治理统筹全域全要素编制，对村域内全部国土空间作出规划安排，实现村级多规融合，衔接自然资源部、住房和城乡建设部、农业农村部等部门需求，在满足用地管控的基础上，开展村庄设计、创建行动方案等，以满足“多规合一”实用性村庄规划要求。

（三）从技术主导向社会综合规划转型

传统的村庄规划编制过程存在缺乏深入调查，村民的主体地位难以体现，所形成的规划成果技术性强、管理者没抓手、村民看不懂等问题。新时期村庄规划要求开门编规划，反映村民合理诉求，充分体现村民的主体地位，并开展多方参与的工作模式，鼓励多方社会力量联动介入指导，激发村民的愿景力与行动力。规划成果表达一方面应从便于村民使用的角度出发，采用村民看得懂、接地气的表达方式，提炼出有利于村民认同、便于执行的简易成果；另一方面还应满足自然资源部、住房和城乡建设部、农业农村部等部门管理需求，提供好管理、可监督的图则化、项目化成果。

（四）从终极蓝图向实施动态导向转型

以往村庄规划侧重于村庄发展定位和目标，以蓝图式规划对村庄未来的发展进行引导，现行“一刀切”式的规划调整机制难以适应乡村地区发展的众多不确定性，难以及时保障农村村民住宅、公共设施与乡村振兴产业发展项目用地。新时期村庄规划以有效实施为目标，要求以国土“三调”数据成果为底版，精准落实底图底数和上位规划约束性控制线及指标要求，将上位规划确定的耕地保有量、永久基本农田指标细化落实到图斑地块，确保图、数、实地相一致。综合利用现有用地政策，以全域土地综合整治思维提供可操作的规划实施路径，明确规划近期实施项目。在不突破约束性指标和管控底线的前提下，鼓励各地探索基于村庄规划实施评估的村庄规划动态维护机制。

从“底图”到“蓝图”

——国土空间规划背景下广东省村庄规划的改革实践

第二篇

现状与回顾

本篇从发展历史看广东省村庄现状基础，从编制历程看广东省村庄规划转型，通过这两个维度回顾过去。从演变与特征、广东省城乡发展格局及目标等方面分析广东省村庄发展现状与困局和需求，基于国家村庄规划发展历程，结合广东省实际回顾机构改革之前广东省村级规划发展，将以往广东省村级规划历程分为了萌芽阶段、探索阶段、发展阶段等三个阶段，并从规划体系和技术方法的完善、规划管理机制的构建、规划实效与经验等方面进行了分析和反思。

第四章
广东省村庄发展现状与问题

广东省作为全国经济发展的领头羊，无论是城市还是乡村都要为其他地区发展作出示范，但是从实际情况来看，广东省乡村发展不容乐观。一是地区发展不均衡，珠三角地区经济高度发达，农业农村现代化水平极高，但粤东、粤西和粤北农业农村现代化水平明显落后。二是人均耕地占有量少，广东省面临着人地矛盾问题。三是农业基础设施薄弱，尤其是粤北地区，乡村基础设施难以满足乡村振兴战略需要。四是经营体系不够健全，缺乏集约化经营。以上四个方面严重制约了广东省农业农村现代化步伐。本章基于广东省自然生态特征，以历史文化特征和乡村政策演变为轴，从生态、人口、社会经济、产业发展、乡村风貌和乡村治理六个方面分析广东省乡村现状特征，从广东省整体城乡发展格局和发展目标出发论述广东省乡村地区的发展目标，综合分析目前广东省乡村地区发展的困局和需求。

第一节 ▸ 村庄演变与特征

一、广东省自然生态特征

广东省的地势北高南低，北部崇山峻岭，南部临海，自然资源丰富，区域景观具有多样化的特征。粤北经济较落后，土地建设强度小，因此自然植被受破坏程度相对较小。粤北山区森林覆盖率70%以上，总体生态环境较好，对区域气候调节、生态环境改善具有重要作用。粤北山区是全省主要的丘陵和山地地带，拥有亚热带丰富且多样化的动植物资源，因此是广东省最重要的生态安全屏障。粤北区域内自然保护区众多，其中清远市、梅州市、韶关市和河源市的自然保护区面积占全省自然保护区总面积的62.5%。同时，粤北山区中有大量的河流水系和大中型水库及水库集雨区，其中东江和北江是珠三角主要水系珠江的上游组成部分，因此粤北是广东省饮用水供给的主要源头，并处于城市发展依托的主要河流的上游地带，环境和生态环境功能都显得极为重要。

粤东和粤西是沿海地区，大气环境容量相对较大，地势平坦，耕地资源丰富，有显著的地理环境优势。但是两个地区均有不同的生态环境问题，如粤东地区由于人口密度大，大量排放的废污水造成淡水资源受污染而短缺的现象严重；粤西地区易受自然环境和气候的影响，水利设施短缺而面临工程性缺水。这两个地区的生态保护能力相对较弱。

珠江三角洲地区工业化水平高，经济发达，城镇化发展已经达到中等发达国家水平，土地开发强度大，但生态环境破坏严重，尤其是存在水污染和大气环境污染等问题。环境总体质量差，亟待有效的保护方式。

现有自然保护区域包括国家级和省级等多层次认定的各类自然保护区、文化自然遗产、风景名胜区、森林公园、地质公园、湿地等。其中自然保护区的种类包括森林生态系统自然保护区、海洋和海岸生态系统自然保护区、内陆湿地和水域生态系统自然保护区、自然遗迹自然保护区、野生动物类型和野生植物类型自然保护区等，这些区域的生态是维持区域生态质量最关键的要素，应加大自然保护区域的保护力度和完善相关基础设施建设。

二、广东省历史文化特征

（一）地理的阻隔造就独特的地域文化特征

广东地处中国大陆的南端，是一个相对独立的地理单元。横亘广东北部的五岭山地，虽然限制了古代广东与中原的沟通，但也有利于地方文化的沉积、孕育和发展富有地域特色的文化体系。广东在历史上有几次中原人大规模南迁的活动。秦始皇三十三年（公元前214年），十几万人从中原迁徙到了岭南，与土著民族杂居，共同开发岭南，开始了民族融合、同化的过程。两晋时期，大批中原人民避乱南迁，促使岭南经济社会生活和民族关系发生重大变化。到唐宋时期，岭南少数民族基本上与汉族同化，只有小部分溪峒、俚人和僚人保留着自身的特点，演变为当代的瑶、壮、畲等少数民族。继两晋中原人民大规模南迁之后，在北宋末年和明末，又出现了两次大规模移民。历史上几次大规模的中原移民，对岭南的政治、经济、文化的发展有着巨大的影响，加速了岭南的开发与发展。被历代朝廷贬谪到岭南的“罪官”，对岭南的发展也作出了显著的贡献。

民族融合的结果，使得广东的南越人同化于汉族。从整体来讲，广东的文化和中华文化属于同一体系。但是，由于广东原有的南越文化影响深远，所以广东的文化和其他地区的文化有很大区别。

（二）临海的区位造就对外交往的文化特征

广东面临南海，海岸线长，有着对外交往的极有利的条件。正是这个优越的地理条件，使广东成为中国对外交往的“南大门”。“南大门”这个地理区位，从古代开始就对广东地区的政治、经济、社会、文化乃至民性、民情风俗起着重大的影响，它是形成广东政治、经济、文化特色的背景和条件，是广东最主要的特点，也是整体的特点。

（三）广东省历史文化资源分布情况

广东省的历史文化资源大部分都保存在乡村区域，如由于地理形成的自然风光、不同民族的农业耕种形成的景观与文化、不同地区的村庄建筑风貌与村庄景观、不同民族和聚落形成的民俗风情等。从西北部的山区、中部的三角洲、冲积平原到东南沿海地区，复杂的地形地貌塑造了山乡、水乡和渔村等多样的地理与经济形态，导致不同区域的农业生产方式不同，形成了独特的区域文化，如少数民族山地文化、客家农耕文化、疍家渔民文化等。耕种与自然的相互融合也形成了不同的景观，如粤西的南亚热带种植、蚕桑养殖，珠三角的生态农庄、花卉种植、现代农业，粤东的沿海渔业，粤北的茶叶种植文化等。

广东省是多民族融合地区，独特的民族文化、地域文化在区域中的表现十分明显，在空间中表现为村落建筑文化。广府、客家、潮汕等鲜明的地域文化以及外来文化的影响，孕育了广府民居、客家围屋、五邑碉楼等丰富的文化形态。粤西地区以古民居群、古村落为主，客家聚居地的粤东和粤北地区以客家大围屋、客家文化闻名遐迩，珠三角大部分地区则有着典型的岭南水乡特色。在生活中表现为多样的民俗活动，如连滩禾楼舞、汤塘镇围镇村舞被狮等。

广东省在漫长的历史长河中形成的独特的地域文化和景观，大多被保存在广东省的乡村区域，因此历史文化景观是乡村规划需要保护的对象。可以看出，广东省自然景观多集中在粤北一带，粤北生态环境良好，是广东省的绿色屏障。珠三角城市化发达，更为重视农业的休闲文化作用。历史文化名村多集中在珠三角与潮汕一带，这些地区是城镇化发达地区，为防止城市化对它们的侵蚀，乡村的保护显得更为重要。

三、广东省乡村政策演变

（一）改革开放以前（1949—1977年）

新中国成立后，从1953年起第一个五年计划标志着我国计划经济体制基本形成，极大地激发了农民的建设热情，乡村地区大致经历了土地改革、村民互助小组、农业合作社等建设运动，农村集体经济得到确立，农村从原来的小农经济进入计划经济和小农经济并存的阶段。土地改革废除了封建剥削的地主土地所有制，确立了农民土地所有制，宅基地归农民所有，满足了农民对土地的渴求①。

随着人民公社建立、撤区并乡的实行，农村进入“政社合一”阶段，行政力量开始介入村庄，国家政权支配每个农民的日常生活并将农民整合到自上而下的集权体系之中，人民公社与传统的宗族生成二元性的力量影响乡村治理。“三级所有，队为基础”的土地集体所有制确立，宅基地归生产队所有，宅基地的所有权和使用权相分离，宅基地不允许被买卖和出租。但对农民宅基地使用权不予登记，相关房屋也无房屋产权证书②，这为今后的房地纠纷埋下了矛盾的导火索。1958年颁布的《中华人民共和国户口登记条例》，标志着我国城乡二元结构确立，并限制城乡之间的人口流动，农村必须为大城市的发展让路，规划与建设的重点与重心均为城市。

周恩来总理在1965年国务院《政府工作报告》中表扬大寨县农业生产所取得的巨大成就，随后全国开展了轰轰烈烈的“农业学大寨”运动，大寨的规划建设展示了“特定时期‘战天斗地’‘向大自然进军’的社会主义新农村建设”③蓝图样板，广东省也出现了一系列学大寨加强农业生产的运动，如新兴县森林大队就提出“带动森村妇女学大寨，战天斗地闯难关”④。但此时广东省城市建设基本处于停顿或半停顿状态，从省到市（除广州外）大都撤销或削弱了城市规划⑤，小城镇大量衰败，村庄发展缺乏支撑。

① 郑向东. 新中国农村土地制度变迁研究：基于辩证法的“否定之否定”视角[J]. 哈尔滨师范大学社会科学学报，2020，11（6）：23-28.

② 中共中央党校理论研究室编. 历史的丰碑：中华人民共和国国史全鉴 5 经济卷[M].北京：中共中央文献出版社，2004.

③ 赵纪军.“农业学大寨”图像中的乡建理想与现实[J]. 新建筑，2017（4）：134-138.

④ 中共广东省委员会宣传部，广东省革命委员会农林水政治部.广东省农业学大寨经验选编：第一辑[M].广州：广东人民出版社，1973.

⑤ 佚名. 华南广东篇广东城乡建设60年回顾与展望[J].中国住宅设施，2009（12）.

（二）改革开放初期（1978—2004年）

改革开放后，中共中央在关于《当前农村经济政策的若干问题》的文件中全面肯定并要求全面推行家庭联产承包责任制，农村经济体制改革步入第一个高潮，农业结构发生根本性变化，农村生活水平提高很快，已解决温饱的农民迫切要求改善居住条件。随着人民公社逐步解体，政社分开，广东省从乡镇、小乡制、农村管理区办事处体制不断实践，对镇村发展多方探索[①]（见表4-1），并建立村委会，建立村民小组，加强村庄治理。广东省率先推行“三来一补”等创新发展模式刺激经济发展，保留下来的集体经济随着农业商品经济发展，开始大力发展乡镇企业，数量迅速增加，规模迅速扩大，并形成具有广东特色的“南海模式”“顺德模式”，使得大量农业人口从土地的束缚中释放出来，农村劳动力剩余现象开始显现。在“离土不离乡，进厂不进城”政策的引导下，珠三角地区成为全国乡村转移剩余劳动力的重要区域，乡村人员流动增大。

表4-1　1978—1998年广东省镇村建制更替情况

时段	事件	镇村建制
1978—1983年	政社合一解体，政社分开，建立村委会，建立村民小组	乡镇—村委会—村民小组
1984—1986年	推行小乡制，即在公社的基础上设立镇政府，在生产大队的层次上设立乡政府，下设村委会	乡镇—小乡—村委会—村民小组
1987—1988年	撤销小乡制	乡镇—村委会—村民小组
1989—1998年	实行作为乡镇政府派出机构的农村管理区办事处体制，在村管理区办事处下设村委会或合作社，村委会下沉到村民小组	乡镇—村管理区办事处（行政村）—村委会（村民小组）

改革探索期具有很强的自发性和不确定性，因而对村庄整体发展产生了较大的影响。农村建房形势越来越猛，不可避免地出现乱占乱建的现象，尤其是占用

① 王珺，赵祥.先行者的探索：广东改革开放40年[M].广州：广东经济出版社，2018.

耕地建房的现象较多，村庄建设无序的现象开始出现。由于开发自然和利用自然的力度加大，破坏环境的恶果逐渐产生，村庄规划中开始关注生态保护问题。因此，广东省建委设立新农村建设处（后改为村镇建设处），并成立广东省城乡规划设计研究院，开始加强对城乡规划的指导工作，村庄规划在这个时期开始备受重视。

1992年，市场经济体制正式确立，改革开放进入全面推进期，全国经济快速发展，推进工业化和城镇化的进程加快，广东省推动经济发展和城镇化建设也加快了步伐。2000年广东省城镇化水平已达55.66%①，高于全国城镇化平均水平36.22%②，其中珠江三角洲地区甚至已达72%，远高于全国其他省、市、区。2004年广东省率先提出要加强环境保护，改善生态环境，建设“绿色广东”③，为下一步向生态文明转型奠定基础。该时期国家村庄规划已进入中心村规划试点时期、城乡统筹规划时期，广东省的关注重点在乡镇，相关政策和法规主要向乡镇倾斜，部分经济发展水平较高的地区开始关注中心村规划、村庄规划，并进行试点探索。

这一时期广东省乡镇企业得到进一步发展和完善。至2000年，广东省乡镇企业基本完成转制改革，通过转制改革，广东省涌现出一批具有相当规模的骨干企业和名优产品。乡镇企业的发展加快了农村工业化和城镇化进程，珠三角地区大、中、小城市逐步连在一起。2002年，党的十六大提出全面建设小康社会，确定了城乡规划发展目标的根本依据。在《中共广东省委关于贯彻〈中共中央关于完善社会主义市场经济体制若干问题的决定〉的意见》（2003年）中，以完善农村经济体制为重点，建立城乡协调发展的经济社会体制；党的十六届三中全会提出了包括统筹城乡发展在内的5个统筹发展，开启了城乡一体化发展的道路。广东省基层自治在体制上实行“政经合一”，即村一级党组织、自治组织与集体经济组织“三位一体”，形成了“一肩挑”，广东省村庄规划建设的管控得到加强，但也带来了监管的问题。1992年后，广东省开启全国直选乡（村）官的先河，并于1998年通过《广东省村民委员会选举办法》，广东省村民自治时代开始有法可依④。

---

① 广东城镇化进程分析与对策建议[EB/OL].（2004-04-06）. http://stats.gd.gov.cn/tjfx/content/post_1434533.html.

② 中华人民共和国国家统计局.中国统计年鉴-2001[EB/OL].国家统计局. http://www.stats.gov.cn/sj/ndsj/2021/indexch.htm.

③ 吴春燕，张景华.“绿色广东”建设初现“环保拐点”[EB/OL].光明日报. 2006-09-03.http://www.gmw.cn/01gmrb/2006-09/03/content_474145.htm.

④ 《广东改革开放史》课题组.广东改革开放史（1978～2018年）[M].北京：社会科学文献出版社，2018.

（三）社会主义新农村建设时期（2005—2011年）

2005年，党的十六届五中全会提出按照生产发展、生活宽裕、乡风文明、村容整洁、管理民主的要求建设社会主义新农村。当年广东省提出了广东社会主义新农村建设的十大目标，为广东省新农村建设先行一步奠定了扎实的工作基础。2006年，国务院发布《中共中央 国务院关于推进社会主义新农村建设的若干意见》，国家的政策开始向乡村地区倾斜，国家越来越重视“三农”问题，对农村地区在农业经济发展、农民增收致富、农业基础设施完善、农村人居环境提高等方面提出了新的要求。到2008年，《中共中央关于推进农村改革发展若干重大问题的决定》发布，鼓励探索实施各种形式的土地承包经营权的流转，乡村产业发展进一步加快。

与改革开放初期的“务工潮”相比，随着2005年《中共广东省委、广东省人民政府关于构建和谐广东的若干意见》强调“公正平等对待外来务工人员，形成‘同享成果、共建家园’的和谐氛围”[①]，来粤务工人员越来越多，农民进城挣钱后回到农村也有更高的人居环境的要求，在开展新农村建设的过程中将城市的审美一并带回农村，村庄特色风貌在不知不觉中逐渐消亡。同时，新村建设往往沿交通便利之处布局，造成村庄布局不紧凑，旧村空心化开始显现。

（四）美丽乡村建设时期（2012—2017年）

全国从加快推进农业科技创新、加快发展现代农业、全面深化农村改革等方面持续增强发展力度，农村产业结构逐步向二三产业延伸，拥有农业户口的农民已不仅仅从事农业生产，尤其在珠三角这些发达地区，城乡二元的户籍制度已不适用于社会经济发展。2014年国务院印发《关于进一步推进户籍制度改革的意见》，标志着城乡二元的户籍制度正式废弃，农村地区人员进城务工成为主流，区位好的珠三角地区的农村地区外来人口数量迅速增加。自2010年以来，广东省加快推进基层发展进程，部分地区推进“政经分离”，大力推进基层治理体制机制和方式方法的改革创新，取得了明显成效[②]。广东省城镇化进一步加快，但“政

① 广东省档案馆.改革开放三十年重要档案文献·广东（下）[M].北京：中国档案出版社，2008.

② 邓伟根.干部说干事：推行“政经分离” 完善基层治理[EB/OL].（2013-06-03）.http://opinion.people.com.cn/n/2013/0603/c1003-21710062.html.

经分离”也导致村委的权威度降低[①]，村庄的违建较多，大量乡村地区不断被蚕食，村庄传统格局逐步被侵蚀，自然环境也逐渐受到影响，从而促使经济发展需更加注意人与自然和谐共生，开始生态文明发展的探索。

2014年12月召开的中央农村工作会议提出，要“加快改善人居环境，提高农民素质，推动‘物的新农村’和‘人的新农村’建设齐头并进”。在社会主义新农村建设的实践中，各地不断探索新的可行性方案，村庄建设发展思路于2011年从以人为本的“美丽乡村”概念和行动方案中应运而生，广东增城、花都、从化等市县开始启动美丽乡村建设。

（五）乡村振兴推进时期（2018年至今）

2013年11月习近平总书记到湖南省花垣县十八洞村考察扶贫工作，首次提出“精准扶贫”；2015年11月《中共中央 国务院关于打赢脱贫攻坚战的决定》提出到2020年全面脱贫的目标，乡村地区成为脱贫攻坚的主要战场。国家发布《关于落实发展新理念加快农业现代化实现全面小康目标的若干意见》（2016年）、《关于深入推进农业供给侧结构性改革 加快培育农业农村发展新动能的若干意见》（2017年）等面向农村的政策，并于2017年在党的十九大报告中提出乡村振兴战略，开始快速推动乡村地区发展。

2016年广东省出台《关于我省深化农村改革综合性实施方案》，开展集体经营性建设用地入市改革试点工作，农村集体经济进一步被激活。随着户口政策松动以及广东省对待外来务工人员的待遇改善，进城务工成为主流，省内外人口大量流入珠三角地区，空心村的现象、城镇大规模扩张更加突出。

四、广东省乡村现状特征

（一）人多地少，全省耕地面积逐年减少

广东向来是一个人多田少的地区。据统计，光绪十三年（1887年）人均耕地面积仅有1.17亩[②]。民国以后，随着耕地面积的扩大，人均耕地面积有所上涨。但新中国成立后，由于工矿、交通、城镇、水利等各项建设占用耕地增

① 黄炜演.我国“村改居”社区实施“政经分离”的问题及对策：以广州市为例[D].吉林大学，2016.

② 1亩≈666.67平方米。

加，而人口又不断地增长，人均耕地面积明显下降。改革开放之后，由于各项建设大量占用耕地，全省耕地面积急剧下降，1995—2005年，10年间全省减少耕地面积1000多万亩，平均每年减少近40万亩，相当于一个中等县的耕地面积。而全省人口又迅速增加，至2005年全省人口比1978年增加3601万人，平均年增133万人。

根据“三调”，全省耕地面积2853万亩、建设用地面积3038万亩，林地面积16189万亩，其他用地面积4886万亩，总体上呈现“七山一水一分田一分建设”的国土利用现状格局。耕地面积不到全省土地总面积的11%，以常住人口计算，人均耕地面积仅0.23亩，不足全国平均水平的1/5，远低于联合国粮农组织划定的0.8亩的警戒线。广东耕地资源是非常紧缺的，耕地资源紧缺对土地密集型农业的制约作用越来越强，耕地破碎程度较高，3亩以下的耕地图斑个数占全省耕地图斑总数的80%，但面积仅占7%。从地域分布上看，近七成耕地集中在粤西和粤北地区，以湛江、清远、茂名、韶关居多，4个市的耕地之和接近全省一半（48%），珠三角和粤东地区的耕地偏少。

（二）镇村经济活跃，乡村发展不平衡趋势明显

广东省地处改革开放前沿阵地，珠三角地区的经济发展和社会治理取得了显著成效。改革开放以来，广东省率先推行“三来一补”“政经分离”等创新发展模式高速刺激经济发展与推进城镇化进程。在以镇村工业化为起点的经济快速发展过程中，乡村地域凭借土地资源价格优势成为工业拓展的重要战场，各地村级工业园遍地开花，珠三角多数镇街工业用地比例基本超过总建设用地的40%。佛山市顺德区狮山镇2010年工业用地总面积占总建设用地比例已高达47.85%，乡镇企业成为乡村转移剩余劳动力的新途径。

同时，城镇与乡村、沿海和粤北山区之间的发展差距逐渐增大，乡村发展不平衡的趋势越来越明显。从城乡层面看，广东省国民经济核算数据显示，2019年广东城镇人均可支配收入为48117.5元，农村人均可支配收入为18818.4元，差距为2.56倍，全国排名20位，而天津市的差距仅为1.86倍。分区域看，2020年珠江三角洲生产总值占全省的比重为80.7%，人均地区生产总值（GDP）约为13.6万元，已是高收入国家或地区的水平，但东翼、西翼和北部生态发展区分别约为4万元、4.7万元和3.7万元。最富裕的深圳市南山区人均GDP达到了40.16万元，而梅州市五华县的人均GDP仅为1.35万元，差距近30倍。解决地区发展不平衡、补齐短板、均衡发展已成为广东省城乡统筹发展工作中的重中之重。

（三）农村经济呈现非农化，镇村工业比重高

在改革开放前29年中，广东省农业内部结构变化十分缓慢。由于广东省农业长期片面强调“以粮为纲”，不积极发展林、牧、渔业和工副业，因此商品农业和农村工业、建筑业、交通运输业以及商业服务业的发展长期滞后。1978年种植业在农业产值中的比重仍达66.1%，而农业产值在农村社会总产值中的比重为68.4%。改革开放后，由于注意调整粮食作物与经济作物播种面积比重，大搞开发性农业生产，实行区域化、专业化、商业化和规范化生产，努力提高农业中高质、高产、高效的“三高”农业比重，农村商品经济蓬勃发展，农业结构呈现多元化发展趋势，2013年种植业在农业中的比重降至49.4%。

改革开放初期，在城乡二元结构的束缚之下，广东省创新性地以乡镇企业的形式，绕过乡村户籍制度的约束和劳动力市场的封闭，创造了一种农村就地工业化的转型方式，成为当时乡村转移剩余劳动力的新途径，乡镇企业成为广东省农村经济发展的主要来源。将1978年和1993年的有关数据进行比较，广东省农村工业产值增长了14倍，建筑业增长了6.5倍，运输业增长了21倍，商业及服务业增长了3.6倍。全省乡镇企业数年平均增加20.9%，从业人员数年平均增加10.9%，企业总产值年平均增加33.4%（其中工业产值年平均增加33.7%）；乡镇企业总产值占全省农村社会总产值的比重由23.35%升至72.6%，其中属于乡镇、村的工业产值占全省工业总产值的比重从10.81%上升到33%，同时农业产值占农村社会总产值的比重则由68.4%降至27.8%。20世纪90年代末是乡镇企业发展的鼎盛时期，乡镇企业成为广东全省工业经济的主要力量，乡镇工业产值占工农业总产值的比值超过80%，约占全省工业增加值的一半，乡镇工业职工数占工业职工总数的比例超过60%。直到现在，乡镇企业仍然是广东省重要的经济来源。

（四）乡村建设投入大，基础设施较完善

目前，广东省城镇化的水平比较高，对乡村的反哺能力比较强，因此近年来乡村无论是在建设资金投入量，还是基础设施建设、供应住房等福利上资金的投入量都很大，乡村基础设施建设已基本完成。

全省饮水工程基本完成，垃圾收集点已基本覆盖自然村，电视、电话、宽带已全部覆盖行政村，教育、医疗、文化设施每年进行持续补贴。近年来，广东省深入实施“千村示范、万村整治”工程，创新开展具有广东特点的美丽乡村建设

行动，全力推进农村人居环境整治和美丽宜居乡村建设，农村基础设施发生历史性变化。全省2277个省定贫困村旧貌换新颜——行政村村庄规划、人居环境综合整治完成率达100%，生活垃圾得到有效处理的行政村比例超过95%，20户以上自然村雨污分流、建设污水处理设施覆盖率分别达到65.7%和48.2%。

（五）历史文化底蕴深厚，人居环境品质逐年提升

广东历史文化底蕴深厚，孕育出极具地域特色的岭南文化体系，形成了不同形态的村庄聚落，粤西地区有较多的古民居群、古村落，客家聚居地的粤东和粤北地区以客家大围屋、客家文化闻名遐迩，珠三角大部分地区则是典型的岭南水乡特色（见图4-1）[①]。无论是广府民系、客家民系、潮汕民系还是雷州民系，其传统村落均尊重山水格局，整体布局集约高效，传统秩序良好。

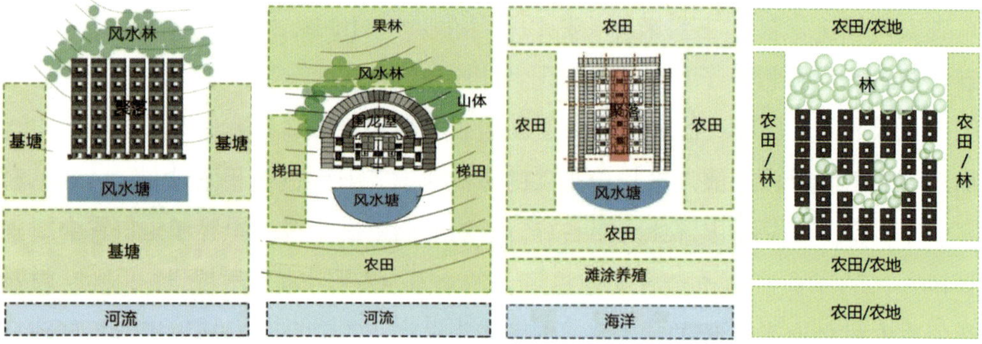

图4-1 岭南传统有序的村落格局

但随着经济高速发展，城乡人口流动加剧，村庄与城镇空间互相渗透，乡村社会结构逐渐被打破。一方面，打破城、镇、村边界，推动城乡融合发展，但也造成镇村混杂、边界不清和村庄新的建设活动布局随意无序等问题；另一方面，村庄基础设施与公共服务配套建设跟不上高速发展的乡村经济，导致人居环境品质不佳。村民管控意识逐渐淡薄，新村建设与老村空间不连续、风貌割裂现象突

① 潘莹，段佳卉，施瑛．环境选择视角下的广东汉民系传统聚落选址与景观格局分析[J]．建筑遗产，2019（02）：24-31．另见广东省住房和城乡建设厅 广东省自然资源厅《关于印发〈广东省乡村风貌修复提升指引（试行）〉的通知》。

出，打破了传统的村落格局，“有新房无新村、有新村无新貌、有新貌无特色”的现象普遍存在，空间形态不连续、岭南特色的乡村风貌不够鲜明，成为广东省乡村振兴和农村治理的突出短板。

（六）传统秩序良好，乡村治理力量不足

历史上，中原人南下带来了北方儒家礼制文化，宗族礼法建设促成乡村地区治理规矩有效，乡村地区形成相对稳定的管理和发展模式，宗族、乡贤、乡约治理效果良好。

由于城乡经济发展不平衡，农村人口大量流出，治理中坚力量流失缺位，大批青壮年外出务工经商，尤其是传统农区农村空心化、老龄化问题严重。乡村社会结构打破、秩序缺失，村基层组织、宗族、乡贤等多方力量难以形成合力，传统乡村自治体系被逐渐打破，造成社会治理体系缺失，乡村治理出现不同程度的失序现象，造成农民建房乱占耕地等现象层出不穷。

第二节 ▸ 城乡发展格局及目标

一、广东省构建“一核一带一区”的发展格局

为破解城乡区域发展不平衡的难题，近年来，广东省提出构建“一核一带一区”区域发展新格局。按照构建“一核一带一区”区域发展格局的战略部署，广东省打破过去把粤东、粤西、粤北作为同类地区的思维定式，根据“全省一盘棋”理念以及不同区域之间的资源禀赋差异，因地制宜推动不同地区差异化发展。总体思路是：坚持系统思维和整体观念，根据各区域基础条件、资源禀赋和比较优势，将全省划分为珠三角核心区、沿海经济带、北部生态发展区3个功能区，明确各自的功能定位、发展方向和发展重点，通过差异化政策举措，推动各功能区在各自赛道上“赛龙夺锦”、各展所长、相得益彰，进一步形成主体功能明显、优势互补、高质量发展的区域经济布局。

为融入“一核一带一区”的大发展格局，未来广东省城乡发展着重从以下五个方面发力。一是统筹实施区域协调发展战略和乡村振兴战略，加快建立健全促进城乡融合发展的体制机制和政策体系，推动城乡基础设施互联互通、公共服务普惠共享、资源要素平等交换、生产销售充分对接，引导人才、资金、技术等

要素资源“上山下乡”。二是统筹城乡规划建设管理，合理安排城镇建设、村落分布、产业聚集、农田保护和生态涵养空间，优化城乡空间布局和结构，强化城乡基础设施连接，推动水电路气等城乡联网、共建共享。三是加快建成覆盖城乡的基本公共服务体系，推动城乡基本公共服务和社会保障自由顺畅转移、无障碍对接，缩小城乡基本公共服务水平差距。四是加快推进新型城镇化建设，充分发挥小城镇上接城市、下引乡村的综合功能，积极培育一批特色小镇、特色小城镇，高标准推进现代农业产业园建设，带动周边农村发展，大力推进乡村产业、人才、文化、生态和组织全面振兴。五是深入整治农村人居环境，创新美丽乡村特色差异化发展模式，实施“千村示范、万村整治”工程，推进农村“厕所革命”，建设生态宜居美丽乡村。

二、推动提升粤港澳大湾区的支撑引领作用

2019年中共中央、国务院印发《粤港澳大湾区发展规划纲要》，进一步充分发挥粤港澳综合优势，深化内地与港澳合作，进一步提升粤港澳大湾区在国家经济发展和对外开放中的支撑引领作用，支持香港、澳门融入国家发展大局，促进粤港澳优势互补，实现共同发展。

（一）构建极点带动、轴带支撑网络化空间格局

发挥香港—深圳、广州—佛山、澳门—珠海强强联合的引领带动作用，深化港深、澳珠合作，加快广佛同城化建设，提升整体实力和全球影响力，引领粤港澳大湾区深度参与国际合作。

依托以高速铁路、城际铁路和高等级公路为主体的快速交通网络与港口群和机场群，构建区域经济发展轴带，形成主要城市间高效连接的网络化空间格局。更好地发挥港珠澳大桥作用，加快建设深中通道、深茂铁路等重要交通设施，提高珠江西岸地区发展水平，促进东西两岸协同发展。

（二）完善城市群和城镇发展体系

支持珠海、佛山、惠州、东莞、中山、江门、肇庆等城市充分发挥自身优势，深化改革创新，增强城市综合实力，形成特色鲜明、功能互补、具有竞争力的重要节点城市。增强发展的协调性，强化与中心城市的互动合作，带动周边特色城镇发展，共同提升城市群发展质量。

充分发挥珠三角九市特色城镇数量多、体量大的优势，培育一批具有特色优势的魅力城镇，完善市政基础设施和公共服务设施，发展特色产业，传承传统文化，形成优化区域发展格局的重要支撑。建设智慧小镇，开展智能技术应用试验，推动体制机制创新，探索未来城市发展模式。加快推进特大镇行政管理体制改革，在降低行政成本和提升行政效率的基础上不断拓展特大镇功能。

建立健全城乡融合发展体制机制和政策体系，推动珠三角九市城乡一体化发展，全面提高城镇化发展质量和水平，建设具有岭南特色的宜居城乡。加强分类指导，合理划定功能分区，优化空间布局，促进城乡集约发展；提高城乡基础设施一体化水平，因地制宜推进城市更新，改造城中村、合并小型村，加强配套设施建设，改善城乡人居环境。

三、广东省乡村振兴的发展要求

针对近年来广东省城镇化快速发展过程中存在的城乡区域发展不平衡不充分、城镇化质量不高、供需不匹配等突出问题，广东省委、省政府印发了《广东省新型城镇化规划（2021—2035年）》《中共广东省委 广东省人民政府关于做好2022年全面推进乡村振兴重点工作的实施意见》等文件，对城乡融合发展和乡村振兴提出了具体要求。

（一）推进城乡全面融合发展

城乡要素双向自由流动的制度性通道全面打通，城乡基本公共服务均等化和基础设施一体化基本实现，城乡产业发展趋于协调，农业农村现代化基本实现，城乡发展差距和居民生活水平差距显著缩小。

全省持续保持和增加人口红利，人口与产业、公共服务、社会就业实现良性互动，以人为核心的城镇化质量明显提高，城市群、都市圈和中心城市人口及经济承载能力进一步提升，城市生活更方便、更美好、更安全，城市治理能力和治理水平实现新跃升，社会治理体系更加完善，城乡融合发展体制机制基本建立。到2025年，常住人口城镇化率达到77%，城镇常住人口为10150万人，城乡居民人均可支配收入比控制在2.3左右。

加大对乡村基本公共服务资源的投入，推动公共服务向农村延伸、社会事业向农村覆盖，健全全民覆盖、普惠共享、城乡一体的基本公共服务体系，推进城乡基本公共服务标准统一、制度并轨。

把公共基础设施建设重点放在乡村，补齐乡村公共基础设施建设短板，坚持先建机制、后建工程，加快推动乡村基础设施建设提档升级，实现城乡基础设施统一规划、统一建设、统一管护。积极推进以县域为整体谋划城乡基础设施统筹布局、共建共享。优化城乡道路、供水、供电、信息、广播电视、安防监控、防洪和垃圾污水处理、残疾人无障碍等设施布局和一体化设计。统筹规划重要市政公用设施向城市郊区乡村和规模较大中心镇延伸。

（二）聚焦产业促进乡村发展

推进现代农业产业园建设。构建现代农业产业体系，围绕优势特色产业带打造一批全产业链的跨县集群。支持粤东、粤西、粤北地区建设一批特色精品产业园，实现涉农县（市、区）主要特色品种省级产业园全覆盖。支持省级现代农业产业园扩容提质增效，创建一批国家级产业园。探索建设一批功能性产业园。打造农业产业强镇，支持乡镇建设现代农业产业园，提升发展“一镇一业、一村一品”。支持改造提升村级工业园。

开展农业现代化示范建设。实施农业标准化生产提升计划，推进现代农业全产业链标准化。创建农业现代化示范区，示范引领农业设施化、园区化、融合化、绿色化、数字化，开展农业生产“三品一标”提升行动，探索差异化、特色化农业现代化发展模式。加快农产品出口示范基地建设。做大做强农业龙头企业。

大力发展乡村民宿。规范建设乡村民宿，发展休闲农业与乡村旅游。培育建设省级乡村民宿示范点，鼓励创建省级以上休闲农业与乡村旅游示范村，打造省域乡村休闲旅游精品线路。

（三）推进乡村建设提升人居环境品质

推进乡村振兴示范带建设。以中心村为节点、圩镇为枢纽，多镇连片、整县整镇或跨县连镇整体推进产业振兴、人才振兴、文化振兴、生态振兴、组织振兴，统筹推进山水林田湖草修复和乡村风貌塑造，分步分类打造乡村振兴综合体。

深入实施农村人居环境整治提升五年行动。鼓励完成基础整治的村庄建设“四小园”，开展珠三角地区“五美”专项行动回头看。深入推进乡村绿化美化，开展传统村落集中连片保护利用示范，扎实推进万里碧道建设。稳步提升乡村风貌，完成主要高速铁路、高速公路沿线乱搭乱建的临时建筑的清理、整治和裸房外墙装修。推进美丽圩镇建设攻坚行动，持续推进圩镇人居环境基础整治，逐步提高生活垃圾、污水治理成效。持续加强风貌管控，推进农村基础设施建设，实施农村基本公共服务提升行动，建立健全乡村公共基础设施长效管护机制。

第三节 ▸ 村庄发展面临的主要问题

结合本章第一节所述的广东省乡村特征，对标融入广东省构建“一核一带一区”区域发展格局，支撑推动提升粤港澳大湾区在国家经济发展和对外开放中的支撑引领作用，落实广东省新型城镇化城乡融合发展的具体要求及乡村规划的主要目标的各项要求，广东省村庄发展还存在以下主要问题。

一、城乡融合发展不足，地区发展不平衡

当前广东省城乡产业融合发展深度不足，乡村地区产业以镇村工业为主要形式，缺少一二三产业链的延伸，且三者之间的关联性不强。乡村第一产业向后延伸不充分，多以供应原料为主，从产地到餐桌的链条不健全。乡村第二产业连接两头不紧密，农产品精深加工不足，副产物综合利用程度低。乡村第三产业发育不足，农村生产生活服务能力不强，产业融合层次低。

另外，地区发展不平衡问题仍然突出，资源集聚程度与城镇化空间不相匹配。珠三角核心区的城镇化空间与沿海经济带东西两翼地区相当，但珠三角核心区经济资源集聚“过密”，资源约束趋紧，沿海经济带东西两翼地区产业集聚能力不足，资源综合利用效率不高。珠江口东西两岸地区也存在类似情况，发展不平衡呈扩大趋势，除广州都市圈、深圳都市圈外，省内其他都市圈尚处于培育期，圈内核心城市带动力不足，难以发挥优化区域生产要素配置的作用，各都市圈一体化协同治理机制尚需完善。

二、耕地保护压力加大，违法建设较突出

作为全国改革开放的先行地，广东省经济发展动力强劲，人口高度密集，乡村地区建设活动增长迅猛，全省国土空间格局发生巨大变化，耕地转为其他农用地较多，建设用地呈集聚态势。与10年前的第二次全国国土调查相比，广东省耕地由于农业结构调整、国土绿化转为了其他农用地。建设用地年均增长约55万亩，珠三角以及珠三角外围城市增长较快，交通运输用地大幅增长64%，呈现向

中心城市和重点城市群集聚的态势，与广东省城镇化、工业化和农业现代化加速推进的特征基本吻合。随着经济社会快速发展，广东省地区间资源差异性进一步凸显，一些先发地区已濒临资源承载极限，广东作为全国经济和人口第一大省，各类经济活动难免要占用一些耕地，落实占补平衡压力大，再加上当前国家已明确对在耕地上种树、种果、挖塘养鱼等“非粮化”行为必须落实耕地进出平衡，须同时落实占补平衡和进出平衡“双平衡”。另外，全省还出现大量占用耕地违建、挖山填水等现象，全省耕地保护面临较大压力，耕地保护和生态安全受到严峻挑战，自然生态空间受到不同程度挤压，统筹保护资源与保障发展的难度进一步加大。

三、人均建设用地偏多，土地利用效益低下

据了解，当前广东省农村人均村庄建设用地偏多，为140.36平方米（高于国家确定的规划人均城市建设用地标准指标65～110平方米），但村庄土地利用低效，经济收益总体低下，村庄用地结构失衡严重。据调查，当前全省村庄用地无论是结构上还是布局上均是一家独大、阶梯分明。宅基地占比超过其他各种用途用地占比之和，村庄公益性公共设施用地和其他公共用地普遍偏少，村庄用地参与经济发展程度低、公共设施配套缺乏，一定程度上限制了农村一二三产业融合发展。

另外，乡村地区人口外流导致农房空置、弃房留地的现象普遍存在，大量农村住宅、公共设施和基础设施闲置浪费，导致空间资源不相匹配。由于宅基地制度的先天不足、社会性制度体系的障碍和传统习俗下的乡土情结，使得外出打工、求学甚至已在城镇定居的人不会轻易放弃名下的宅基地与农房。助长农村人地逆向演变的因素短期内难以消除，农房空置难以避免。拆旧复垦的获得感不强、效益低与风险难控也使得农民、社会资本缺乏盘活动力，村庄存量用地盘活难度大。

四、乡村风貌缺乏特色，村庄建设管控不力

历史上，中原人南下带来北方儒家礼制文化，宗族礼法建设促成乡村地区治理规矩有效，乡村地区形成相对稳定的管理和发展模式，宗族、乡贤、乡约治理效果良好。

由于城乡经济发展不平衡，农村人口大量流出，治理中坚力量流失缺位，大批青壮年外出务工经商，致使乡村地区尤其是传统农区农村空心化、老龄化问题严重。乡村社会结构被打破、秩序缺失，村基层组织、宗族、乡贤等多方力量难以形成合力。传统乡村自治体系被逐渐打破，造成社会治理体系缺失，乡村治理出现不同程度的失序现象，导致农民建房乱占耕地等现象层出不穷，使得现有的规划难以落地实施，村庄布局散乱，房屋坐落无序，基础设施建设难以配置到位，影响村容村貌又浪费大量土地。大部分村庄建设忽视营造乡村特色风貌，或有新房无新村，或有新村无新貌。

村庄规划建设指引缺失，宅基地审批管理制度尚不健全。宅基地管理体制机制尚未形成闭环，各地建房许可工作流程规定不够明晰，程序不规范，大部分县区没有细化优化办事指南，无法较好地协助农业农村部进行宅基地审批及管理，更无法指导农民通过合理合法的途径申请宅基地建造住房，农村宅基地制度改革“最后一公里”亟须打通。

五、乡村空间需求不清，管控要求不明确

目前国家对全面实施乡村振兴战略作出新部署，提出了更高的要求，由于广东省有关配套新政策供给尚在不断完善，有关任务目标尚未最终明确，农村土地制度改革、宅基地制度改革、全域土地综合整治等与村庄规划息息相关的工作尚处于试点阶段，有关各方对需要在村庄规划中给予保障的需求尚未确定，导致村庄规划难以提供精准的空间保障。

当前国土空间规划底图底数认定规则尚未确定，“五级三类”国土空间规划体系尚未完善，上位国土空间规划尚未完成，需要在村庄规划传导落实的约束性指标、底线管控等刚性内容尚不明确，自然资源部有关村庄规划编制技术指引尚在研究制定，这些为村庄规划提供了探索空间，同时也带来成果的不确定性。

六、基层管理人才缺乏，新理念好政策落地差

基层部分领导和群众对广东省农村建设用地利用粗放、低效等突出问题视而不见，在传统惯性思维的主导下，对乡村振兴发展仍停留在要规模指标、走粗放扩张路子的传统思路上，对当前粮食安全面临的严峻形势认识不到位，对落实生态优先、高质量发展等新理念尚未形成行动自觉，甚至提出与约束底线相矛

盾冲突的“发展诉求”，导致一些符合新理念、落实相关管控要求的规划得不到理解与接受。

另外，由于村庄分布分散、基层财政紧张、村庄规划单个项目合同金额相比其他类型规划较低等，有实力的技术单位对承接村庄规划的意愿不强，或只是将其作为承接上层级规划的附属，各技术单位难以将优质力量投入村庄规划，且未来一段时间将处于同时推进“五级三类”国土空间规划的关键期，大规模推进村庄规划优化提升将缺少足够的优秀单位和人才支撑。

第五章 多规并存时期广东省村庄规划发展回顾

新中国成立前，在漫长的中国历史中，村庄主要是由农民自发发展建设；新中国成立后很长时间里，建设部门把工作重点都放在城镇的规划和建设上，广大农村地区村庄的规划研究相对滞后。改革开放以来，我国的工作中心转向经济建设，广东省利用自身的良好区位条件得以在改革开放中“先行一步”，在改革开放初期，村庄规划正式起步，结合广东省村庄规划自身发展特征，其发展历程可大概划分为村庄规划起步阶段、村庄规划发展阶段、村庄规划共推阶段。

第一节 村庄规划起步阶段（1978—2005年）

一、“三图一书”规划

改革开放初期，随着农村经济条件改善，全省村镇出现的“建房热”具有很强的自发性和盲目性，对村镇的整体发展产生了较大的影响。1982年国家基本建设委员会、国家农业委员会印发了《村镇规划原则》，明确了村镇①规划是指导村镇建设的依据，结束了村庄建设自发自流的状态。在中央和省要求加强村庄建设规划指导的背景下，全省村庄开展了内容简单的村庄规划，即“三图一书”规划，起到了初步管控村庄建设的作用，“先规划后建设”的意识逐步加强。

1980年至1985年，广东全省开展了第一轮粗线条规划，引导改善农村的生产和生活环境，规划要求“三图一书”：现状图、规划图、工程管线图和说明书。1982年1月，广东结合本省具体情况印发了《广东省农村（村庄）居民点规划要点

① 按照1982年国家基本建设委员会、国家农业委员会印发的《村镇规划原则》，这一时期的村镇包括农村各级居民点，即公社所在地、社辖集镇和不同规模的村庄。

（试行草案）》，对农村居民点的村落选址、规划布局、供水排水等基础设施建设进行了简单规定。1983年7月，广东在宝安县西乡召开全省圩镇建设工作会议，确定中心村规划的规划编制做法[①]。

至1986年3月底，全省共完成约20000个中心村的粗线条规划任务，经过组织验收，基本上达到国家提出的要求[②]。编制的村庄规划在一定程度上规范了农村住房建设，对当时的农村建设起到一定的指导作用，结束了农房建设自发自流的状态。但是，限于编制规划专业技术力量薄弱、缺乏技术规范指导，规划质量和水平较低。同时，由于粗放式的发展思路，缺乏市（县）域统筹规划等，一些村庄建设项目存在布局分散、土地利用率不高、基础设施不配套等问题。

这一阶段村庄规划的基本任务是：研究确定村庄的性质与发展规模，合理组织村庄各项用地，妥善安排建设项目，以便科学地、有计划地进行建设，适应农业现代化建设和广大农民生活水平不断提高的需要。在编制方式上，提出“发动群众进行讨论，集思广益”，并初步形成由大队报公社批准、公社报县建委（基建局）备案的居民点规划审批手续，村庄规划管理体系雏形初步形成。

二、法制化的村庄规划[③]

20世纪90年代，国家、省城乡规划法律法规的相继出台，从法制层面明确了村镇规划是指导村镇建设的法定依据。同时，国家村镇规划标准、编制办法等技术规范的相继出台，特别是1999年广东省《村镇规划指引》的颁布实施，使广东村镇规划的编制、审批和实施进一步走向制度化、规范化，规划成果包括文字成果（规划文本、说明书、基础资料等）以及图纸成果（现状图和规划图等）。

随着村镇建设工作重要性的提升，广东村庄规划编制以村庄道路建设、垃圾污水处理、农村危房改造等项目为切入点，推进村庄规划的实施，吸纳和引导各类建设资金投入，有序引导村庄建设。

20世纪90年代中后期，以深圳市龙岗区试点管理区（中心村）规划为代表，开始明确划定了管理区（中心村）建设范围、引导土地集约利用、配置公共服务

---

① 广东省地方史志编纂委员会. 广东省志城乡建设志[M].广州：广东人民出版社，2006.

② 广东年鉴编纂委员会. 广东年鉴：1987[M].广州：广东人民出版社，1987.

③ 按照《村镇规划标准》（GB 50188-93）的适用范围，县城以外的建制镇以及村庄和集镇的规划统称“村镇规划”。

设施等，标志着村庄规划开始步入规范化。这一时期，村庄规划的编制主要集中在广州、深圳、珠海等地，至1995年底，珠三角地区实现管理区（中心村）规划全覆盖。

2003年初，阳江市阳东区北惯镇平地村被确定为省级固本强基工作联系点，并开展村庄规划试点。规划从平地村的经济发展导向、农村社区营造和村庄建设模式出发，形成方便生活、有利生产、节约资源、便于环保的村域布局和建设规划，使村庄规划实现从传统的局限于物质建设安排的建设规划向统筹村庄社会、经济、资源、环境发展，改善农村人居环境的全面规划的转变。

至2005年底，全省村庄规划覆盖率仅为28.85%。针对全省农村地区普遍存在的规划缺位、滞后，社会主义新农村建设缺乏系统性、综合性工作部署的情况，广东省将加强规划工作作为开展社会主义新农村建设的一项重要任务，要求各地以行政村为单位开展村庄规划——新农村建设规划的编制工作。新农村建设规划按照便利生产生活、美化绿化环境、保护节约耕地、突出地方特色、继承历史遗产的原则展开，对土地利用和村庄建设、现代农业园区建设、基础设施、社会公共事业等农村各项建设进行整体规划布局，规划内容逐步从村庄建设走向村域统筹，而新村建设和旧村改造整治，仍然是大多数村庄规划的重点。为确保规划透明、规范并充分尊重村民意愿，规划成果的表达方式采取简明扼要、通俗易懂的图文形式，形成农民看得懂的规划。

新农村建设规划的全面推进，改变了以前只有部分经济发达村庄和政府扶贫挂点村庄开展村庄规划的情况，促进了新农村建设有序、合理、有效推进，有力指导了卫生村、文明村、生态示范村等各类达标村、示范村的创建工作，在新农村建设起步较早的村庄，已初步形成村容整洁、布局合理、基础设施完备的新农村面貌。广州的村庄规划编制水平走在全省前列，已经建立起“镇域村庄布点规划—村域规划—新村建设和旧村整治规划”的村庄规划体系，有力支持了村庄发展、农业生产和生态空间保护。

省、市、县各级规划部门组织了专业技术力量深入农村基层，加强了政府部门和农村基层社区的沟通，切实帮助了各地农村搞好村庄规划工作。自2007年起，广东省财政设立了省级村庄规划编制试点专项资金，用于支持东西两翼、粤北山区14个地级市以及江门市恩平市等经济欠发达地区开展编制村庄规划工作。其中，广州、湛江、汕头、惠州、梅州、珠海等市完成村庄规划的情况较好，但全省仍有近一半村庄没有编制村庄规划，与村庄规划的全省覆盖仍有较大差距。规划指导的缺位导致大部分农村建设随意性大，特别是农房、基础设施建设布局和村庄环境整治、风貌控制工作无从开展，新村建设和旧村改造缺乏衔接。

在这一时期，广东省村庄规划虽然继续沿用城镇的规划模式，但已经关注到广东省村镇社会经济发展中城乡一体化的趋势，村庄规划着手解决因缺乏县（市）域规划的统筹协调等造成一些村镇规模偏大等问题；解决建设发展速度过快导致私宅建设普遍超标、对工商业开发量偏大、闲置较多的问题；阻碍一些村庄生活环境质量并无明显改善，有些甚至有恶化的趋势；解决农民富裕后只想辟新地建新房、旧村改造不被重视、土地浪费、地方传统特色消亡等问题。在这样的思路引导下，该时期已在探索将规划与设计融于一体，提出以总量控制、地域控制和用地分类控制的方式来控制无序的蔓延发展，并从空间布局与景观意象、建筑及景观设施等方面开展村庄风貌设计。

第二节 ▸ 村庄规划发展阶段（2006—2015年）

进入21世纪，改革开放进入攻坚期和深水区，广东省经济水平继续快速上升，但与广东省的城市规划已经基本编制完成的情况相比，大部分的村庄仍处于无规划状态，特别是经济较落后的粤东、粤西、粤北地区，城乡规划实施的差距仍然比较明显。广东省基于村庄发展特征实际，积极开展多轮村庄规划实践先行探索，为推进社会主义新农村建设、美丽乡村建设提供了技术支撑。

一、村庄整治规划

2005年，全国推进建设社会主义新农村工作，村庄整治成为社会主义新农村建设的核心内容之一。为加强对村庄整治工作的引导，广东省于2006年出台了《广东省村庄整治规划编制指引》，要求各地根据经济条件和主要存在的问题编制规范村庄整治的专项规划，有重点、有步骤地开展村庄整治工作，主要解决用地布局混乱、居住环境脏乱、基础设施缺乏等问题。村庄整治规划成果包括“三个一”，即一本简要的规划说明书、一张整治项目及概算一览表、一套规划图纸（包括建设现状图、整治规划图、设施管线综合图三张图）。

在规划内容上以物质空间改善为主导，抓关系到老百姓最关心、最直接的重要问题。村庄整治规划内容主要包括：①通过功能置换适度调整用地布局，做到“两个分离”，即生活区与养殖区分离（人畜分离）、居住区与工业区分离；

②整治村庄道路，保证对外联系，对村庄内部道路的走向、宽度及必要的道路设施提出指导性意见，在条件允许时还应确定需要硬底化的路段和采用的路面材料；③改善住房条件，积极推广节能节地新型住宅，对村民住宅内炉灶、厕所、圈舍等影响公共卫生的设施进行改造；④配置公共服务设施，统筹安排小学、托幼、医疗点、文体活动场、商业销售点等；⑤配套基础设施，包括改善饮水设施、划定污水排放片区、布局污水排放沟（渠）、建设垃圾收集点、建设卫生公厕等；⑥提出防治洪涝灾害以及风灾、火灾、地震、滑坡、泥石流等灾害的措施；⑦对优秀传统建筑、古树名木和池塘等景观设施，提出修缮和合理使用的对策，同时提出对乡村民俗进行精心梳理，确保文化传承；⑧制定实施计划，明确村庄整治的进度安排和实施要求，提出资金来源和筹措方式等。

在村庄整治规划的有力指导下，各地从农民群众反映最迫切的事情入手，突出了“一保”（保护农村生态环境和人文资源）、“一治”（环境整治，治理坑塘河道、清理垃圾杂物）、“两提升”（基础设施和公共服务设施的提升），改善了农村生活环境和民生条件；并通过“五不”（不推山、不砍树、不填池塘河流、不盲目改直道路、不破坏优秀传统建筑和历史文化风貌）的规划约束，确保村落传统风貌特征得到保护。

这一阶段，广东省针对时代问题，不贪大求全，从提高乡村人居环境品质、解决乡村实际问题的角度出发，积极开展村庄整治工作，并因地制宜，通过试点引路，做到“先易后难，典型引路，以点带面”。东源县以解决“三农”最迫切的问题着手推进新农村建设；湛江市广泛开展以“四通五改六进村”为载体的生态文明村创建活动，推动建设社会主义新农村规划建设；广州、中山等珠三角发达地区通过推动新农村建设与当地工业化、城镇化进程相衔接，着力推进城乡一体化发展的方式，探索新农村规划建设。至2006年底，全省累计编制完成村庄规划37022个，村庄规划覆盖率有所提高，村庄整治有序稳步推进。

二、多类型示范规划

为推动美丽乡村建设，从2011年开始，广东省连续印发了《关于打造名镇名村示范村带动农村宜居建设的意见》（2011年）、《关于做好传统村落保护发展工作的通知》（2013年）、《关于推进省级新农村连片示范建设工程实施方案的通知》（2014年），开始探索全省名镇名村示范村、传统村落、省级新农村连片示范规划，村庄规划编制由单一的村庄整治，重视基础设施、农房整治等“物的新农村”，拓展至乡村人居环境与风貌整体提升，为推进村庄建设提供依据和蓝图。

名镇名村示范村建设以示范带动和就近带动的模式，以单个村庄为对象，重在培优，在规划内容上继续解决村庄人居环境品质的问题，并开展风貌整治工作。美丽乡村建设行动挑选具有特色和突出优势的村庄进行重点打造，探索出“一村一品”的从化经验，通过“蓝图+行动”式规划方法，提出了“挖掘资源—确定主题—策划功能—形成项目—落实空间—建设实施”的美丽乡村实施路径。传统村落保护发展规划要求调查村落传统资源，建立传统村落档案，确定保护对象，划定保护范围并制定保护管理规定，提出传统资源保护以及村落人居环境改善的措施。省级新农村连片示范建设工程从点状示范带动转向片状示范带动，通过串联点线，采用示范带动和就近带动模式将各类村庄建设资源纳入统一平台，实现连片发展。

截至2012年底，全省已编制村庄规划的行政村达9217个，占比51.45%，逐渐发挥了对村庄发展和建设的统筹指导作用。但全省村镇规划编制呈现区域不平衡，2012年珠三角、粤东、粤西和粤北地区村庄规划编制覆盖率分别为74.62%、27.63%、60.24%和45.29%[①]。

村庄规划技术力量薄弱、编制经费缺乏，导致村庄规划编制覆盖率较低是困扰广东省村镇规划编制的主要问题。特别是粤东、粤西、粤北以及珠三角外围地区部分县、镇财政以及村集体经济基础较为薄弱，缺乏规划指导、村庄建设无序、土地资源浪费等问题仍然存在。而不少已编制规划的地区，则存在着规划内容深度不够、技术标准随意、成果流于形式、不按规划实施等问题，导致村庄规划在村镇建设中的管理、调控作用甚微，村庄建设的项目安排、资金投入仍然以部门、企业或个人的意愿为导向，往往是“项目跟着资金走”而不是“项目依据规划走”，有的项目安排甚至违反了规划。

第三节 ▸ 村庄规划共推阶段（2016—2018年）

2016年后，为贯彻落实精准扶贫、乡村振兴等国家政策，广东省按照住房城

① 广东建设年鉴编纂委员会.广东建设年鉴（2013）[M].广州：广东人民出版社，2013.

乡建设部就关于进一步加强村庄建设规划工作印发通知的要求，推进县（市）域乡村建设规划，并强调与县乡土地利用总体规划、土地整治规划、村土地利用规划、农村社区建设规划等充分衔接，同时解决部分村庄缺乏规划引导而无法支持乡村振兴的问题，广东省村庄规划编制逐步转向以整县推进的模式。此时，自然资源部、农业农村部、财政部等各个部门对乡村地区加大政策释放，广东省在村庄整治、美丽乡村、贫困村等方面持续用力，出台指引、设置支持资金，形成多个部门共同积极推动的局面。

一、县（市）域乡村建设规划

为落实国家进一步加强村庄建设规划工作的要求，破解村庄规划建设缺乏区域统筹的问题，2016年，广东省出台《广东省县（市）域乡村建设规划编制指引（试行）》，指导县（市）域乡村建设规划编制工作。

县域乡村建设规划主要是针对县（市、区）乡村地区的乡村建设规划目标和发展规模、分区体系规划、村镇体系规划、分类习题规划、乡村用地规划、基础设施建设规划、公共服务设施建设规划、乡村风貌规划等内容编制的规划，通过整体谋划，统筹县域乡村空间、资源、设施和建设，重点从宏观角度上明确了该县（市、区）乡村地区整体发展方向与未来发展水平，并对区域内分类进行了建设引导，系统推进农村人居环境改善。

县域乡村建设规划示范普遍建立了多部门协调的编制机制，确定了决策先行的规划理念，提出了垃圾、污水治理等农村人居环境薄弱环节的解决措施，对当地乡村地区发展建设起到了积极的作用。

二、省定贫困村创建社会主义新农村示范村规划

《广东省2277个省定贫困村创建社会主义新农村示范村规划编制指引》要求从实际出发编制示范村整治创建规划，针对特定的2277个省定贫困村全面整治村庄环境脏乱差，补齐基础设施建设短板，开展基础整治及创建提升规划。

为了使规划能够更加有效地落实省定贫困村创建社会主义新农村示范村实施方案的要求，更加切合贫困村实际，决定先做好村庄整治工作，在此基础上再开展示范村创建规划工作。省定贫困村创建社会主义新农村示范村的规划编制工作作为一项系统工程，规划内容包括整治规划和创建规划。其中，整治规划包括土

地利用、村容村貌整治、垃圾处理、污水处理、集中供水、农房整治、村道硬化和设施完善八个方面的内容，创建规划包括历史文化保护、产业发展、特色风貌营造和特色区位功能四个方面的内容。

该项工作也对规划编制和实施提出了有益的探索。第一，要编制整治型而非建设型规划，应优先推动城乡风貌、面貌改善（如“三清三拆三整治”），而非大搞新开发、新建设。第二，编制行动式而非蓝图式规划，示范村规划工作应结合城乡发展的动态需求，明确、紧抓整治工作重点，制定切实可行的行动方案、计划，推出一批工作事项或项目，可打造一两个试点示范，推广优秀经验模式，将规划演变为一种动态行动。第三，编制村民主导式而非专家型规划，规划应突出村民自主，而不完全是专家主导，要体现村民自主自愿，将农村广大农民群众对美好幸福生活的愿望落实到村庄规划建设中，并结合村民的需求，制作图、表或村民公约等多种形式的规划，作出农民自主参与、自愿遵守的规划成果。

三、村土地利用规划

广东省为解决农村建设布局散乱、用地粗放低效等现实问题，按照国家的工作部署，于2017年开展村土地利用规划编制。该项工作从提出到2020年底，基本完成全省村土地利用规划编制工作，做到农村各项土地利用活动有规划管理，实现村土地利用规划管理基本覆盖。

在工作组织上，该项工作提出分类编制的原则，要求开展农村土地制度改革试点、土地整治、地质灾害隐患居民搬迁安置区、农村建设用地拆旧复垦和已完成或正在开展村庄规划编制的行政村以及省定贫困村，应优先编制村土地利用规划。而拟实施易地搬迁的村庄、拟调整的空心村等可视情况，与周边临近行政村共同编制村土地利用规划或不再编制村土地利用规划。

在规划内容上，该项工作提出以乡镇土地利用总体规划为依据，落实最严格的耕地保护制度和最严格的节约用地制度，统筹考虑村庄建设、产业发展、基础设施建设、生态保护、地质灾害防治等需要，合理安排好农村生产、生活、生态空间，做到农房建设有规划管理、行政村有村庄整治安排、生产生活空间合理分离，优化村庄功能布局。

为凸显规划的权威性和严肃性，以及村民主体地位，确保“一张蓝图干到底”，该项工作提出确需修改的村土地利用规划，规划修改方案需经村民会议2/3以上成员或者2/3以上村民代表同意后按程序报原审批机关同意。

同时，在村土地利用规划中，从村域整体提出土地整治，要求有条件的地区建立符合乡级规划数据库标准的村规划数据库，打好广东省村庄规划上图入库的基础。

四、整县村庄规划

为了全面支持乡村振兴实施，广东省于2018年开始推进整县村庄规划，主要依据《关于全域推进农村人居环境整治建设生态宜居美丽乡村的实施方案》《关于推进乡村振兴战略的实施意见》《广东省村庄规划编制指引（试行）》等政策，规范村庄规划编制。

实施整县村庄规划，主要是以“县域—乡镇”来全域统筹推进，是从上到下、由内到外采取多重举措的规划编制、工作组织方式。在工作组织方式上，一般以县、镇两级领导小组干部分组包片包村，层层细化分解任务，并制定整县村庄规划编制实施方案，明确村庄规划编制的工作目标、工作任务、工作要求和责任分工，同时召开设计编制单位工作会议、动员会，进行工作部署，还需深入基层，通过走村入户宣讲、制作展示板报等形式，向广大人民群众宣传，形成良好的工作氛围。

在规划编制上，基于广东省社会主义新农村示范村整治创建规划的经验，更注重现状调研，通过走访座谈、现场踏勘、问卷调查和驻村体验等方式开展实地调研，全面了解村庄社会经济情况、自然环境情况、历史文化情况、土地利用情况、规划政策情况、村庄建设需求，以便明确规划目标和规划重点。在规划内容上，以产业发展为核心，以用地布局、公共服务设施和公用工程设施、历史文化保护、村庄安全和防灾减灾、特色风貌和农房整治等村庄建设方面为规划重点，全面支持引导生态宜居美丽乡村建设，深入实施乡村振兴战略。

这一阶段，广东省村庄规划从县域城乡统筹的视角出发，各地多按照整县（市、区）的方式推动村庄规划编制，逐步完善了“县域—村庄”两个层级的规划体系。通过多类型的公众参与来开展规划编制工作，在解决了基础设施、人居环境问题的基础上，逐步关注生态环境、历史文化，主要解决了居住、生产等实际建设需求、产业发展、村庄治理和规划特色等一些问题。在2018年机构改革前，全省应编尽编的行政村中已有2/3完成了规划编制工作。

第六章 多规并存时期广东省村级规划的成效与反思

改革开放以来，在国家和地方政策的指引下，我国城乡规划已经逐步走出了“就城市论城市、就乡村论乡村”的局限，规划体系经历了由城乡二元结构以城市为主导发展向城乡融合发展的转变。乡村规划编制体系和管理机制也经历了由照搬城市、二元分割到逐步完善的过程，但整体上仍然滞后于城市规划的发展。广东省在乡村规划方面落实国家政策，结合省情实际，围绕村庄整治规划、试点示范性村庄规划、2277个省定贫困村创建社会主义新农村示范村规划、村土地利用规划、广东省村庄规划和县（市）域乡村建设规划等开展了大量的乡村规划实践和探索，机构改革前已初步形成了覆盖面较广、编制类型丰富、编制内容较深入的规划成果，针对性地解决了当时农村面临的一些实际问题，但仍然存在实用性不强、落地难、实施效果不理想的局限。

第一节 规划体系的完善

一、规划编制体系的逐步完善

我国的规划体系经历了由城乡二元结构以城市为主导发展向城乡融合发展的转变，广东省乡村规划编制体系经历了由从属于村镇规划到从村镇规划中脱离并逐步法制化、规范化的过程。

20世纪80年代以前，我国缺少乡村规划相关实践和研究基础，缺乏理论和技术文件指导，乡村规划处于被忽略的状态，乡村规划从属于村镇规划，尚未从法律层面确定和规范村级规划的框架体系，造成广东省乡村规划编制体系缺失。20世纪80年代以来，广东省颁布了《广东省农村（村庄）居民点规划要点（试行草案）》（1982年），文件明确农村居民点布局应在县、社农业区域规划的基础上编制，居民点规划分为总体规划和详细规划；印发了《广东省乡（镇）村规划建设管理规定》（1989年），规定乡（镇）村规划分总体规划和建设规划，乡村规划由从属于村镇规划发展到从村镇规划中脱离，广东省乡村规划编制体系初步建立。20世纪90年代，广东省按照《村庄和集镇规划建设管理条例》（1993年）规范乡村（包括集镇和村庄）的规划建设，针对除县城镇以外的建制镇（集镇）和中心村印发《广东省村镇规划指引》（1998年），解决本省村镇规划的问题，并明确村镇规划的制定必须以市域或县域规划为依据。至此，广东省涵盖“县域（城）—建制镇（镇）—中心村（村）”的乡村规划等级体系逐步成型。2008年，国家颁布的《中华人民共和国城乡规划法》（简称《城乡规划法》）确立了乡村规划的法定地位，成为乡村地区发展的重要法定依据，但乡村规划的工作层次和编制体系仍然模糊不清①。

广东省作为规划实践先锋，在国家《村庄整治技术规范》（GB 50445－2008）、《镇（乡）域规划导则（试行）》（2011年）等的基础上，2006—2016年期间，政府出台了大量相关政策指导全省名镇名村示范村、传统村落、省级新农村连片示范等乡村试点示范工作的实践。从编制体系来看，这一时期广东省的乡村规划实践更侧重面向微观村域层面，而宏观层面对乡村地区的整体战略规划较少。为支持脱贫攻坚，《广东省县（市）域乡村建设规划编制指引（试行）》（2016年）印发，弥补了城市总体规划的不足，避免了“就城论城、就村论村”，实现了县域层面的城乡统筹与乡村地区的综合指导。此后，针对具体工作需要，广东省出台2277个省定贫困村、村土地利用规划、村庄规划等指引规范乡村规划编制，保障和支持乡村振兴工作和美丽乡村建设。至此，广东省已建立起了“县域—乡镇—村庄”三个层级，构建了乡村规划的技术标准体系。广东省乡村规划编制体系见图6-1。

① 孙莹，张尚武.我国乡村规划研究评述与展望[J].城市规划学刊，2017（4）：74-80.

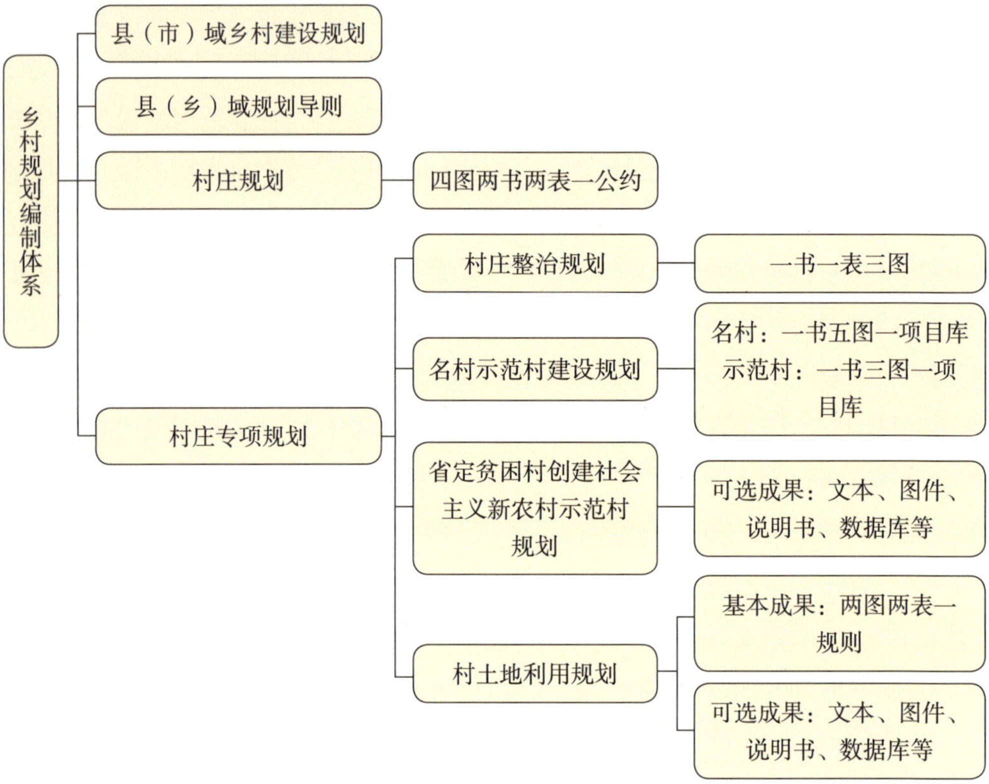

图6-1　广东省乡村规划编制体系

二、规划管理机制的逐步构建

（一）规划管理机制的逐步构建

我国城市规划管理机制已相对完善，但乡村规划管理机制仍处于发展和逐步构建完善的阶段，广东省乡村规划管理机制经历了由照搬城市到逐步构建的过程。

《城乡规划法》出台前，广东省城乡在规划管理方面分别根据《中华人民共和国城市规划法》及《村庄和集镇规划建设管理条例》，采用二元分割的规划管理机制以城镇和乡村来划分规划管理机构的职责范围。在这时期，广东省村庄与城镇套用同样的机制进行管理。受规划编制经费、技术力量有限等原因限制，部分乡村地区乡村规划覆盖率不足，导致规划管理依据缺失，乡村的规划管理较为薄弱。

2008年《中华人民共和国城乡规划法》颁布并实施，乡村规划有了相对完善的法律支撑。“一户一宅”制度也在《中华人民共和国土地管理法》[2019年（修正）]中得到了明确，《乡村建设规划许可实施意见》（2014年）提出了乡村建设规划许可的申请及审查程序。但这些法律、规范和指引对于乡村规划管理的具体内容、管理模式及乡村建设规划许可证核发的程序与条件等没有给予明确说明。广东省通过一系列乡村规划管理实践，进一步规范了乡村规划的设计审批，促进了乡村规划与建设的合法合规。《广东省城乡规划条例》（2013年）明确在乡村内进行农民住房、乡镇企业、乡村公共设施和公益事业建设须由城乡规划主管部门核发乡村建设规划许可证，乡村管理先于国家进入“一书一证”（选址意见书和乡村建设规划许可证）时期。住房和城乡建设部下发《乡村建设规划许可实施意见》（2014年），规范了乡村建设程序：先规划、后许可、再建设，提出了乡村建设规划许可的适用范围、内容、主体、申请及审查程序。“一书一证”对遏制农村无序建设和浪费土地具有积极意义，但由于地方管理细则尚不健全，不少地方尚未规范实施，特别是村民的自建房问题，乡镇的规划管理相对薄弱。

（二）机构改革的影响

机构的改革也影响着广东省乡村规划管理机制的构建。在2001年机构改革中，广东省超过2/3的村镇规划建设专职管理机构被撤销。2004年前后，由于国土资源部实行垂直管理，乡镇国土所与村镇规划建设管理办公室分开，大部分乡镇出现了无规划建设管理专职工作人员的情况，出现短暂的管理缺位状态，导致乡村规划的管控缺位，出现建设无序现象。

2006年后，随着广东省推进规划管理体制改革，贯彻落实《关于印发广东省乡镇机构改革试点实施意见的通知》（粤机编〔2006〕13号）中关于“省管到县、市管到镇、县管到村”的决定，逐步将规划管理重心下移，部分建制镇重新成立了村镇建设管理机构。但广东省的村镇建设基层管理仍然薄弱，特别是粤东、粤西、粤北一些乡镇没有设置专职管理人员，省市关于村镇规划建设的政策部署难以向下延伸。

三、规划组织体系的创新发展

（一）规划组织体系的发展

按照《城乡规划法》的规定，县级以上人民政府需要确定乡、村庄的规划区域，并对村庄规划给予指导，进行审批和监督。根据《村庄与集镇规划建设管理条例》（1999年）的规定，村庄规划由乡级人民政府负责组织编制，并对村庄规划进行监督与实施。广东省在规划实践中，村级规划的组织架构应包括五个层次：省级政府或规划主管部门、市级政府或规划主管部门、县（市、区）级人民政府、乡（镇）级人民政府、村委会（见表6-1）。

表6-1　机构改革前广东省村级规划中各级政府职能

政府机关层级	职能定位	具体职能
省级政府或规划主管部门	指导	提供技术支持、监督和检查规划编制进展
市级政府或规划主管部门	指导	指导制定方案、提供技术支持、监督和检查规划编制进展、组织专家评估
县（市、区）级人民政府	协调组织	成立由县级主要领导担任负责人的专门协调机构，统筹发展改革、财政、国土资源、城乡规划、水利、交通、消防、农业、林业、环保、统计、旅游、扶贫等部门，合理安排乡村规划的编制与实施； 协调上级、指导下级为乡村规划提供基础资料，组织乡村规划审批工作等； 负责组织县（市）域乡村建设规划编制
乡（镇）级人民政府	组织	负责乡村规划编制，组织召开相关研讨会和听证会
村委会	参与	负责召开和组织村民参与调研，组织村民审议乡村规划，组织乡村规划的具体实施工作

（二）规划组织模式的创新

多年来，乡村规划作为我国农村建设的依据，多数是以自上而下的政府主导方式进行编制组织。由于区域经济发展和村庄建设水平的差异，广东省在推进乡村规划编制过程中，主要采取以下三种组织模式[①]。

1. 地方政府主导，全覆盖推进型

在经济相对发达、地方财政充裕和城市化水平较高的珠三角地区，村庄的缓慢发展成为城市建设的“绊脚石”，地方政府十分重视城乡统筹和乡村控制。地方政府积极响应上级号召，相继由地市或区城乡规划主管部门集中组织乡村规划编制工作。这些地区的乡村规划编制由上级政府推动，以区、县级政府为主导，由地方财政全额出资，使辖区内所有村庄的规划编制工作得到了全面、快速的推进，规划编制覆盖率较高或已经实现乡村规划全覆盖，其中广州、珠海等经济发

① 周锐波，甄永平，李郇.广东省村庄规划编制实施机制研究：基于公共治理的分析视角[J].规划师，2011，27（10）：76-80.

达城市在乡村规划编制方面走在全国前列。这种政府主导的乡村规划编制具有一定的政府效率逻辑，对部分农村地区发挥了管制和空间引导作用。

2. 上级政府辅助，试点村推进型

在经济发展水平一般、地方财政相对紧张以及城市建设迅速向乡村地区渗透的广东省东西两翼地区，地方政府比较重视对城镇建设区范围内的乡村控制。在上级政府推动并提供试点村规划专项经费补助的条件下，地方政府予以规划经费配套，逐年分批推进辖区内村庄的规划编制工作。

3. 专项资金扶持，试点村任务型

在经济发展水平较低、地方财政困难和城市化水平较低的粤北山区，区域发展的重点主要集中在城镇中心区，周边村庄并未得到足够的重视。在上级政府推动并提供试点村规划专项经费补助的条件下，地方政府由于财政困难，几乎无法提供经费配套或仅能提供较少经费。对于这些地方政府而言，每年一定名额的省级试点村村庄规划编制任务反而成了其工作的负担，而该区域的乡村规划也就往往流于形式。

第二节 ▸ 规划实效与经验

广东省在乡村规划方面围绕村镇建设、城乡统筹、脱贫攻坚及乡村振兴等战略部署，结合省情实际，开展了大量的乡村规划实践，进行了大有裨益的探索。在机构改革前，广东省已初步形成了覆盖面较广、编制类型丰富、编制内容较深入的规划和管理体系，针对性地解决了当时农村面临的一些实际问题。

一、政策传递，进行积极探索

广东省是一个具有革命传统的省份，在新中国成立后的各个历史时期内，都积极扮演先行者的角色，尤其是改革开放后，勇当排头兵。如探索“政经合一”、村民自治、“政经分离”的治理体系，较早地将村庄规划从城镇规划中独立出来，在新时期较早地开展“多规合一”实用性村庄规划编制工作，从而为国家政策制定积累了前期的实践经验。

（一）农村（村庄）居民点规划的探索

改革开放前，我国缺少乡村规划相关实践，村庄层面没有单独的指导性规范。改革开放后，农村经济被全面激活，但乡村地区的建设发展却长期处于缺乏有效规划管控的状态下。特别是广东省沿海地区，乡镇经济的快速发展带来大量城乡混杂、无序建设的乡村土地扩展模式，不仅造成资源浪费，也影响了乡村地区的发展建设。而当时的村镇规划主要以镇区规划为核心，规划目的在于刺激农村经济发展，缺乏对当时村庄面临问题的针对性。1982年，广东省颁布的《广东省农村（村庄）居民点规划要点（试行草案）》就是为了促进合理布局，加强管理，节约用地，有效克服农房建设中乱占滥用土地的混乱现象。

（二）试点示范性乡村规划的探索

社会主义新农村建设被提出之后，农村地区得到了重视并迎来了新的机遇。在社会主义新农村建设中，城乡高度混杂，村民建房问题、乡村环境风貌问题突出，针对本阶段的问题，广东省开展村庄整治规划，用来提高村庄整治规划水平、促进村庄可持续发展。2013年，中央一号文件明确提出“美丽乡村”建设目标，广东省于2011年就开始开展了各种形式的试点示范性村庄建设工作，也探索了美丽乡村等多种形式的乡村规划，名镇名村示范村、宜居城镇宜居村庄、传统村落、省级新农村连片示范建设等规划极大地丰富了乡村规划编制理论和实践经验。2017年，广东省为全面建成小康社会推出2277个省定贫困村建设，作为广东省高质量完成精准扶贫任务的重要抓手，推进城乡协调发展。在该政策的指引下，各地村庄基本完成了“三清三拆三整治”，并结合实际陆续进行道路硬底化、集中供水、雨污分流等项目建设[①]。

（三）实用性乡村规划的探索

随着党的十九大将乡村振兴工作全面深化，乡村规划全面落实上位规划和相关规划的部署，针对之前规划方案脱离村庄实际情况和规划编制深度、用地指标等问题进行了完善。在针对乡村地区具体问题上，此阶段加强了乡村规划编制的针对性，有效提高了乡村规划实用性。规划成果简明扼要、规范严谨、通俗易

① 胡辉伦，许冲勇.新时代乡村振兴战略理论研究与规划实践2021[M].广州：中山大学出版社，2021.

懂，做到村民易懂、村委能用、政府好管。在部分地区，乡村规划已经成为农村地区的发展纲领和重要抓手，通过组织开展村民参与，明确村庄近期建设项目，确保与土规、控规有效对接的规划编制活动，在一定程度实现了乡村规划的落地和项目的实施。

（四）“多规合一”乡村规划的探索

乡村规划需要与土地利用总体规划、城市总体规划及其他专项规划同时衔接。为解决各规划之间相互“打架”这一难题，广东省逐渐形成一套村庄规划和村土地利用规划逐步融合的“多规合一”乡村规划编制体系。2016年，广东省委、省政府印发的《中共广东省委 广东省人民政府关于加快推进我省生态文明建设的实施意见》明确提出，要求将基本农田保护线、生态红线在规划中落实；在村土地利用规划中，从村域整体提出土地整治，要求有条件的地区建立符合乡级规划数据库标准的村规划数据库，打好广东省村庄规划上图入库的基础。部分地区开展区域“多规合一”实践探索，如广州市利用城市总体规划和功能区土地利用总体规划修编的契机，通过对不同规划图斑属性的优化调整，实现村庄规划、土规和控规“三规”协调，最后形成城乡规划“一张图”管理，在保障乡村规划近期建设项目落地的同时，为乡村规划的可持续管理提供合法依据①。

机构改革前，乡村规划作为广东省乡村建设和管理的依据发挥了较好的指导作用，乡村建设取得了一定成效，基础设施建设、人居环境建设等已基本完善，农民生活水平也得到了很大的改善。

二、针对性强，注重问题导向

随着改革开放中经济迅猛发展，广东省乡村规划体系雏形初步形成，诸多实际问题显现。为了解决这些实际问题，广东省制定的政策和规范针对性强、实用性高。

1998年的《广东省村镇规划指引》开篇专门就当时的实际问题进行了阐述，进而对症下药地提出了规划指引。2005年，广东省分别针对村庄整治、美丽乡村、名镇名村、贫困村等不同类型、不同侧重点的村庄，单独出台了规划编制相

① 李明，孙玥，吕荣，等.城乡一体化导向下的广州市村庄规划：进展与动态[J].城市规划学刊，2014（1）.

关政策，对问题分而治之，解决了村庄建设中的诸多实际问题。2016年的《广东省县（市）域乡村建设规划编制指引（试行）》则弥补了城市总体规划的不足、避免了“就城论城、就村论村”，实现了县域层面对城乡统筹与乡村地区的综合指导。

三、分类指导，推进试点先行

基于全省地域的复杂性和经济发展不平衡的基础，在开展村庄规划工作中，广东省主要按照分类指导、试点先行的方式，量力而行地推动村庄规划工作。在实际操作中，广东省要求根据村庄自然生态环境、人文地理特色、社会经济发展条件等具体实际情况，科学确定不同地区、不同阶段村庄的发展目标、规划重点和实施对策，分类确定乡村标准，选取条件较好的进行试点，不搞齐步走、“一刀切”，避免在空心村无效投入、造成浪费，待试点成功后才进一步全省推动，既避免了在探索过程中到处碰壁，又提高了工作效率。

四、因地制宜，进行制度创新

中山市和东莞市是两个为数不多的“直筒子市”，即实行“市管镇”行政体制，不设市辖区。这两个城市在乡村规划管理方面进行了不同于其他地区的经验探索，即“两级政府、两级管理”体制（见图6-2）。“市管镇”体制是适应改革开放和经济发展需要出现的特殊行政体制，实行市、镇政府两级领导，各建制镇享有较大的县级权限，在国土和城乡规划建设等部门规划管理上兼具县和镇的特征，镇级规划管理部门在市级规划管理部门的指导下从事本镇范围内的规划管理

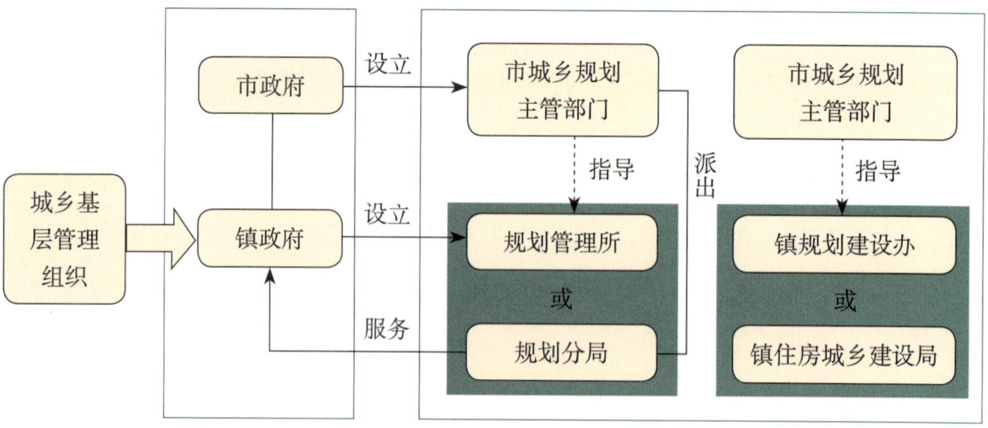

图6-2 “两级政府、两级管理”体制架构

业务。如中山市实行“市规划局—规划分局”模式，规划分局是市规划局的派出机构。东莞市各镇（街）设立规划管理所，接受市规划局的业务指导①。

五、脱贫攻坚，引导梯次建设

广东省乡村建设深入贯彻习近平总书记关于“三农”工作的重要论述，按照党中央、国务院工作部署，按照“先试点先行、后全域推进，先示范村创建、后串珠成链，连线成片建设乡村振兴示范带”的思路，持续推进农村人居环境整治、生态宜居美丽乡村建设。在规划建设中，广东省始终坚持把村庄规划作为实施乡村振兴战略的基础性工作，持续用力推进。

2017年，为推进广东省2277个省定贫困村建设成为社会主义新农村示范村，切实改善贫困村生产生活生态条件，规范省定贫困村规划编制工作，提升农村人居环境建设水平，引导贫困村编制创建社会主义新农村示范村规划，重点通过整治规划补齐人居环境短板，通过创建规划进行示范带动。2018年，为深入实施乡村振兴战略，根据广东省委办公厅、省政府办公厅《关于全域推进农村人居环境整治建设生态宜居美丽乡村的实施方案》（粤办发〔2018〕21号）有关要求，在省定贫困村的基础上全面规范广东省村庄规划编制，梯次引导生态宜居美丽乡村建设，乡村面貌发生历史性变化。

至2019年底，广东省需编制村庄规划的16885个行政村已完成村庄规划编制。在村庄规划的指引下，全省美丽宜居村庄建设初见成效，农村人居环境整治覆盖率提升至99.8%以上，生活垃圾“村收集、镇转运、县处理”收运处置体系基本建立，农村生活污水治理率达56.9%；农村基础设施和公共服务不断完善，基本实现全省农村集中供水全覆盖，农村人口自来水普及率达99%，全省“四好农村路”提质扩面，通乡镇和行政村路面硬化率、行政村通客车率、农村公路列养率均达到100%，基本实现100人以上自然村通硬化路，建制村通双车道公路比例达到65%，常住人口规模4000人以上的行政村举办规范化普惠性幼儿园的比例在95%以上，建成5G、4G基站数量均稳居全国第一，行政村4G网络基本实现全覆盖；农房管控和乡村风貌提升初见成效，因地制宜打造“四小园”67.9万余个，累计完成1239个行

① 曹海涛，姚刘兵，王果，等.乡村振兴战略下乡村规划建设管理一体化研究：以广东省为例[C]//中国城市规划学会. 活力城乡 美好人居：2019中国城市规划年会论文集（18乡村规划）.北京：中国建筑工业出版社，2019.

政村及6763个自然村整村存量农房微改造；全域推进生态宜居美丽乡村建设，创建特色精品村、美丽宜居村分别达1316个、12214个。突出乡村振兴示范带打造，启动建设示范带487条，初步建设3420公里，一批主题特色鲜明、辐射带动能力强的乡村振兴示范带初步成型。

第三节 ▸ 规划局限与反思

一、规划成果实用性有待提高

虽然这一时期广东省在乡村规划和建设中取得了一定的成绩，但从整体上看，全省乡村规划工作中仍然存在实用性不强、落地难、实施效果不理想的局限。

（一）缺乏对基础数据的有效梳理

乡村地区现有基础数据严重匮乏，极大影响了乡村规划编制的科学性和有效性。一方面，各级行政主管部门在乡村地区建立的数据档案，仅仅立足于部门需求，不够全面系统，大多都没有统一工作底图底数，没有明确制图规则，没有规定数据标准格式，未对建立规划数据库作出要求。因此，在乡村规划编制过程中，不同的规划可能采用不同的数据基础和制图格式。除珠三角部分地区外，大多数地区没有建立标准统一的规划数据库，或者没有建立规划数据库。信息化管控缺失，造成基础数据收集梳理难度大，数据缺失又进一步导致规划的科学性不足。另一方面，由于部门统计口径不同，乡村地区各类统计数据难以对接整合使用。广东省乡村地区地域广阔，越是中宏观规划，对乡村地区的调研就越是困难，因此其对乡村地区的基础数据依赖度更高。由于无法获得公开、完整、系统、科学的数据，大量中宏观层面的乡村规划难以对乡村地区的建设发展提出具有针对性的政策方案。

（二）缺乏与相关规划的有效整合

乡村规划要起到指导乡村发展和建设的作用，需要对土地利用规划、产业发展规划、文化遗产保护规划等进行全面整合和统筹。原有的乡村规划与其他相关规划由于主导部门不同、政策法规不同，不同规划的内容、深度、侧重点和发挥的作用等都有所不同，所用的基础数据、规划编制过程中使用的技术和软件，以及对数据库的要求等方面也存在一些差异。

该阶段的乡村规划缺乏与相关规划的有效整合，因此规划间不可避免地存在着一些不一致，导致乡村地区多规冲突严重，造成规划事权的重叠与真空地带并存的现象，包括空间边界矛盾冲突、用地权属性质冲突、规划时限冲突等问题。

（三）成果质量受编制经费制约

乡村规划建设工作覆盖面广、前期投入大、工作难度高，但由于资金来源渠道主要以政府投入为主，资金来源比较单一、涉农项目资金整合困难。以广东省粤东、西、北地区为例，受山区地势条件限制和地方“吃饭财政”等制约，许多地方投入乡村规划的资金有限。受限于低廉的乡村规划编制经费，编制单位工作的主动性、积极性受到影响，不愿多花时间到现场开展深入调研，也不愿在规划设计上多下功夫，敷衍应付，粗制滥造，导致规划成果质量大受影响。因此，依靠传统的以政府为主的编制模式难以维持，即使规划编制完成，许多农村工程项目也难以推动，进而导致部分乡村规划实施效果不理想。

二、编制方法科学性有待加强

多年来自上而下开展的运动式规划，限于规划编制方法等问题，部分地区听取村民意愿往往只限于调研阶段，脱离农村实际，规划难以融入村民自治管理中，建设落地难。

（一）村民主体地位未得到重视

乡村规划的编制作为回应和解决乡村问题、有效管理乡村的工具，主体既包括政府也包括村民。以村民为主体的村庄面临着不同类型的问题，以及转型、保留、消亡等不同发展方向，在目标之下村庄的发展方向与转型方式和村民利益息息相关，应由村民组织自身来承担村庄的规划责任。乡村发展的责任主体与规划的编制主体是错位的，村民主体地位未得到充分重视。乡村规划的编制权和管理权掌握在县、乡镇级政府规划部门，参与规划编制的技术人员通常为非在村人员，而最能体现村民意愿的公众参与和规划公示，则通常因为缺乏有效的实施途径而较难对规划产生影响，农民很难通过自身对规划编制施加影响[①]。

---

① 周游.广东省乡村规划体系框架的构建研究[D].广州：华南理工大学，2016.

在规划编制方法方面，乡村规划编制缺乏适宜村庄需求的公众参与路径。当前乡村规划并非不强调公众参与，也并非没有相关渠道。但由于本身是自上而下的安排且通常强势优先代表了城镇的利益，所以并没有太强的“群众基础”。编制乡村规划的规划立项、编制单位的选取、编制经费的落实以及编制规划的审批公示都由政府主导，规划编制内容无法真正反映村庄基层诉求。一是村民参与脱离农村实际。现阶段村民参与极少涉及村民关心的核心问题，诸如土地产权梳理、宅基地安排等。二是村民参与对象单边化。调研对象多针对本地户籍村民，对常住流动人口的关注较少。三是村民参与流程常规化。村民参与流程沿用城市规划的公众参与模式，包括调研访谈和方案公示等，参与方式较为单一。同时，问卷调查的设计多为常规问题，较少结合不同类型村庄和不同人群需求而设计“针对性选项”[①]。

（二）规划技术手段相对薄弱

此阶段，乡村规划编制技术手段有限。一是调研手段单一。在乡村规划调研的初期即资料收集与现状调研阶段，未深入开展走村串户的调研，未充分听取村两委、乡贤能人、村民代表、能工巧匠、驻村工作队的意见和建议，不了解村民对村庄近期建设和未来发展的意愿和诉求，调研主要以村镇座谈形式为主、以镇或村意志为主导，因此收集资料具有片面性。有的即便开展规划调研，但调研也不深入，简单地履行规划程序走过场，导致村民的参与度不高。二是鲜少结合基础数据进行分析评价和模拟。受限于规划基础数据缺失及各类分析评价技术的复杂性，该阶段的乡村规划更注重建设实施要求及建设效果展示，较少关注以信息化手段提高发展目标、空间布局、要素配置等内容的科学性。

（三）规划成果表达脱离实际

机构改革前的乡村规划成果表达也经过了多轮探索，编制内容主要集中在村庄的发展定位、产业经济、用地布局、综合交通、公共服务、公用工程、历史保护、防灾减灾等方面，内容相对复杂。首先，规划成果多数只是反映政府、官员和规划师的发展意图，而村庄内生发展以及村民个体迫切需要解决的住房、基础设施建设、村庄环境改善等项目和村集体利益等核心问题反而被忽略。其次，

① 徐敏，陈岚琨.村庄规划设计施工运营一体化模式探索：以广东省为例[C]//中国城市规划学会.共享与品质：2018中国城市规划年会论文集（18乡村规划）.北京：中国建筑工业出版社，2018.

规划成果复杂和过于专业化，内容求全、深度过大、成果过厚，而村民对规划图纸的理解能力有限，导致村民看不懂、不理解，造成规划难以实施。针对这种情况，广东省乡村规划进行了调整，一是从服务实施管理的角度通过项目库来促进乡村建设项目的落地，二是从便于村民使用的角度，采用村民看得懂、接地气的表达方式，提炼出有利于村民认同、便于执行的简易成果，并将这类成果纳入村规民约之中。

三、理念政策理解掌握度有待提升

机构改革前的乡村规划对新理念、好政策理解掌握不足，导致部分乡村规划难落地，主要体现在全要素管控未完全落实、节约集约发展要求未完全落实和对乡村振兴系列支持政策的掌握和应用能力不足等方面。

（一）全要素管控未完全落实

机构改革前开展的乡村规划多围绕某一特定任务展开，规划目标单一，比如村庄整治规划主要围绕村庄风貌整治来编制，脱贫攻坚村庄规划重点围绕基础设施和公共服务设施建设补短板、人居环境整治及产业提升进行，传统村落保护规划则偏重历史文化元素的保护等。规划范围亦把重点放在特定任务的建设空间中，实际主要局限于农房建设、风貌整治等建设用地空间的规划，围绕乡村建设空间，生态空间、农业空间等非建设空间规划管控较少涉及，未做到全域全要素管控。

（二）节约集约发展要求未完全落实

随着乡村地区的发展，村镇土地利用模式粗放的问题日益突出，乡村人均建设用地面积呈扩张趋势，人均村庄建设用地面积已达到140.36平方米。传统农村生产、生活空间高度复合，导致村庄和类似村庄的集镇人均建设用地面积相比城市人均建设用地面积大。一是乡村非农产业快速发展，以乡镇企业和村级工业为主导的自下而上的乡村工业化和城镇化并进的过程，表现出明显的分散化、粗放式的特征，对各类生产经营性建设用地引导不力，导致土地利用模式粗放。二是部分乡村地区人口外流，大量农村住宅闲置，农宅空间利用率下降。受目前土地制度和农房管理制度的约束，农村并未能建立起合理、有效的农房流转、宅基地流转及退出机制，导致乡村建设用地的集约利用问题难以突破。

（三）对乡村振兴系列支持政策的掌握和应用能力不足

党的十九大首次提出乡村振兴战略，是我国实施精准扶贫和全面建成小康社会的必然要求。与“社会主义新农村建设”政策相比，乡村振兴在目标、理念等方面是一次全方位的升级，从“生产发展”到“产业兴旺”，从“村容整洁”到“生态宜居”，从“管理民主”到“治理有效”，从“生活宽裕”到“生活富裕”。乡村规划作为实施乡村振兴战略的重要抓手，承担着新的历史使命。传统的乡村规划的原则和方法是单独割裂来看待乡村问题的，规划内容主要集中在对乡村建设空间的规划、建设与管理方面，对乡村振兴系列支持政策的掌握和应用能力不足，对推进乡村地区生态文明建设与高质量发展涉及较少，缺乏对生态空间、农业空间等非建设空间的有效管控，对乡村文化价值挖掘较少，引导乡村地区将生态、文化优势转化为经济、社会发展动力成为乡村规划需要完善的内容。

四、管理机制的系统性仍需完善

在现有的法律框架下，乡村规划难以成为城乡规划主管部门有效进行乡村建设规划许可的技术依据，导致大部分的乡村规划难以在村庄建设过程中发挥应有的作用。

（一）村级规划实施管理机制不健全

现有《中华人民共和国城乡规划法》和《广东省城乡规划条例》仅仅明确了乡村规划的法定地位，但对于乡村规划编制体系的层次序列、规划内容与深度、规划相关主干法和支撑法的内容都处于空白或模糊的阶段[①]。许多乡村规划与建设管理脱节：一是缺乏相关政策的规定约束，导致规划管理存在单一性，就规划而管规划，致使规划设计与建设施工、管理运营三者之间的关系脱节，对于全过程的链条化管理统筹不足。二是乡村建设规划许可证申报材料和流程繁复，村民报建意愿较低，导致大部分的乡村规划难以在村庄建设过程中发挥应有的作用。广东省目前仅有广州市、珠海市等少数地区实施乡村建设规划许可。从规划管理组织上看，规划实施的问题不仅在于规划编制本身，也在于镇级、村级层面的规划

① 叶红.珠三角村庄规划编制体系研究[D].广州：华南理工大学，2015.

管理力量的建设。镇级、村级规划管理力量薄弱，相关管理人员力量缺乏，较难有效处理乡村发展事务，也限制了乡村规划实施效果①。

（二）部门管理边界和衔接机制须进一步明晰

乡村保护与发展涉及的相关主体不只是村庄，还与国家、区域、城市息息相关，但多规并存时期没有规划工具在国家、区域、城市和村庄之间进行利益协调。现行法律法规非常明确乡村规划的编制应当以国民经济与社会发展规划、县域规划、农业区划、土地利用总体规划等为依据，地方编制指引也往往有更详细的要求。但在实际编制工作中，出于部门管理边界和衔接机制不明确、编制时间有先有后以及利益关注点存在差异等诸多原因，各种规划间存在冲突的现象，特别是现有的乡村规划忽略了与农村土地利用规划的衔接和对应，导致在实际村庄土地开发过程中，村庄建设用地管理难以对接落实。

① 罗异铿.面向城乡一体的广东省村庄规划编制体系[J].小城镇建设，2015（12）：66-71.

从“底图”到“蓝图”

——国土空间规划背景下广东省村庄规划的改革实践

第三篇

探索与创新

本篇主要阐述自国土空间规划体系构建以来，广东省率先明确村庄规划基本技术要求推动了乡村地区『多规合一』管控，创新性开展村庄规划评估来找准规划存在的问题难点及破解方案，开展村庄规划优化提升试点以探索实用性村庄规划的广东范式，并结合国土空间规划体系构建开展村庄规划全面优化提升行动，从自身的工作逻辑出发，总结了广东省新时期『多规合一』实用性村庄规划的编制技术路径、评估机制下的规划动态管理机制和政策支持下的规划落地实施方案。

第七章
新时期广东省村庄规划工作逻辑

历年来广东省按照不同时期国家的社会主义新农村建设、美丽乡村建设、传统村落保护等政策部署，要求并指导各地市编制了多种类型村庄规划。这些规划在一定历史时期对乡村地区的建设发展，尤其是对农村人居环境整治起到了积极的引导作用，但亦存在村庄规划编制无序交叠、难以融合，乡村地区建设管控不到位、难以提供精准用地保障，村庄传统特色难以延续，部分规划成果不好用不实用，规划调整响应不及时等特征问题。机构改革以来，广东省按照“从无到有、从有到优”的工作逻辑，系统地推进新时期村庄规划编制工作。

第一节 ▸ 率先明确基本技术要求

2019年以前编制的多种类型村庄规划对当时农村人居环境整治起到了积极的促进引导作用，随着村庄规划职责由住房城乡建设部门划转至自然资源部门，广东省继续按照国家的部署要求，围绕乡村振兴战略实施，针对当前广东省村庄规划的问题，持续推进全省村庄规划编制工作。

一、分类分阶段，推进村庄规划编制

2019年5月，《广东省自然资源厅关于加快村庄规划编制工作的通知》印发，为保证村庄规划工作的延续性和时效性，针对在编和新编等不同类型的村庄规划编制情况，按照分类推进、新旧结合的工作路径推进规划编制工作。

针对已完成村庄（建设）规划、村土地利用规划编制的行政村，可不再重新编制村庄规划，确有需求的由各地根据实际确定；正在编制村土地利用规划，以及按照职能调整前原有要求正在编制村庄（建设）规划的，可以继续按原计划

完成编制，鼓励有条件的行政村按此轮规划新要求优化调整；尚未启动规划编制的，原则上应按此轮规划新要求编制村庄规划，并鼓励按照“县域一盘棋”的要求，在整县、整镇或邻近若干个镇统筹推进村庄规划编制工作，分类推进村庄规划编制（见图7-1）。

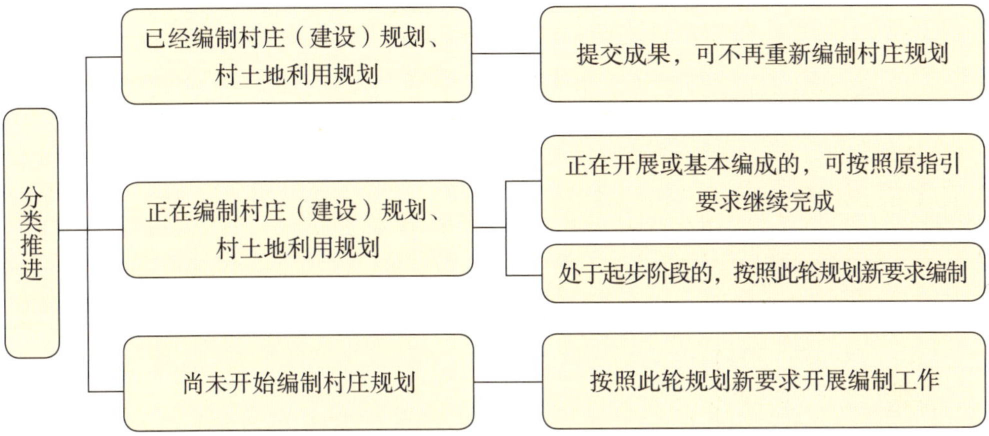

图7-1　分类推进村庄规划编制工作

村庄规划编制推进工作按照2019年和2020年两个节点分期推进，在2019年底前对本地区尚未启动村庄规划编制以及正在编制村庄规划的行政村，于2019年底前完成编制工作；对本地区有条件、有需求的行政村于2020年底前完成村庄规划成果的优化完善和上图入库工作，实现村庄规划纳入国土空间规划“一张图”管理。

二、建立标准，统一空间治理基础

针对广东省乡村地区建设管控短板，考虑乡村振兴建设急迫性及国土空间规划改革过渡期等现实情况，先后印发“一通知一指南”，即《关于加快村庄规划编制工作的通知》与《广东省村庄规划编制基本技术指南（试行）》。

针对原先空间治理“分治”，村庄（建设）规划、村土地利用规划等规范和底图标准不一，新时期国土空间规划部分政策尚未明确等问题，广东省在全国率先印发《广东省村庄规划编制基本技术指南（试行）》，提出精准化工作底图构成、简化村庄规划编制流程、统筹全域全要素内容体系及“一图一表一规则”基本成果要求，明确统一底图、内容更体系、简化流程、精简成果等要求，统一“多规合一”实用性村庄规划的编制规范，指导过渡期村庄规划的编制要求。

《广东省村庄规划编制基本技术指南（试行）》主要内容见图7-2。

重点按照新时期国土空间规划的数据标准，明确数据库建库、审核以及备案程序等平台底图要求，搭建村庄规划的数据库平台，以指导过渡期村庄规划的编制，推动空间管控“多规合一”，满足乡村振兴项目建设及乡村地区建设管控需求，为下一步国土空间规划“一张图”监督实施提供基础。

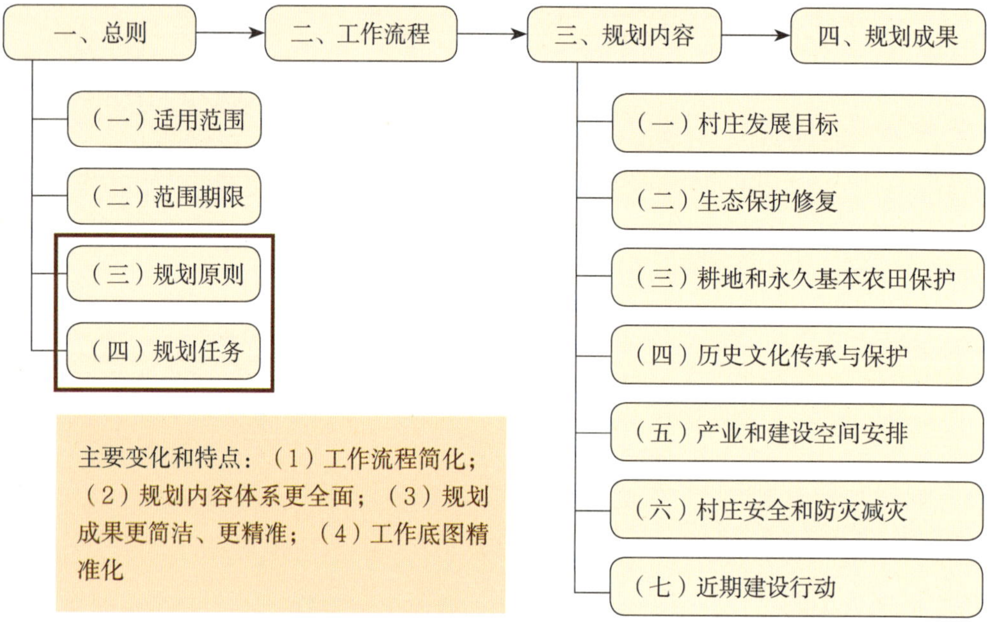

图7-2 《广东省村庄规划编制基本技术指南（试行）》主要内容

通过落实“一通知一指南”，截至2019年12月底，广东省全省需编制村庄规划的16885个行政村全部完成村庄规划编制，应编尽编率达100%，确保了全省村庄建设活动有规可依，为新时期乡村振兴战略实施夯实了规划基础。

三、简化工作流程，充分尊重村民主体

工作流程上全方位尊重村民主体，深入开展驻村调查和入户调研，充分听取村民意见，反映村民诉求。规划报送审批前，专家评审程序不做强制要求，但必须经村民会议或村民代表会议审议通过，并在村庄内公示，确保规划符合村民意愿。规划批准后，组织编制机关通过“上墙、上网”等多种方式及时公布并长期公开，方便村民了解和查询规划及管控要求。

第二节 ▸ 创新开展村庄规划评估

一、对标新标准，彻底剖析问题原因

在实现全省村庄规划应编尽编的基础上，针对现行村庄规划难以精准支撑乡村振兴的问题，对照“多规合一”实用性村庄规划的新要求及乡村振兴战略实施的需求，部署开展村庄规划“回头看”，从切实评估、掌握各地历史村庄规划编制情况着手，摸清现行村庄规划存在的问题，有针对性地提升村庄规划的实用性，全面评估村庄规划的痛点、难点。2021年3月，广东省专门印发《广东省村庄规划评估工作方案》，要求借助新技术手段开发广东省村庄规划评估信息填报软件，以县（市、区）为单位，采取内业分析、实地走访、县区自评、市级复核的方式推进评估工作。

评估工作从已编村庄规划的规划覆盖情况、内容符合性、村民参与情况三个方面构建6个一级因子、12个二级因子的评估体系，从规划底图准确性、村庄建设用地规模和布局合理性、永久基本农田保护落实和生态保护红线划定、农村人居环境整治项目安排、乡村振兴产业项目落地实施、地质灾害隐患避让落实等方面对村庄规划的实用性进行分析、技术判断（示例见表7-1）。

评价因子的选取，主要是分析各因子的重要性参数，确定重要性指标，根据重要性指标划分等级，从而较为准确地评估村庄规划成果规划实施情况。村庄规划评估指标的选取要满足5点要求，即有数据支撑、具有一定空间意义、有时间的延续性及动态性、可以操作、可以转化及解释。

选取的6个一级因子中，规划底图因子代表规划前期工作是否充分，村庄建设用地、永久基本农田保护和生态保护红线、地质灾害隐患避让因子考察村庄规划是否遵循上位规划的控制性指标，乡村振兴产业项目、农村人居环境整治项目因子则是针对新时期国家对村庄规划的新部署新要求，对乡村地区产业发展和居民生活环境改善需求是否得到满足进行评估。

表7-1　村庄规划评估指标体系示例

序号	行政村名称	规划底图		村庄建设用地			永久基本农田保护和生态保护红线		乡村振兴产业项目		农村人居环境整治项目		地质灾害隐患避让	评估结论（只选一个打钩）		
		规划底图是否符合要求	是否做到村域全覆盖	建设用地布局是否符合上位土地利用总体规划	建设用地规模是否满足宅基地建设需求	农村建设用地是否落实节约集约用地制度	是否划定和落实永久基本农田保护范围	是否划定和衔接生态保护红线	乡村振兴产业项目是否在村庄规划中进行安排	是否可以满足乡村振兴产业项目落地实施需求	人居环境整治项目是否在村庄规划中进行安排	是否可以满足基础设施和公共服务设施建设需求	是否落实地质灾害防治相关要求	能用	基本能用	不能用

此外，针对2277个省定贫困村创建社会主义新农村示范村的村庄规划评估工作，方案从规划成果实用性和规划实施情况两方面进行，各地采取内业分析、实地走访、县区自评、市级复核的方式推进评估工作（示例见表7-2）。

表7-2　2277个省定贫困村村庄规划评估指标体系示例

序号	行政村名称	建设用地情况			永久基本农田保护		乡村振兴产业项目		农村人居环境整治项目					历史文化保护			
		现状人均建设用地面积／平方米	规划的宅基地面积／公顷	实际建设宅基地面积／公顷	划定的永久基本农田面积／公顷	宅基地违法占用永久基本农田面积／公顷	产业项目规划用地面积／公顷	产业项目实际用地面积／公顷	“三清三拆三整治”完成情况	干净整洁村达标情况	农村生活垃圾治理达标情况	农村生活污水处理达标情况	农村无害化卫生户厕普及率达标情况	文物保护单位保护修缮情况	不可移动文物保护修缮情况	历史建筑保护修缮情况	南粤古驿道修复情况

二、回应新要求，提出新时期破解方案

按照民政部门统计，广东省共有19732个行政村。2019年职能转移时，广东省住房和城乡建设厅确定省内19个地级以上市（深圳市、东莞市除外）应编村庄规划的行政村共有16885个。此次评估，全省各地上报村庄规划成果数为17683个，经软件系统确认数据有效的村庄数量为16620个（主要因清远市、湛江市上报的部分数据存在问题，无法进行有效评估），占全省行政村总数的84.23%。

在各地自评、数据填报和成果上传的基础上，村庄通过全面的系统分析现有村庄规划实用性不强、不接地气、难落地、实施效果不理想等问题及其原因，经认真细致地汇总、分析和总结，对标新要求统一评估标准，根据分析结果，全省村庄规划成果可分为三类。

第一类是成果质量较好，可以直接用于指导村庄建设。该类规划衔接上位规划，符合土地利用总体规划关于建设用地规模等主要

约束性指标，落实了永久基本农田保护红线、生态保护红线等管控底线，对宅基地、乡村振兴产业项目及人居环境各类设施的用地保障到位，能较好地指导村庄建设工作，成果数据能够直接纳入全省国土空间规划“一张图”进行管理，基本能在机构改革后按照广东省自然资源厅新印发的《广东省村庄规划编制基本技术指南（试行）》和“多规合一”实用性村庄规划要求编制村庄规划。珠海市、清远市此类成果占比较高，均超过50%。

第二类是成果基本符合可用要求。该类规划未突破土地利用总体规划关于建设用地规模等主要约束性指标，对宅基地、乡村振兴产业项目及人居环境各类设施的用地安排基本到位，可以指导村庄建设工作。但由于规划成果数据坐标系、底图参数等与国土空间规划体系不一致，需要进行数据转换才能纳入全省国土空间规划“一张图”进行管理。广州市、佛山市、湛江市此类成果占比较高，其中广州市占比达64.45%。

第三类是成果质量较差，难以用于指导村庄建设。该类规划突破了土地利用总体规划关于建设用地规模等主要约束性指标，建设用地布局与永久基本农田保护边界范围存在矛盾冲突，未考虑地质灾害隐患避让等情况，难以保障宅基地、乡村振兴产业项目的落地实施，规划成果数据无法纳入全省国土空间规划“一张图”进行管理。

省定贫困村村庄规划的实施基本满足了《关于2277个省定贫困村创建社会主义新农村示范村的实施方案》提出的基础整治期的工作目标要求，对开展农村人居环境整治和历史文化保护均起到了积极促进作用，基本完成村道硬化、集中供水、雨污分流、垃圾处理等基础设施建设，消除脏乱差现象，基本实现了村庄干净整洁有序。但在村庄建设用地规模管控、永久基本农田保护、乡村振兴产业项目用地落实等方面实施情况较差，村庄规划与土地利用规划脱钩。

为深刻分析村庄规划实用性不强、不接地气、难落地、实施效果不理想等问题及其原因，广东省创新性提出以国土空间规划体系的构建整体分步分类解决村庄规划突出问题、以试点引领探索优化提升村庄规划路径、以支持政策的综合运用保障规划实施、以全链条全过程管理规范村庄规划实施秩序等解决方案。

第三节 ▸ 探索一批规划优化提升试点

一、因地制宜，多类型选取试点

基于现行村庄规划评估发现的突出问题，广东省印发《广东省村庄规划优化提升试点工作方案》，从2277个省定贫困村创建社会主义新农村示范村，“千村示范、万村整治”示范点，“四沿”区域乡村，南粤古驿道沿线村，全域土地综合整治试点，现代农业产业发展和农村住房需求矛盾突出的行政村，选取62个试点，试点覆盖了全省21个地级以上市，涉及251个行政村、2个涉农社区，其中16个试点属“千村示范、万村整治”示范点，29个试点属“四沿”区域乡村，26个试点属省定贫困村，18个试点属南粤古驿道沿线村，11个试点属全域土地综合整治试点。此外，试点鼓励以镇为单位，连线成片的几个行政村差异化统筹开展试点工作。

二、聚焦优化提升，探索广东样板

围绕探索“多规合一”实用性村庄规划的广东路径目标，将试点优化提升任务聚焦到优化村庄规划编制方式、提升村庄规划空间响应能力、提升村庄规划特色、优化村庄规划成果表达四个方面，要求针对乡村振兴中的热点、难点问题，创新性提出解决方案，探索从现状底图到规划蓝图的实施路径，为乡村振兴战略深入实施提供更有效的空间保障。

为进一步推动村庄规划优化提升工作，广东省部署了62个村庄规划优化提升试点及240个村庄规划优化提升重点服务村，试点选取囊括2277个省定贫困村创建社会主义新农村示范村，“千村示范、万村整治”示范点，“四沿”区域乡村，南粤古驿道沿线村，全域土地综合整治试点村，现代农业产业发展和农村住房需求矛盾突出的行政村，涵盖广东省不同地区不同情况的代表性村庄。通过试点探索，广东省系统性总结出村庄规划应扎实合理做好规划基础性工作、采用更接地气的组织规划编制方式、实质性优化提升规划编制内容、更加注重优化提升村庄特色、优化规划成果表达等经验做法。

三、多手段支持，全方位保障试点工作

在政策上，广东省对各试点给予总计5000亩建设用地规模支持并支持各试点优化调整用地布局。在工作推进上，广东省通过建立周报制度，召开动员部署会议，组织专家授课培训，提供“机检”服务，发挥“三师”（广东省规划师、建筑师、工程师）专业志愿者力量，实地调研督导等多重手段支持保障试点工作。广东省通过发挥“三师”专业志愿者力量、组织专家集中审核等方式，持续跟进试点地区的进度情况。从试点片的区位分布状况、数量和规模的实际出发，广东省规划师建筑师工程师志愿者协会（简称广东省“三师”专业志愿者协会）组建10个专家指导组，定点、定期为试点村庄提供“现场咨询+远程通信”相结合的专业技术指导，协助做好村庄规划编制优化提升工作、提炼试点成果经验、组织宣传推广。同时，广东省自然资源厅主要负责人员于2020年5月、10月、11月、12月和2021年1月多次下现场实地调研，监督和推进试点地区的工作，囊括粤港澳大湾区、粤北、粤西、粤东等20余个试点地区，多方合作，全方位支持保障试点工作（见图7-3）。

图7-3　全方位支持的工作推进方式

四、实施效果显著，形成新时期试点经验

（一）形成了一批示范性规划成果

各试点直面村庄规划编制过程中存在的普遍性问题，聚焦乡村发展难题和乡村振兴重大部署，围绕优化村庄规划编制方式、提升村庄规划空间响应能力、提升村庄规划特色和优化村庄规划成果表达等方面，形成一批符合新时期国土空间治理要求、切合农村发展实际、落实农民合理诉求、支撑乡村建设行动的“多规合一”实用性村庄规划成果，为全省村庄规划全面优化提升提供可复制、可推广、可借鉴的规划样本。

（二）探索了一套破解村庄规划难点的路径方法

不少试点针对村庄规划实施管理中的热点、难点问题，如农村宅基地、公共服务设施用地需求难以保障，现代农业产业园、田园综合体等农业产业项目落地实施难，村庄风貌提升需求难以满足等，积极探索实践，创造性地提出或者丰富完善系列解决方法，为乡村振兴战略全面实施提供更加有效的保障。

（三）增进了社会和行业对村庄规划的共识

试点工作得到了社会各方的广泛关注和支持：《南方日报》在中共广东省委十二届十一次全会召开期间，专文刊发《粤美乡村 如何从底图到蓝图？》，系列报道了广东省村庄规划工作；“中国城市规划”“新土地规划人”等权威行业公众号多次转载广东省村庄规划优化提升经验。广东省国土空间规划协会、广东省规划师建筑师工程师志愿者协会发出《践行新时期村庄规划 助力新时代乡村振兴的倡议》，得到全省近百家规划设计单位的积极响应，一些未纳入试点的地区也积极对标试点要求进行村庄规划的优化提升。

（四）形成了一批可推广可复制的试点经验

广东省通过62个试点实施经验，遴选出红罗村、大罗村、东陂镇等八个优秀案例，梳理底图底数，建立村庄发展需求台账，坚持村民主体、部门协同、多方参与，坚持镇村联动、连片统筹的措施和做法，通过优化村庄空间布局、探索规划“留白”机制、做好乡村产业发展谋划和空间安排、加强农村村民住宅用地空间保障、积极盘活存量建设用地、加强地质灾害防治等做法，实质性优化提升规划编制内容，创新探索“行政版+村民版”村庄规划实施路径。

第四节 ▸ 开展村庄规划全面优化提升

一、按需编制，全面提升村庄规划实用性

统筹县域城镇和乡村发展，依据农村一二三产业融合发展和公共资源配置的有关要求，引导县、乡镇、村形成功能衔接互补的建管格局，以完善国土空间规划体系的整体构建，也为乡村振兴战略实施从全局打好产业兴旺和基础设施配套的基础。针对管控底线及村庄布局优化等在村庄规划中难以协调解决的问题，提出在县、乡镇级国土空间规划中统筹解决，镇村联动、连片统筹，打造美丽乡村群、示范片（带），并在县、乡镇级国土空间规划中划定村庄建设边界，明确村庄国土空间用途管制和建设管理要求。

为系统解决村庄规划不好用不实用问题，按照在国土空间开发保护整体格局中看农村，将全面优化提升村庄规划与国土空间规划体系的整体构建同谋划同推进的总体思路，广东省印发《广东省村庄规划全面优化提升三年行动计划》，按照突出重点、系统推进、分类分期、节约集约的原则有序开展村庄规划全面优化提升工作。

（一）突出重点

不是所有的村庄都要马上编制村庄规划，要根据乡村振兴战略实施需要和不同类型村庄发展需要，重点聚焦被纳入各类涉及乡村的改革试点，以及因推进乡村建设行动、农村人居环境整治、农村一二三产业融合发展等有较多开发建设和修复整治任务的村庄，集中力量、积极响应，加快推动上述村庄规划的优化提升。

（二）系统推进

坚持在国土空间开发保护整体格局中看农村，不是所有问题都能在村庄规划中解决。应在国土空间规划体系的整体构建前提下，统筹县域城镇和村庄规划建设，强化县城综合服务能力，把乡镇建成服务农民的区域中心，引导县、乡镇、村形成功能衔接互补的建管格局。应在县、乡镇级国土空间规划中统筹解决好管控底线及村庄布局优化等在村庄规划中难以协调解决的问题。

（三）分类分期

依照乡村建设实际需要和发展趋势，结合县、乡镇级国土空间规划编制工作，对现有村庄规划进行分类优化提升，分步分期解决已编部分村庄规划质量差、不好用、不实用的问题。广东省村庄规划全面优化提升分类及要求见图7-4。

一是重新编制综合性村庄规划。对纳入各类农村改革试点，当地党委政府或市场有重大投入，具有较多开发建设、修复整治任务的村庄，自然资源部门要积极响应、主动对接，抓紧重新编制实用的综合性规划。规划不用面面俱到，应抓住主要问题，聚焦重点、紧扣需求，合理确定村庄规划的内容和深度，要详略得当。

二是适时开展规划调整。对经评估，只需对现有村庄规划进行局部调整，即可满足村庄建设管理要求的村庄，要适时通过规划修改、局部调整，落实上位国土空间规划各类管控底线和约束性指标等要求。

三是实施通则管理。对近期不进行开发建设或只进行简单的人居环境整治、已有的村庄规划可满足村庄建设管理需要的村庄，要在县、乡镇级国土空间规划中划定村庄建设边界，明确村庄国土空间规划用途管制和建设管控要求，制定普遍性的管理通则，据此进行用地审批和规划许可，确保乡村建设有规可依。

四是通过城镇详规覆盖。对紧邻城镇开发边界的村庄，通过编制城镇控制性详细规划覆盖，按照城镇规划区统一管理。

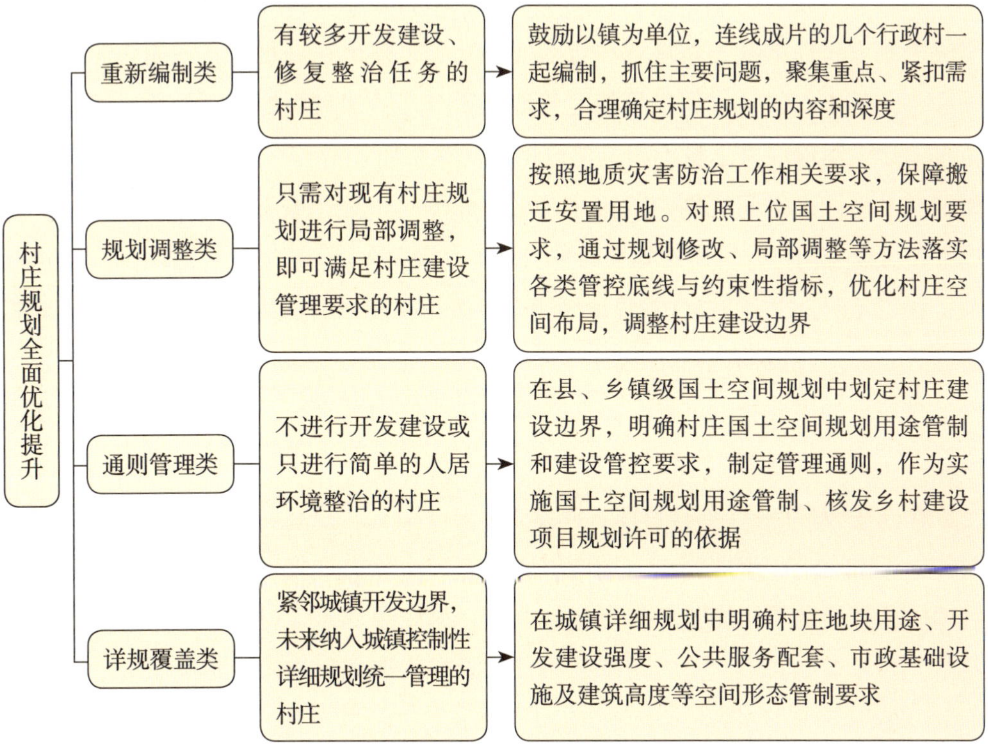

图7-4　广东省村庄规划全面优化提升分类及要求

（四）节约集约

农村建设用地利用粗放、闲置等问题已形成社会共识。村庄规划应践行新发展理念，尊重城乡发展建设规律，科学预判不同类型村庄发展趋势，落实最严格的耕地保护制度，强化存量规划、减量规划思维，大力盘活农村存量建设用地，确保农村人均建设用地逐步下降，土地资源利用率逐步提升。

二、明确要求，确保过渡期管理有效

在国土空间规划编制尚未完成的过渡时期，包含村庄规划在内的各类下位规划在缺乏上位传导的情况下，也需要同步进行编制。为此，《自然资源部关于做好近期国土空间规划有关工作的通知》印发，作为第一个国土空间规划过渡期政策。广东省积极响应国家号召，在过渡期颁布了《关于疏堵结合坚决遏制农村新增乱占耕地建房行为的通知》《广东省自然资源厅关于明确过渡期内村庄规划有关政策的通知》《关于分步分类推进村庄规划优化提升工作的通知》等多个过渡期村庄规划支撑政策，保障镇级国土空间规划尚未批准生效前村庄规划编制实施的合理合法性，确保对村庄发展建设的有效指引。

2020年11月，广东省自然资源厅联合广东省农业农村厅印发《关于疏堵结合坚决遏制农村新增乱占耕地建房行为的通知》，提出在满足“不占用生态保护红线和永久基本农田”“新申请的宅基地位置与现状建设用地范围相邻成片”“新审批的建设用地规模总量不超过建设用地现状总面积的5%”“承诺新批准的建设用地在乡镇国土空间规划中落实建设用地规模”“避开地质灾害隐患点”五种情况下，可以视同符合村庄规划（简称“五个视同”）。

2021年8月，广东省自然资源厅印发《关于明确过渡期内村庄规划有关政策的通知》，针对过渡期内村庄规划与国土空间规划衔接问题、村庄规划底图底数问题、村庄规划主要指标问题、永久基本农田保护问题进行了解答，明确了过渡期内可以先编先批先用村庄规划。

2022年3月，《广东省自然资源厅关于分步分类推进村庄规划优化提升工作的通知》印发，进一步明确过渡期内村庄规划分步分类优化提升的要求。明确了过渡期内两种情况下村庄规划编制实施办法：村庄规划（含村土地利用规划）已备案的，可以继续实施；不符合备案条件或者村庄规划无法满足建设需求的，可以通过“五个视同”[①]、村庄规划调整[②]、“先编先批先用”[③]三种办法先行解决村民住房与村庄建设问题。待镇级国土空间规划批准实施后，再按照《广东省村庄规划全面优化提升三年行动计划》明确的重新编制、规划调整、通则管理、详规覆盖等方式分类优化提升村庄规划。

① 参见广东省自然资源厅联合广东省农业农村厅印发的《关于疏堵结合坚决遏制农村新增乱占耕地建房行为的通知》。

② 村庄规划调整包括村庄规划修改、使用预下达国土空间规划建设用地规模等。

③ 参见广东省自然资源厅印发的《关于明确过渡期内村庄规划有关政策的通知》。

第八章 广东省村庄规划编制技术路径

国土空间规划体系构建以来，广东省从推动村庄规划应编尽编、开展村庄规划优化提升试点到系统部署村庄规划全面优化提升，在新时期开展多轮实用性村庄规划实践活动，取得诸多工作成效，从夯实规划基础、提升空间响应、突出规划特色、优化成果表达、注重落地实施等方面探索了村庄规划编制技术路径的广东模式。

第一节 夯实规划基础

一、规划理念转型优化

（一）践行生态文明理念

党的十八大以来，在生态文明思想引领下，保持加强生态文明建设的战略定力，探索以生态优先、保护优先、绿色发展为导向的高质量发展新路子，日益成为社会经济发展新共识。同时，重视粮食安全、压实耕地保护责任的新发展理念也逐步深入人心。新时期广东省村庄规划从加强用途管制、整体优化空间景观格局、注重历史文化保护等方面探索践行生态文明理念的新模式。

第一，严守粮食安全和生态安全底线，加强用途管制。新时期广东省村庄规划严格落实永久基本农田、生态保护红线、城镇开发边界三条底线，坚决防止将耕地“非农化”，强化对生态资源与耕地的保护与监督管理。第二，尊重整体自然地理格局，激活生态价值。延续山水林田村自然格局，通过生态修复、理水营村、农田整合等手段，引导村庄空间资源优化，优化土地利用结构，节约集约用地，从山水林田湖草来整体塑造大地景观，并通过多种方式提升激活生态价值。第三，注重历史文化保护。保护好、传承好、利用好中华优秀传统文化，挖掘其丰富内涵，有利于更好地坚定文化自信、凝聚民族精神。梅州市丰顺县汤西镇大罗村试点村庄规划通过叠加分析梳理得出现状建设用地占用生态保护红线总面积4.37公顷（包含占用自然保护地1.94公顷），分析其对生态功能的影响冲突情况，提出“保留、退出”两种处置方式，以解决红线矛盾，保护生态格局；并从山林修复、水生态保护、田园整治、人居环境整治四大方面着手，修复生态环境，提升村庄环境。

（二）坚持以人民为中心理念

近年来，习近平总书记在众多场合和会议上强调必须坚持“以人民为中心”，并在党的十九大报告中把“坚持以人民为中心”作为新时代中国特色社会主义思想的重要组成部分，国土空间规划要改变传统的物质规划的思维，坚持以人民为中心，增强人民的获得感、幸福感、安全感，使规划成为一个有灵魂、有情怀、有品位、有温度的规划。

新时期广东省村庄规划明确以破解高质量发展时代下质量和效益替代规模和增速成为经济发展的首要问题为根本，以全面满足人民在经济、政治、文化、社会、生态等方面日益增长的需要为发展方向，坚持村民主体，以更高质量、更有效率、更加公平、更可持续、更为安全为发展目标，聚焦保障国家粮食和资源安全，推动建设美丽国土，满足村民在生活质量、生产需求、生态环境与文化休闲等各个方面的美好向往。

（三）强化存量规划理念

增长主义主导下土地利用低效浪费以及环境污染等一系列问题，致使无序拓张的发展模式已经难以为继。当前，在国家严控新增建设用地指标的政策刚性约束情况下，随着城镇化的持续推进，乡村地区的增量空间有限，科学预判增量，遏制无序扩张，提高土地节约集约化水平，将资源精细化利用，挖掘存量空间的价值、功能升级，增存并重、存量优先，切实提升乡村空间的节约集约水平，将成为未来规划的必然选择。我国逐步进入增存并重、存量优先的新时代。

新时期广东省村庄规划针对多年来村庄建设发展方式粗放、质量提升与规模增长不同步等问题，转变规划理念，重新认识和发掘建成区的土地价值，破解土地制约瓶颈，通过历史文化保护和特色重塑，打造风貌特色、生态环境、乡村产业俱佳的美丽乡村。

（四）突出差异化发展理念

近年来，我国农村发展格局加速演变，乡村数量不断减少。在乡村数量减少的大背景下，如何统筹好城镇和村庄布局，推进村庄分类发展，既建好宜居宜业的美丽乡村，又避免无效投入造成浪费，需要深入探讨。在乡村振兴战略实施推进中，国家更是提出要顺应村庄发展规律和演变趋势，根据不同的发展现状、区位条件和资源禀赋，村庄的发展方向势必不同，按照集聚提升、融入城镇、特色保护、搬迁撤并的思路，分类推进乡村振兴，差异化发展，是村庄发展的重大课题。

广东省基于国家村庄分类差异化发展理念，结合本省村庄发展规律和演变趋势，按照落实国家乡村振兴发展分类方式、不同自然地理格局分类方式，为村庄提供差异化空间管控指引。第一，针对不同类型村庄提供差异化规划引导。按照广东省村庄发展实际，将全省村庄划分为集聚建设类、城郊融合类、特色保护类、搬迁撤并类、环境整治类等不同类型，并结合村庄区位条件和发展趋势，明确不同村庄类型的规划编制重点和方向。第二，针对不同自然地理格局村庄提供差异化空间管控。根据广东省村庄与地形地貌、山水田园的关系，将村庄聚落形态（农村居民点）分为平地型、坡地型、水乡型、滨海型与综合型五个类型，从布局形态、街巷肌理、新建建筑管控等方面进行分类引导。

二、底图底数与需求细化

（一）规划底图底数精细化

第一，以“三调”数据成果为底版，落实约束性控制线和指标要求，形成精准真实的底图底数。以“三调”数据成果为基础的最新年度国土变更调查成果为底数，补充“房地一体”农村宅基地和集体建设用地权籍调查数据或农村地籍调查数据、农村土地承包经营权确权登记数据、批而未用图斑、地理国情普查及监测数据，通过现场调研及高清影像核查，形成农用地权属现状“一张图”。在现状底图底数的基础上，叠加上位规划所确定的永久基本农田、生态保护红线、城镇开发边界与河道管理范围等约束性控制线和指标要求，以及耕地保有量、林地保有量、湿地面积和城乡建设用地面积等规模指标，形成清晰明确的工作底图。

第二，细化现状调查形成现状底图。通过村庄规划内业数据分析、实地调查，结合设施农业用地上图入库工作，按照《国土空间调查、规划、用途管制用地用海分类指南（试行）》，将“三调”数据进行补充细化至三级地类，补充各类管理数据，最终形成上下一致的现状底数。考虑村庄规划为详细规划，对开展国土空间规划基数转换不作强制要求，并将批而未用图斑纳入村庄规划现状图，形成现状底数，最终形成比例尺不低于1：2000的村庄规划现状图。清远市清新区三坑镇试点村庄规划以"三调"数据为基础细化现状调查，充分利用自然资源管理系统，结合内业数据分析、实地调查，形成精准真实的底图底数。

（二）规划需求台账合理化

通过扎实的外业踏勘、入户调研等方式，理清村庄现状建设用地总量和缺口，废弃宅基地、闲置公益设施用地等存量建设用地分布，农村村民住宅、公共设施、产业发展等建设需求，并对其必要性、可实施性进行研究，形成合理有效的村庄发展需求台账（见表8-1）。清远市清新区三坑镇试点村庄规划运用调研草图助手，通过云端信息化实现调研成果与规划方案的无缝衔接，将初步发展需求叠加生态保护红线、永久基本农田等各类控制要素，充分沟通镇、村，细分民生类和产业类需求台账，确定有效需求7.4公顷，形成"一村一台账、镇域一盘账"。

表8-1　村庄规划需求台账合理化方式

类型	合理化方式
农民住房需求的合理化	按照节约集约用地原则，严格落实"一户一宅"政策要求。以户籍人口增长预测为辅、实际调研获知需求为主的方式，科学预测新增分户户数，合理确定宅基地用地面积
公共设施需求的合理化	以户籍人口增长预测为基础，按照均衡服务原则，参照新农村美丽乡村创建标准，合理确定村基础设施和公共服务设施配置需求
产业发展需求的合理化	对比社会影响力和经济创收力，对项目落地可行性与综合收益进行判断，筛选成长性好和竞争力强的项目，设置产业项目准入门槛，确定分批分期产业需求台账，形成产业项目建设滚动格局

三、规划工作组织互动化

（一）体现村民的主人翁地位

广东省新时期村庄规划的一个重要特征，是以村民为主体，通过入户调研、社会问卷、召开乡贤座谈会等方式，主动对接农业农村部等部门需求，广泛听取各方诉求和意见。在调研阶段，调研人员应充分听取村民意见，以村民切实合理需求为导向，确定可实施可落地的发展诉求。在规划编制阶段，乡镇政府应引导村党组织和村民委员会认真研究审议村庄规划并动员、组织村民以主人翁的态度，在调研访谈、方案比选、公告公示等各个环节积极参与村庄规划编制，协商确定规划内容。规划批准后，组织编制机关应通过“上墙、上网”等多种方式及时公布并长期公开，方便村民了解和查询规划及管控要求。

利用云浮市村庄规划编制信息平台，通过培训工作、地图下载、绘制草图、平台录入、项目核查、规划落图、镇村确认七个流程，以高清航拍图为基础，采用统一的简明标志培养村民自己作规划，强化村民在编制过程中的参与感、对成果的认同感。同时，借助村庄规划编制信息平台信息技术，实现村民线上场景化参与规划、镇政府线上审核规划成果，大大降低镇、村各级间村庄规划编制的沟通成本。

（二）形成多方参与的工作模式

规划编制过程中需主动对接农业农村部、住房和城乡建设部、发展改革委等部门需求，广泛听取各方诉求和意见，形成县镇村联动，技术团队、村民代表、专家顾问多方参与的工作模式。并充分借助乡贤、社会企业、高校智囊、志愿者等社会团体力量，发挥社会力量在技术支援、宣传推广、资金扶持等方面的作用，结合广东省实际，积极协同广东省规划师建筑师工程师志愿者协会、广东省国土空间规划协会等社会组织介入指导各地村庄规划编制。广州市增城区石滩镇县江河水乡美丽乡村群村庄规划由市、区、镇政府与相关职能部门、村委、村民、设计单位/企业、个人共同组建工作坊，分享进展与讨论，理顺条条块块的关系，让资源与乡村群需求得到进一步的对接。通过工作坊与村民共同进行村庄认知、村庄规划设计，达到村民参与共建共治共享。

（三）坚持镇村联动、连片统筹

部分村庄规划以镇域作为城乡融合发展的重要切入点，在镇域范围内统筹协调生态空间、乡村振兴产业发展空间、村庄布点、建设用地规模和空间布局，探索存量建设用地盘活、农用地归并整合，因地施策解决乡村耕地分布碎片化、建设用地利用低效化、生态用地退化以及空间布局无序化等问题。

第一，保障底线管控，按照层级传导要求，在镇域层面落实底线管控要素，包括精准落实永久基本农田、生态保护红线等边界及管控要求，明确永久基本农田面积、耕地保有量等约束性规模指标。

第二，按照村庄分类指引，在镇域层面统筹各村发展方向，科学判断不同类型村庄发展趋势，合理安排建设用地规模，确保农村人均建设用地逐步下降，土地资源利用率逐步提升。

第三，围绕镇域经济发展，统筹考虑产业布局和基础设施、公共服务设施配置，明确“乡”“村”边界，优化功能布局，推进一二三产业融合，促进设施共建共享，提高资源利用节约集约水平。清远市清新区三坑镇试点村庄规划将村庄分为增长型、均衡型和收缩型三种发展类型，统筹调整镇域村庄用地规模和资源配置。增长型村庄重点加强与周边城镇融合发展，预留乡村振兴产业发展用地；均衡型村庄重点保障民生建设需求；收缩型村庄严格控制新建扩建，引导逐步迁出。

第二节 提升空间响应

一、优化村庄整体空间布局

（一）延续自然地理格局优化“三生”空间格局

村庄整体空间格局不仅仅指村庄聚落，还包含农田果园、山地林地、湿地滩涂、坑塘河渠等大地景观的整体格局，优化村庄整体空间格局主要从两个方面着手。第一，应尊重自然地理格局，严守安全底线。要树立“山水林田湖草是生命共同体”的整体系统观，在落实生态保护红线、永久基本农田等管控底线的基础上，从整体格局、用地布局、交通路网、新建建筑肌理等方面进行分类引导，积极统筹生态修复、林相改造，实现山水、田园、林地和村庄有机融合，优化生产、生活、生态空间格局。第二，要充分重视和发挥农业景观在美丽乡村建设中的重要作用，借助全域土地综合整治，整体推进农用地整理、建设用地整理和乡村生态保护修复，进行整体塑造，形成连线成片的特色大地景观格局，但不宜照搬城市型景观营造手法、不应以集约用地为由进行大拆大建。

东莞市厚街镇试点村庄规划秉承“绿水青山就是金山银山”理念，积极转变思维，充分尊重当地山水林田湖的完整生态布局，以生态赋能为切入点，围绕大岭山森林公园进行山体生态修复，保护和恢复村庄三条重要水系，将农田进行整合，营造两村之间魅力中央田园景观带，并通过优化配套设施及临近两村设施共享策略，激活山林水系的生态价值。

（二）结合地形地貌探索划定村庄建设边界

新时期广东省村庄规划在不突破上位国土空间规划确定的村庄建设边界规

模的前提下，发挥镇村自我调节机制统筹优化村庄建设边界，针对“三调”现状建设用地，原则上“应保尽保”落实建设用地规模，结合村庄聚落周边的实体边界，探索划定村庄建设边界路径。

第一，在不与上位国土空间规划确定的强制性内容相冲突的前提下，以村庄规划工作底图确定的现状建设用地为基础，结合道路、河流、林地、草地等实体边界，划定相对完整的村庄建设边界；尽量避让地质灾害隐患点和现状坑塘、陡坡等不适宜建设区，并依据村庄发展需求探索在村庄建设边界内合理预留空间拓展区域。

第二，将村庄建设边界作为村庄规划中的刚性管控线，禁止在村庄建设边界外占用耕地新建村民住宅，优化集中居民点服务供给，通过土地整理、宅基地置换等方式逐渐引导村民向村庄建设边界内集中居住，同时允许在村庄建设边界外安排少量建设用地，但应实施严格的开发建设管控。

雷州市北和镇格内村村庄规划基于村庄建设现状和地形地貌特征，结合道路、林带、沟渠等实体划定村庄建设边界，为村庄拓展明确了管控界线。

二、加强保障乡村振兴产业发展空间

（一）谋划乡村产业发展

产业兴旺是乡村振兴的重要基础，乡村产业根植于县域经济，以农业农村资源为依托，以农民为主体，以农村一二三产业融合发展为路径，以达到产业兴旺。在实践探索中，广东省村庄规划顺应农村产业发展规律，结合村庄资源禀赋和区位条件，按照农村一二三产业融合发展的思路，拓展农业农村功能，延伸产业链条，涵盖农产品生产、加工、流通、就地消费等环节，谋划符合乡村实际的产业业态。

（二）保障乡村振兴产业发展用地

做好乡村产业发展空间安排，用足用好支持乡村振兴的用地政策，保障乡村振兴产业发展用地，是新时期广东省村庄规划实践探索的一个重要方面。广东省在村庄规划实践中做好现代农业产业园、乡村旅游、设施农业等乡村产业发展项目的空间安排，并采取新增建设用地和内部挖潜双路径提供用地保障。为农村产业发展壮大留出用地空间，解决农村必要产业项目的落地问题。茂名市信宜市池洞镇贺垌村试点村庄规划结合村庄资源禀赋和区位条件，谋划符合乡村实际的产业业态，围绕产业兴旺谋划乡村振兴长远发展，充分考虑产业近远期发展需求，近期保障产业园区及特色农业产业发展，远期以点状供地保障旅游发展的可能，实现近远期有效衔接。针对村域内的三大特色产业片区，分区制定产业准入指引，明确不同片区产业准入类型，引导产业发展形成空间集聚发展。

三、合理安排村民住宅建设和设施用地

（一）合理保障村民住宅建设需求

2020年7月，《自然资源部 农业农村部关于保障农村村民住宅建设合理用地的通知》发布，明确要求农村村民住宅建设合理用地。在落实“三调”现状建设用地的基础上，积极探索分类引导农村宅基地减量和归并，确保农村建设用地规模和指标落实落地。广东省村庄规划从两个方面探索了保障村民住宅需求的方式。

第一，深入调查研究，尊重村民合理需求。遵循城乡发展规律，考虑农村人口向城镇集中的趋势，结合自身条件，按照省及各地确定的标准，合理划定宅基地建设范围，确保农村建设用地规模落实落地，充分保障农村村民合理住宅建设需求。

第二，分类作出村民住宅建设的规划引导。在落实“三调”现状建设用地的基础上，鼓励优先利用存量规模安排宅基地，积极探索分类引导农村宅基地减量和归并。对合法的宅基地，在村庄规划中确认并落实建设用地规模；对历史形成的宅基地面积超标和一户多宅等问题，按照有关政策分类认定和处置；对人均土地少、不能保障一户拥有一处宅基地的地区，在充分尊重农民意愿的基础上，探索通过统一建设农民公寓等保障村民户有所居，尽量形成相对集中、节约、集约的村庄用地建设布局。

（二）科学安排各项设施配套精准落地

在村庄规划中科学安排各项设施配套精准落地，是支撑保障农村良好生态的重要基础，广东省村庄规划通过对接上级部门工作计划、村庄实际需求以及推进乡村“四小园”建设等方式保障了村庄设施建设需求。

第一，加强统筹保障。积极对接省有关部门“生态宜居美丽乡村”“千村示范万村整治”等各项政策和建设计划，在村庄规划中合理保障各项农业政策资金、项目落地的空间需求，如“厕所革命”、道路硬化、垃圾污水处理等设施用地要“应保尽保”。

第二，合理预测完善民生短板。在摸清村民需求的基础上，以安全、经济、方便村民使用为原则，依据人口规模、服务半径等实际需要，合理优化教育文化、卫生、养老等公共服务设施的选址、规模。

第三，推进乡村“四小园”建设。引导村民利用宅前屋后闲置土地，盘活村庄土地，因地制宜打造小菜园、小果园、小花园、小公园等小生态板块，提升农村人居环境。

揭阳市揭西县南山镇试点立足实际，盘活村内闲置零散土地，考虑“四小园”的生态性、公共性和观赏性等因素，结合塘边、路边、碧道边“三边”，村角、墙角、屋角“三角”选址建设“四小园”。

四、积极盘活低效存量建设用地

（一）划定一定规模的连片区域作为旧村改造区域

充分利用“三旧”改造政策，在保障村民合法居住权的前提下，探索在旧村庄中识别、划定一定规模的连片区域作为旧村改造区域，按照存量规划思维，在规划中提出推进农村旧住宅、废弃宅基地、空心村等低效建设用地盘活的多种策略，为村庄未来发展腾挪建设空间，保障未来村庄乡村休闲旅游项目以及其他农村一二三产业融合项目用地。茂名市信宜市池洞镇贺垌村试点村庄规划通过对土地使用集约度、建筑质量等进行综合分析，识别出具有连片拆除改造潜力的用地5.43公顷；根据居民点空间集聚度、空间区位，识别出具有撤迁整合潜力的用地3.38公顷。

（二）推动低效闲置建设用地功能升级

通过农村集体经济组织或引入企业转变低效建设用地功能，采取出租、合作（入股、联营）、自营等方式，发展农村电商、农产品分拣、冷链、初加工等产业业态，建设民宿、餐饮、停车场等乡村休闲旅游设施。探索在农民集体依法妥善处理原有用地相关权利人的利益关系后，将符合规划的低效闲置建设用地，按照农村集体经营性建设用地入市。在符合国土空间规划前提下，鼓励对依法登记的宅基地等农村建设用地进行复合利用，发展乡村民宿、农产品初加工、电子商务等农村产业。清远市清新区三坑镇试点村庄规划通过内部挖潜，盘活无人居住旧村，划定村庄弹性产业发展空间，引导村民利用空闲住房空间进行租赁或者经营性开发，采取集体建设用地流转方式探索低效用地与空间的活化。

五、加强地质灾害防治

在衔接落实上级地质灾害防治规划的基础上，新时期广东省村庄规划将地质灾害防治规划作为村庄规划编制的重要组成部分，在地质灾害易发区内编制村庄规划时，应当对规划区进行地质灾害危险性评估。根据行政区地质环境条件、地质灾害危险程度和治理能力等因素，因地制宜划定地质灾害和洪涝灾害风险控制线，采取合理避让与重点治理相结合的方式，保障地质灾害危险区和削坡建房风险点农村避险搬迁、工程治理需要的用地规模和安排位置，合理规划布局村庄各类开发建设活动，最大限度避免和减轻地质灾害造成的损失，确保人民群众生命财产安全。揭阳市揭西县南山镇试点村庄规划建议在山体滑坡易发区域保护范围内禁止建设活动，村民建房选址保持一定的安全距离。

第三节 ▸ 突出规划特色

一、注重提升乡村自然景观品质

新时期广东省村庄规划立足山水林田湖草整体系统保护和修复乡村生态自然景观特色，对乡村水系、林网和农田等生态空间提出品质提升策略，以塑造岭南特色大地景观。充分重视和发挥农业景观在美丽乡村建设中的重要作用，借助全域土地综合整治，整体推进农用地整理、建设用地整理和乡村生态保护修复，进行整体塑造，形成连线成片的特色大地景观格局，但不照搬城市型景观营造手法。湛江市雷州市企水镇海角村村庄规划提出“陆海联动”的生态修复保护模式，重点保护红树林、修复桉树林，彰显村庄滨海景观特色。

二、注重历史文化保护与利用

文化是乡村的根与魂。广东各地的乡村，由于气候、地形地貌、建筑工艺、乡土材料、交通模式、风俗文化等的不同，形成了广府、潮汕、客家、雷州和少数民族等各具特色的乡村遗产。村庄规划做好乡村遗产的保护利用，不仅关系到文化的代际传递，也关系到为乡村发展注入文化内涵和可持续发展的动力，广东省村庄规划从保护与利用两个方面进行了实践探索。

（一）加强保护，划定乡村历史文化保护线

在实践中，村庄规划需尊重村庄传统的营造思想，充分考虑当地的历史环境和风俗习惯，注重传承乡土文化，体现富有岭南特色的乡村格局，并在规划中明确要全面挖掘乡村历史文化遗产，重点保护传统建筑集中连片区，明确历史文化名村、传统村落、历史建筑或传统风貌建筑、历史环境要素、地质遗迹、历史遗存、非物质文化遗产等的保护对象名录，并划定乡村历史文化保护线，逐步将历史文化遗产空间信息纳入村庄规划数据库基础信息平台。在实施乡村振兴行动中，保护传统村落、传统民居、南粤古驿道和历史文化名村名镇等资源，注重提高村庄防御自然灾害能力，不随意拆除具有保护价值的老建筑、古民居，最大限度保留岭南“乡愁”“乡韵”。梅州市丰顺县汤西镇大罗村试点村庄规划确定历史文化保护重点；划定乡村历史文化保护线，针对传统建筑现状情况提出修缮维护措施；依托革命遗址，传承红色基因。

（二）以用促保，促进乡村地区文化复兴

此外，在村庄规划中还需统筹处理好历史文化保护与乡村振兴、农村人居环境整治的关系，注重对地域文化、民族文化、乡村历史文化资源的挖掘，对各级历史文化名村、传统村落、少数民族特色村落和不可移动文物、历史建筑以及具有价值的传统建（构）筑构件提出具体的保护管控要求和活化利用路径。广东省新时期村庄规划重点要通过南粤古驿道活化利用、华南教育历史研学基地建设串联周边乡村地区，与村庄规划优化提升一体谋划，以“文”兴村实现历史复兴、以“旅”兴村带动乡村旅游发展、以“农”兴村推动农业发展、以“居”兴村提升农村人居环境品质，有力促进乡村地区文化复兴。清远市连州市东陂镇试点村庄规划以山水资源、多元文化为吸引，依托“古驿道+滨水绿道”线性空间串联沿线资源点，精选主题，大力打造特色精品村，营造精品空间，活化历史文化资源，将资源保护优势有效转化为产业经济优势。

三、加强农村建设风貌管控引导

广东省乡村地区广布具有地域特色的民居风貌、农业景观、乡土文化和具有历史价值的民宅，以及诸多革命遗址等资源，它们是提升村庄规划特色的重要基础。在实践探索中，结合自然禀赋、地域文化特色，注重保持乡土味道，衔接住

房和城乡建设部门农房建设要求，讲好农村历史故事，推动岭南建筑特色元素推陈出新，在规划中明确建筑高度、风格等整体景观风貌管控要求，塑造村庄景观地域特色和形态美感，推动乡村山水林田路房整体改善，为开展农房管控和乡村风貌提升注入历史文化内涵。深汕特别合作区鹅埠镇红罗村村庄规划充分挖掘畲民古道、旧村风貌、旧时猎径等历史文化元素，从行政村、自然村、核心村落、建筑风貌四个层面提出村庄整体风貌引导管控要求，整体打造畲族特色风貌民族村。

第四节 ▸ 优化成果表达

一、探索可“上图入库”的“行政版”成果

落实依规划建设的要求，对标国土空间用途管制要求，落实“规划即法”理念，既满足政府规划管理的需求，又确保可以“上图入库”，按照能落地、好监督的原则，只体现结论性内容，剔除烦冗的非行政管理内容，形成简洁实用的“行政版”成果，并按实际需求形成扩展成果，满足对成果解释说明的行政管理实际需要。深汕特别合作区、清远市、东莞市等地的村庄规划根据自身管理需求，还编制了控制图则，进一步深化了“行政版”内容。

（一）基本成果

此类成果采用前图后则（即规划图表和管制规则）的成果表达形式，基本成果包括“一图一表一库一规则”，分别为村庄规划总图（见图8-1）、村庄近期建设项目表、村庄规划数据库和村庄规划管制规则。村庄规划总图标示村域内的控制底线，明确表达村域内各类国土空间规划用途，标注村域重要基础设施和公共服务设施的位置、名称，并附规划指标表、村域国土空间用途结构调整表，对于涉及经营性用途的集体经营性建设用地，以图则的形式明确用地用途、规模、开发强度等地块规划条件的控制要求。村庄近期建设项目表结合广东省生态宜居美丽乡村建设实际需要，包括生态修复整治、农田整治、垦造水田、拆旧复垦、历史文化保护、产业发展、基础设施和公共服务设施建设、人居环境整治、地质灾害防治项目名称、空间位置、用地面积、资金规模、筹措方式、责任主体和建设方式等。村庄规划数据库包括村庄规划文本（村庄规划管制规则）、批复文件、图片、表格和数据库以及材料清单及其他说明文片，确保可以“上图入库”。村庄规划管制规则包括规划核心要求，做到文字易懂、内容好记、管理可行。

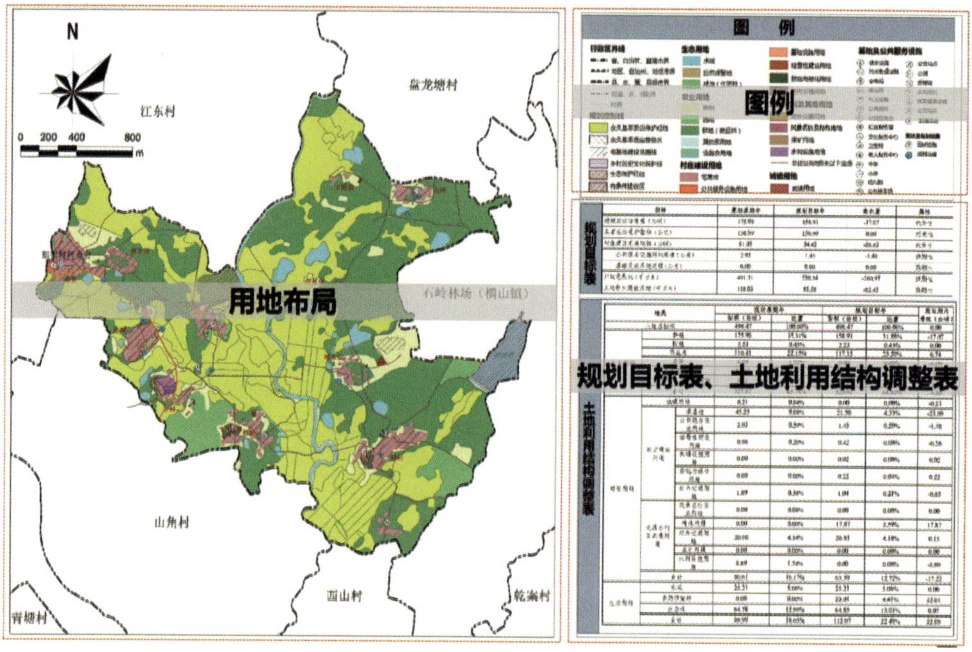

图8-1　村庄规划总图

（二）扩展成果

有条件、有需要的地区，可根据实际丰富规划成果，包括但不限于增加规划说明［包括对“一图一表一库一规则”的相关调研、分析、论证、解释等内容，对《广东省村庄规划编制基本技术指南（试行）》要求之外的、地方认为有必要的内容］、规划附图（包括村庄用地现状图、村庄近期建设项目布局规划图、历史文化保护规划图、全域土地综合整治规划图、防灾减灾规划图、乡村群总体布局图等）。

二、探索村民看得懂“村民版”成果

部分广东省新时期村庄规划从便于村民使用的角度，采用村民看得懂、接地气的表达方式，提炼出有利于村民认同、便于执行的简易成果，形成“简化图纸+村规民约”的“村民版”成果。第一，简化图纸。通过制作规划公示展板、编制规划宣传册和开展移动互联宣传等形式，将“哪里不能建、要建怎么建”等规划核心内容进行形象化表达。第二，村规民约。部分村庄规划结合当地现有村规民约及行文风格，对村庄规划管制规则进行凝练、转化，形成简洁易记、朗朗上口的顺口溜，多数村民认为看得懂。此外，在村规民约的基础上，有条件有需求的村庄还探索了规划手册、规划读本，让村民更容易接受和理解。雷州市北和镇格内村以航拍影像图为基础，在规划图纸上标示村庄常用地物地名，叠加宅基地建设范围，形成“村民版”规划图（见图8-2），得到村民称赞。

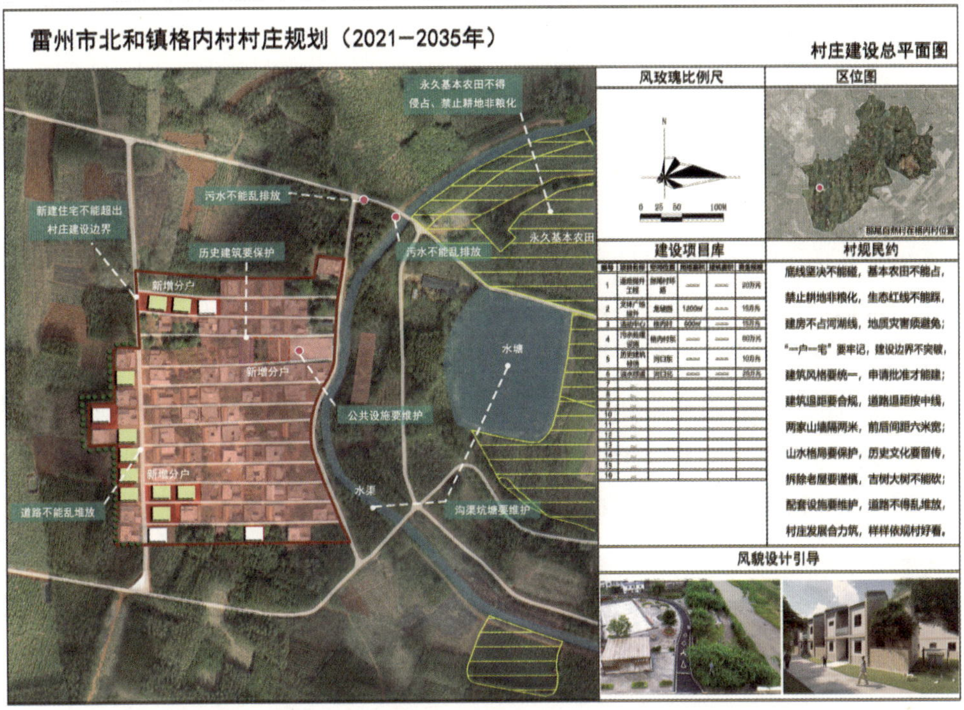

图8-2　雷州市北和镇格内村村庄规划“村民版”规划图

第五节 ▸ 注重落地实施

一、刚弹结合，应对项目不确定性

（一）强化底线约束

村庄规划的目标和本质是实现土地资源的可持续利用，因此，村庄规划优化提升对上位规划确定的约束性指标与控制底线必须严格遵守，不得突破。广东省通过“五落一划”实现刚性管控“一竿子插到底”，确保图、数、实地相一致。所谓“五落”，即要落实县、乡镇级国土空间规划确定的生态保护红线、永久基本农田、城镇开发边界、历史文化保护线、灾害风险控制线。所谓“一划”，即基于村庄规划建设用地，结合村庄的地理地物划定村庄建设边界，对必要的要素实行刚性管控，引导村民集中建设。这种刚性管控是落实上位规划确定目标得以实施的必要保障。让村民明白哪里不能建设，哪里可以建设，确保生产、生态、历史文化空间得到保护，确保建设安全，并能引导村民集中农房选址，优化村庄建设用地布局。

（二）探索弹性“留白”机制

在强化刚性底线约束的同时，为了应对乡村项目的不确定性，在不突破村庄规划确定的总建筑面积、住宅建筑总面积等管控指标的前提下，广东省在规划实践中也探索了三种弹性管控机制。第一，对选址、用途尚不明确的，采用指标留白在城乡建设用地中预留规模，作为机动指标，不落地上图，待村民居住、农村公共公益设施、零星分散的乡村文旅设施及农村新产业新业态等项目需落地时，在规划范围内灵活申请使用。第二，对一时难以明确具体用途的建设用地采用落实空间位置进行用途留白，可暂不明确规划用地性质，计入村庄建设用地总规模，制定土地使用的具体指导意见，待项目用途明确后根据指导意见可申请使用。第三，对暂无法明确选址和规模边界的项目采用点位留白模式，即在数据库和用地规划图上采用点位留白的方法，表达项目的类别和意向性位置，并将其纳入项目清单管理，后续可根据项目建设需要再确定具体位置、规模和相应的规划管控要求。

二、增存并举，保障村民合理用地需求

（一）确保年度建设用地指标落实

在村庄规划中用好相关土地政策，通过建立项目台账系统梳理增量需求，制定村庄建设用地年度计划衔接上级自然资源主管部门的用地计划，确保村庄规划的用地指标得到落实。第一，系统梳理农村村民住宅建设用地计划需求、乡村振兴产业用地需求，以及村庄文旅等一二三产业融合发展带来的公共服务设施、基础设施等增量需求，形成合理的空间需求台账，并建立包括各类具体项目信息、相关文件依据等详细的拟建项目库和储备项目库。第二，根据村庄需求拟建项目库制定年度用地计划，凡属乡村振兴专项建设用地保障范围的建设项目，由项目实施主体向县级业务主管部门申报建设用地需求，通过县、乡镇级国土空间规划或村庄规划落实用地安排。

（二）综合利用土地管理政策保障规划可落地实施

基于严格的耕地保护政策，通过加强对农村宅基地的空间保障、高效用足产业振兴支持政策等手段，保障规划可落地实施。第一，严格落实耕地保护政策。坚决制止耕地“非农化”行为，坚决遏制新增农村乱占耕地建房行为，结合拆旧复垦、水田垦造政策，修复乡村空间环境，提高耕地质量水平，为村庄未来村民住宅、乡村产业、基础设施建设需要腾挪空间。第二，加强对农村宅基地的空间保障。在村庄规划中对符合“一户一宅”的新增住宅，用好农村村民住宅建设用地计划指标单列政策保障农村村民住宅建设用地，统筹划定保护区内村民异地搬迁安置区域，满足历史建筑原宅基地使用权人建房需求。第三，高效用足产业振兴支持政策。综合运用一二三产业融合发展用地等产业支持政策，鼓励乡村土地复合利用和建立点状供地管理制度，探索农村集体经济组织以出租、合作、入股等方式盘活利用空闲农房及宅基地，改造建设农业农村体验活动场所。对点状供地项目，属于新产业新业态用地的，可按规定合理设置土地供应前置条件。此外，用好设施农业用地最新政策，保障农业配套设施建设用地，支持设施农业用地按照农用地管理。

三、土地综合整治，推动规划实施

（一）衔接全域土地综合整治工作目标体系

村庄规划应衔接全域土地综合整治试点实施期限（一般为3年），明确提出近期建设目标。重点衔接全域土地综合整治实施方案提出的耕地和永久基本农田保护、村庄建设、基础设施和公共服务设施、产业发展、生态保护、环境整治等指标，并将指标分解到各行政村。确保新增耕地面积原则上不少于耕地面积的5%、新增永久基本农田面积原则上不少于调整面积的5%、节余建设用地指标大于或等于0。

（二）镇村统筹明确乡村空间功能分区和整体格局

通过全域土地综合整治实施方案加强镇村联动，鼓励试点地区连线成片、几个行政村为单元共同编制村庄规划，重点统筹新增建设用地指标的分配、存量建设用地的盘活和空间优化。整体统筹各村落的功能定位，协调安排生态、生产、生活空间，综合确定整治区域乡村群空间格局，实现特色化、差异化和功能互补。同时，用好全域土地综合整治试点区域，从全局考虑村庄未来一二三产业融合发展，衔接试点区域整体的产业发展目标与策略、产业体系、产业分区等产业发展方面的内容，明确村庄产业发展特色，合理安排产业发展空间。

（三）衔接“三类”空间，优化用地布局

在衔接落实全域土地综合整治实施方案中的永久基本农田调整方案的基础上，衔接“三类”空间，优化村庄用地布局。第一，衔接农用地整理项目综合整治空间。根据农用地整理项目安排，统筹新增耕地布局和农用地结构调整，提高耕地集中连片程度，适应农业现代化和适度规模经营发展需要。第二，衔接建设用地整理项目综合整治空间。根据建设用地整理项目安排，调整建设用地空间布局，优化建设用地结构布局，形成相对集中、集约高效的村庄建设用地空间形态。第三，衔接乡村生态保护修复项目综合修复空间。落实矿山环境治理、历史遗留毁损土地复垦、地质灾害综合治理、沿江沿河流域生态保护修复、河湖湿地治理、沿海地区海岸线保护修复和海湾整治等项目空间布局，合理确定生态保护修复项目土地用途；自然保护地核心区内耕地、园地、基本农田、城镇村现状建设用地有序退出。村庄规划与全域土地综合整治衔接体系见表8-2。

表8-2　村庄规划与全域土地综合整治衔接体系

<table>
<tr><th colspan="2">衔接要素</th><th colspan="2">村庄规划需衔接的内容</th></tr>
<tr><td rowspan="6">全域土地综合整治</td><td>目标体系</td><td colspan="2">重点衔接耕地和永久基本农田保护、村庄建设、基础设施和公共服务设施、产业发展、生态保护、环境整治等指标，并将指标分解到各行政村</td></tr>
<tr><td>功能</td><td colspan="2">以建设用地整理、农用地整理、乡村生态修复潜力分析评价为基础，明确村庄类型、功能定位和发展导向</td></tr>
<tr><td>分区</td><td colspan="2">对接产业发展规划，从一二三产业融合发展的角度合理安排产业发展空间</td></tr>
<tr><td>用地</td><td>落实永久基本农田调整方案</td><td>涉及永久基本农田调整补划的，规划用地布局方案应衔接落实已批复永久基本农田调整方案，明确永久基本农田调入调出地块和农田整治项目</td></tr>
<tr><td rowspan="2">布局</td><td>衔接农用地整理项目综合整治空间</td><td>根据农用地整理项目安排，统筹新增耕地布局和农用地结构调整，提高耕地集中连片程度，适应农业现代化和适度规模经营发展需要</td></tr>
<tr><td>衔接建设用地整理项目综合整治空间</td><td>根据建设用地整理项目安排，调整建设用地空间布局，优化建设用地结构布局，形成相对集中、集约高效的村庄建设用地空间形态</td></tr>
</table>

（续表）

衔接要素		村庄规划需衔接的内容	
全域土地综合整治	布局	衔接乡村生态保护修复项目综合修复空间	落实矿山环境治理、历史遗留毁损土地复垦、地质灾害综合治理、沿江沿河流域生态保护修复、河湖湿地治理、沿海地区海岸线保护修复和海湾整治等项目空间布局，合理确定生态保护修复项目土地用途

四、村庄规划—村庄设计联动，打通实施路径

（一）村庄规划—村庄设计—农房单体设计的体系构建

以村庄规划引导空间和用地布局优化，重点解决好村庄的生产生活生态空间布局问题，明确国土空间开发保护格局；以村庄设计塑造村庄景观地域特色；以农房单体设计提升农房建设的安全性和形态美感，确保农村风貌得到整体提升（见图8-3）。构建多元参与机制，整合村民、规划师、政府部门、施工团队等多方资源，以村民为主体，不断加强多专业的规划设计团队和工程施工团队互动，促进乡村设计与建设无缝衔接，探索建立从村庄规划到村庄设计到最后乡村建设的一体化工作模式，搭建从规划到设计、施工一体化合作平台。

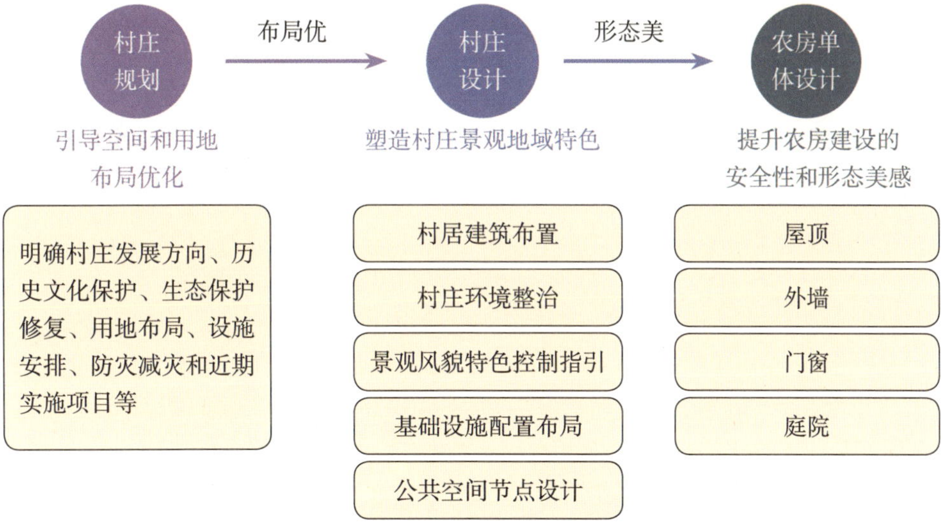

图8-3　村庄规划—村庄设计—农房单体设计体系

（二）与农村人居环境整治工作结合，促进乡村风貌提升

积极开展风貌提升试点示范，总结广东省在“三清三拆三整治”、省级新农村示范片、“四沿”美丽风貌带等建设涌现出的好的经验做法，在美丽乡村建

设中带动更多村庄实现风貌提升。进一步提质升级农村人居环境，沿线连片推进环境整治，加强系统治理、源头治理，建设生态宜居美丽乡村。保持村庄干净整洁、擦亮干净底色是对每一个村庄的基本要求。注重全要素塑造乡村公共空间，充分发挥山水林田湖草和路桥、水利等基础设施对乡村风貌塑造提升的重要作用，注重公共设施与周边景观建筑的协调性，结合“四好农村路”、南粤古驿道、万里碧道等建设，将村域范围内的自然景观、生产设施、街巷道路、历史遗迹等乡村公共设施融为一体。注重公共空间绿化美化，通过“植绿扩绿”“见缝插绿”，做好村旁、路旁、水旁、宅旁绿化，因地制宜打造“四小园”小生态板块，提升村庄整体宜居水平。

五、法规与民俗结合，规划转变为治理

在我国传统乡村社会，作为乡村社会中的契约关系的村规民约，在维护乡村基本秩序方面扮演着重要的角色。村规民约是我国村民自治的重要方式，是全面调整乡村社会关系、维护乡村生活秩序、促进乡村经济社会发展和提高农民生活水平的治村法宝。如今，村规民约在乡村振兴中的保障作用日益凸显，是村庄规划落地的关键和重要抓手，是实现村庄有效治理的一条重要途径。探索将村庄规划成果以适当有效方式转化为通俗易懂的村规民约，制定新型村规民约，融入宅基地、土地产权、农民建房管理等核心内容和管控要求，明确村庄组织建设管理制度，树立村民行为规范，引导村庄合理建设，让村庄规划变为有用的、可执行的、村民可以接受的成果。

第九章
村庄规划政策支撑体系设计

针对当前各层级国土空间规划编制工作尚未完成、村庄规划编制缺少上层级规划支撑，而农村村民建房需求和乡村振兴急需规划服务的现实情况，广东探索提出过渡期内优先满足乡村振兴发展，通过疏堵结合的政策保障农村村民住宅建设。未来在确保村庄规划符合乡村振兴需求、空间治理要求的基础上，围绕规划动态维护及实施，着力构建广东省村庄“规划—管理—实施”的政策体系。

第一节 明确过渡期政策

一、优先满足乡村振兴发展

为加快推进乡村振兴战略实施，广东省针对当前处于国土空间规划过渡期的背景，出台了预留城乡建设用地规模使用、优化用地布局、专项指标支持、指标流转、设施农用地管理、乡村新业态用地管理、过渡期内村庄规划报批与底数管控等支持政策，从体系设计层面丰富村庄规划政策，为乡村振兴项目落地提供保障。

（一）预留城乡建设用地规模使用

为贯彻落实乡村振兴战略，推进村庄规划编制，广东省及时调整预留城乡建设用地规模使用相关政策，进一步简化村庄规划使用预留城乡建设用地规模程序和要求，明确预留城乡建设用地规模，优先保障重要民生和脱贫攻坚项目，并将尚未确定选址的省市重点项目及安置地，宅基地、留用地等农村建设以及乡村振兴建设用地纳入预留城乡建设用地规模的使用范畴。

村庄规划编制阶段，需要使用预留用地规模的，可直接将预留用地规模使用情况纳入村庄规划编制，村庄规划成果经县级人民政府批准后逐级备案至省厅。村庄规划实施阶段且村庄规划成果已报省厅备案的，拟使用预留用地规模选址落在村庄规划划定的有条件建设区或回填村庄规划复垦区的，可不再单独编制预留用地规模使用方案，只需按预留用地规模使用要求，编制预留用地规模使用数据库更新包和预留用地规模使用台账，报村庄规划审批机关同级自然资源行政主管部门批准后，报省厅审查备案。根据实际需要，可以镇或县为单位统一编报。

预留城乡建设用地规模优先保障重要民生和脱贫攻坚项目。对于零散休闲农业和乡村旅游建设项目，如农村厕所、旅游驿站、景观平台、品鉴室、停车场等，允许各地按规定办理预留城乡建设用地规模使用。乡村振兴建设用地纳入预留城乡建设用地规模的使用范畴。

在编制和实施乡镇级国土空间规划时，可预留一定比例（不超过5%）的规划建设用地规模，用于农村新产业新业态发展或零星分散的单独选址农业设施、乡村旅游设施、乡村公共服务设施等的建设。涉农市县各级每年安排不少于10%的用地指标，保障乡村振兴新增建设用地需求，优先保障现代农业产业园、农业园区和农业农村重点项目。省级现代农业园所在市县将省级现代农业产业园建设用地纳入预留城乡建设用地规模的使用范畴，在年度新增建设用地指标中保障省级现代农业产业园项目建设用地需求。地级以上市根据省级现代农业产业园实际用地需求，对用地指标“应保尽保”。广东省预留城乡建设用地规模主要政策文件见表9-1。

表9-1　广东省预留城乡建设用地规模主要政策文件

政策文件名称	文件出台时间
《广东省土地利用总体规划预留城乡建设用地规模使用方案编制技术指南（试行）》	2018年
《广东省自然资源厅 广东省农业农村厅 广东省文化和旅游厅关于乡村振兴用地政策的补充意见（试行）》	2019年
《广东省自然资源厅 广东省农业农村厅关于印发贯彻落实省委省政府工作部署实施乡村振兴战略若干用地政策措施（试行）的通知》	2019年
《广东省自然资源厅关于简化村庄规划使用预留城乡建设用地规模的通知》	2020年

（二）优化用地布局

为促进乡村振兴项目落地实施，统筹土地资源配置，促进农村集体建设用地集约节约使用，解决部分村庄用地布局不合理，耕地零碎、低效等问题，广东省出台相关支持政策，允许在不改变县级国土空间规划主要控制指标情况下，优化调整村庄各类用地布局，在符合相关条件的情况下可局部调整永久基本农田，并明确自然资源部开展的全域土地综合整治试点整治区域中可调整永久基本农田。

编制村庄规划时，在建设用地规模总量不变、不占用永久基本农田前提下，允许优化建设用地布局，优先保障村公共服务设施与基础设施用地需求。村庄规划编制完成后，进行数据库备案，并视为同步调整乡镇国土空间规划。广东省优化用地布局主要政策文件见表9-2。

表9-2　广东省优化用地布局主要政策文件

政策文件名称	文件出台时间
《自然资源部关于开展全域土地综合整治试点工作的通知》	2019年
《广东省自然资源厅关于加快村庄规划编制工作的通知》	2019年
《广东省自然资源厅 广东省发展和改革委员会 广东省农业农村厅 广东省林业局关于保障农村一二三产业融合发展用地促进乡村振兴的指导意见》	2022年

（三）专项指标支持

针对农村新增建设用地指标严重不足、各地安排用于乡村建设指标有限等问题，广东省出台相关政策，专项指标优先保障乡村发展用地，要求新编县、乡镇级国土空间规划、省级制定土地利用年度计划、涉农市县等均须安排一定专项指标保障乡村振兴新增建设用地需求，优先保障现代农业产业园、农业园区和农业农村重点项目。

优先保障用地指标。省级每年安排一定比例的新增建设用地计划指标，专项用于农村新产业新业态发展、产业融合发展、农民住房建设。涉农市县各级每年安排不少于10%的用地指标，保障乡村振兴新增建设用地需求，优先保障农业产业园、科技园、创业园、县域助农服务综合平台和镇村助农服务中心建设用地安排，支持现代农业园区和助农服务体系建设。

省级农业农村重点项目的评审办法，由省农业农村厅另行研究确定。各地当年未使用完的乡村振兴建设用地计划指标由省自然资源厅收回，报经自然资源部同意后由省统筹安排，优先保障乡村振兴发展建设用地。专项指标支持相关政策文件见表9-3。

表9-3　专项指标支持相关政策文件

政策文件名称	文件出台时间
《广东省自然资源厅 广东省农业农村厅关于印发贯彻落实省委省政府工作部署实施乡村振兴战略若干用地政策措施（试行）的通知》	2019年
《广东省自然资源厅 广东省农业农村厅 广东省文化和旅游厅关于乡村振兴用地政策的补充意见（试行）》	2019年

（四）指标流转

为发挥增减挂钩和土地整治保障农村产业发展用地需求的独特作用，广东省出台《广东省自然资源厅 广东省农业农村厅关于印发贯彻落实省委省政府工作部署实施乡村振兴战略若干用地政策措施（试行）的通知》，鼓励开展农村建设用地拆旧复垦。复垦腾退出来的建设用地指标优先保障所在村建设需要后，节余部分以公开交易方式在省内流转用于城镇建设。复垦指标通过广州耕地储备指标交易中心设立的交易平台进行公开交易。省定贫困村及国家扶贫改革试验区、原中央苏区、海陆丰革命老区、原省扶贫开发重点县、少数民族自治县拆旧复垦形成的复垦指标优先交易。

广东省提出了通过拆旧复垦全省农村旧住宅、废弃宅基地、空心村等闲置建设用地，将复垦腾退出来的建设用地指标优先保证所在村建设需要后，节余部分以公开交易方式在省内流转用于城镇建设。广东省指标流转主要政策文件见表9-4。

表9-4　广东省指标流转主要政策文件

政策文件名称	文件出台时间
《广东省人民政府关于印发广东省全面推进拆旧复垦促进美丽乡村建设工作方案（试行）的通知》	2018年
《广东省自然资源厅 广东省农业农村厅关于印发贯彻落实省委省政府工作部署实施乡村振兴战略若干用地政策措施（试行）的通知》	2019年

（五）设施农用地管理

为促进农村一二三产业融合发展，支持设施农业健康发展，广东省出台相关设施农用地政策，进一步规范设施农用地建设内容和标准，明晰了设施农用地的内涵和管理要求。

乡村旅游项目中除永久基本农田以外的未改变农用地和未利用地用途及功能、未固化地面、未破坏耕作层的生态景观和栈道用地按实际地类管理。休闲农业和乡村旅游项目中属农牧渔业种植、养殖用地的，可不办理征收（收回）和农转用手续，按现用途管理。利用耕作层土壤的生产种植大棚和水产养殖大棚按耕地和养殖水面管理。为发展乡村旅游业拓宽农村道路，拓宽后不超过8米的，在不占用基本农田的前提下按农用地管理。

设施农用地应尽量不占或少占耕地，确需占用耕地的，应尽量利用劣质耕地，避免占用水田等优质耕地。除规模化粮食生产（不低于500亩）涉及的配套设施可按规定占用永久基本农田外，禁止其他农业设施建设占用永久基本农田。对蔬菜、烟草、橡胶等农作物种植涉及的看护房（单层、占地小于15平方米），以及临时性烤烟、炒茶、果蔬预冷等农产品晾晒、临时存储、分拣包装等附属设施（原则上占地不得超过400平方米）用地；其他工厂化作物栽培涉及的生产设施（有钢架结构的玻璃或PC板连栋温室用地等）和附属设施（农资临时存放、农产品分拣包装、必要的管理用房等）用地；规模化畜禽养殖涉及的生产设施（畜禽舍、绿化隔离带等）和附属设施（疫病防控、检验检疫监测、粪污有机物处置、产品初加工、必要的管理用房等）用地；规模化水产养殖涉及的生产设施（池塘、养殖池、进排水渠道等）和附属设施（疫病防控、检验检疫监测、尾水有机物处置、饲料存储、产品初加工、必要的管理用房等）用地，按设施农用地管理。要合理控制设施用地规模，附属设施控制在项目用地规模7%以内（工厂化作物栽培5%以内，规模化养牛、养羊的附属设施用地规模比例控制在10%以内），最多不超过10亩（规模化畜禽养殖不超过15亩）。生猪养殖用地作为设施农用地，在不占用永久基本农田的前提下，允许生猪养殖用地使用一般耕地，作为养殖用途不需耕地占补平衡。

设施农用地按农用地管理不需办理农用地转用审批手续；生产经营过程中或结束后，设施不再使用的，应按要求进行土地复垦，原地类为耕地的应复垦为耕地。非农建设占用设施农用地的，应依法办理建设用地审批手续，原地类为耕地的，应落实耕地占补平衡。广东省设施农用地管理主要政策文件见表9-5。

表9-5　广东省设施农用地管理主要政策文件

政策文件名称	文件出台时间
《广东省自然资源厅 广东省农业农村厅 广东省文化和旅游厅关于乡村振兴用地政策的补充意见（试行）》	2019年
《广东省自然资源厅 广东省农业农村厅 广东省林业局关于进一步做好生猪养殖用地保障工作的通知》	2019年

（续表）

政策文件名称	文件出台时间
《广东省自然资源厅 广东省农业农村厅关于加强和改进设施农业用地管理的通知》	2020年
《广东省自然资源厅 广东省发展和改革委员会 广东省农业农村厅 广东省林业局关于保障农村一二三产业融合发展用地促进乡村振兴的指导意见》	2022年

（六）乡村新业态用地管理

为鼓励发展乡村新产业新业态，广东省出台相关政策，鼓励采取多种模式解决乡村旅游、休闲农业、农业公园、田园综合体等新产业新业态用地需求，进一步优化乡村旅游和休闲农业用地管理，对符合规划和用地统筹的乡村旅游和休闲农业项目，建立绿色通道优先审批。

允许本地居民利用自有住宅或其他条件，以建设改造民宿等方式依法从事乡村旅游经营。腾退的户外厕所、闲置废弃畜禽舍、倒塌房屋、影响村内道路及公共设施建设的院落等建筑物或构筑物用地，优先用于支持乡村旅游、休闲农业、农业公园、田园综合体等新产业新业态用地需求。乡村旅游所配套的停车场、旅游驿站及民间资本举办的非营利性养老机构与政府举办的养老机构可依法使用农村集体建设用地。

对符合规划和用地统筹的乡村旅游和休闲农业项目，建立绿色通道优先审批。盘活利用农村存量土地，支持乡村旅游和休闲农业发展，鼓励以长期租赁、先租后让、租让结合、土地入股等方式解决用地需求。充分利用设施农用地有关政策，在农地农用、不破坏耕地耕作层的情况下，允许建设相关配套设施。

各市县可按点状供地管理制度模式支持现代农业产业园建设，优化现代农业产业园用地审批和登记办证程序，现代农业产业园立项后一般在半年内完善相关用地手续。广东省乡村新业态用地管理主要政策文件见表9-6。

表9-6　广东省乡村新业态用地管理主要政策文件

政策文件名称	文件出台时间
《广东省自然资源厅 广东省农业农村厅关于印发贯彻落实省委省政府工作部署实施乡村振兴战略若干用地政策措施（试行）的通知》	2019年
《广东省自然资源厅 广东省农业农村厅 广东省文化和旅游厅关于乡村振兴用地政策的补充意见（试行）》	2019年
《中共广东省委 广东省人民政府关于加强乡村振兴重点工作 决胜全面建成小康社会的实施意见》	2020年
《广东省自然资源厅关于实施点状供地助力乡村产业振兴的通知》	2023年

（七）过渡期内村庄规划报批与底数管控

为提高村庄规划对乡村振兴战略实施的支撑能力，规范乡村国土空间开发保护秩序，广东省出台《广东省自然资源厅关于明确过渡期内村庄规划有关政策的通知》，明确县、乡镇级国土空间规划批准前村庄规划编制、审批支持政策，进一步提升和发挥村庄规划作为实施乡村振兴战略的基础性作用。

村庄规划经依法批准后，应连同县级人民政府出具的将村庄规划成果纳入县、乡镇级国土空间规划承诺函报省厅备案。省厅经技术审核通过后予以复函，并在县、乡镇级规划成果报批、备案时，检查承诺落实情况，确保各层级规划衔接一致。县、乡镇级国土空间规划审批通过后，村庄规划应落实乡镇级国土空间规划，不再报省厅备案。村庄规划以上报国家的“三调”2019年12月31日统一时点成果和建设用地管理数（含现状建设用地和批而未用土地）作为底图底数。各地在编制、报批、备案村庄规划时，要按照“三调”数据保密相关规定执行。规划公示时只公示规划成果图，不公示现状图。各地在报批、备案村庄规划时，均以光盘形式报送。

村庄规划原则上要对“三调”现状建设用地“应保尽保”，落实建设用地规模，不得划定规划复垦区。其中，建设用地规模优先使用预支规模，确实不足的，使用预下达规模；对村庄规划新增建设用地规模超过“三调”现状建设用地面积10%以上的，县级自然资源主管部门要进行科学性、合理性的专项论证，作为规划备案材料。原则上，各县（市、区）村庄规划新增建设用地规模合计总量不得超过所在县（市、区）预下达新增建设用地规模的10%。村庄建设应当优先使用存量建设用地、村内空闲地，尽量不占、少占长期稳定利用耕地；占用长期稳定利用耕地的，县级自然资源主管部门要进行专项论证说明。

二、保障农村村民住宅建设

针对近年来农村地区违法乱占耕地建房问题突出且呈蔓延势头等现象，广东省连续出台相关政策，进一步明确农村建房行为“八不准”和规范农村宅基地审批管理，通过“堵后门+开前门”双管齐下解决农村新增乱占耕地建房问题。为增强村庄规划的科学性，为未来发展预留弹性空间，出台相关政策要求各地探索规划“留白”机制，在县、乡镇级国土空间规划和村庄规划须预留一定规模的建设用地机动指标用于保障农村村民住宅建设用地需求。

在乡镇国土空间规划出台之前，村庄规划已在省自然资源厅完成备案的，可按村庄规划审批农村村民住宅建设用地。村庄规划尚未“上图入库”的，村民住宅建设同时满足以下五种情况可视作符合村庄规划：①不占用生态保护红线和永久基本农田；②新申请的宅基地位置与现状建设用地范围相邻成片；③新审批的建设用地规模总量不超过建设用地现状总面积的5%；④承诺新批准的建设用地在乡镇国土空间规划中落实建设用地规模；⑤避开地质灾害隐患点。

农村村民住宅建设用地的用地计划指标单列安排，年底实报实销。当年保障不足的，下一年度优先保障。各地在编制县、乡镇级国土空间规划和村庄规划时应安排不少于10%的建设用地规模，用于保障农村村民住宅建设用地需求和满足乡村振兴发展建设需要，并合理确定农村宅基地规模，划定建设范围，科学安排布局，确保用地规模落地。

宅基地使用权及其地上房屋所有权申请登记发证的主体，原则上为本农村集体经济组织成员或本村村民，可以是户主或经全体家庭成员同意的家庭成员。有下列情形之一且经该村集体经济组织或村民委员会认定的，也可按规定申请登记发证：①本村原村民合法取得宅基地使用权或房屋所有权，因婚姻、就业、投靠等原因将户口迁出的。②非本村村民因扶贫搬迁、地质灾害防治、新农村建设、移民安置等按照政府统一规划和批准使用宅基地建房的。③已拥有一处宅基地的本农村集体经济组织成员或本村村民、非本农村集体经济组织成员或非本村村民的农村或城镇居民，因继承房屋占用农村宅基地的。④非农业户口居民（含华侨）在1999年1月1日前合法取得宅基地使用权及其地上房屋所有权且权属未发生变化的。⑤非城镇居民非法购买农村宅基地及地上房屋的，一律不予确权登记。⑥已分别合法颁发宅基地、集体建设用地使用权证书和房屋所有权证书或者已按“房地一体”原则登记颁发不动产权证书的，遵循“不变不换”的原则，原证书仍合法有效。广东省保障农村村民住宅建设主要政策文件见表9-7。

表9-7 广东省保障农村村民住宅建设主要政策文件

政策文件名称	文件出台时间
《广东省自然资源厅关于印发广东省加快推进“房地一体”农村不动产登记发证工作方案的通知》	2019年
《广东省自然资源厅 广东省农业农村厅关于疏堵结合坚决遏制农村新增乱占耕地建房行为的通知》	2020年
《广东省农业农村厅 广东省自然资源厅关于规范农村宅基地审批管理的通知》	2020年
《广东省自然资源厅 广东省农业农村厅关于印发保障农村村民住宅建设合理用地实施细则的通知》	2020年

第二节 强化用地政策支撑

一、探索规划留白、预留用地规模

2020年“中央一号文件”《中共中央 国务院关于抓好“三农”领域重点工作确保如期实现全面小康的意见》明确：新编县乡级国土空间规划应安排不少于10%的建设用地指标，重点保障乡村产业发展用地。省级制定土地利用年度计划时，应安排至少5%新增建设用地指标保障乡村重点产业和项目用地。2020年自然资源部办公厅发布《国土空间调查、规划、用途管制用地用海分类指南（试行）》，首次提出“留白用地”来落实“留白规划”机制。留白用地指国土空间规划确定的城镇、村庄范围内暂未明确规划用途、规划期内不开发或特定条件下开发的用地。建立村庄建设用地规模预留制度，保障不可预见的村庄的重要产业、民生等暂未落实的用地，在确保不突破永久基本农田、生态保护红线和城镇开发边界的前提下，在编制村庄规划中，可以按规定预留一定数量建设用地机动指标，对一时难以明确具体用途的建设用地，暂不明确规划用地性质，在建设项目规划审批时明确规划用地性质，建设项目批准后更新国土空间规划数据库。实施规模预留、指标预留等“留白”机制。允许村庄规划中结合行政村村庄发展水平、资源禀赋、人地挂钩等实际情况，除预留一定的指标作为民生设施建设之外，留白重点聚焦于两种类型的村庄：一类是以历史文化和自然风光为特色的传统村落，预留留白支持休闲民宿、旅游服务、文化创意等文旅设施建设；一类是以产业升级为特色的现代乡村，预留留白支持农村物流、电子商务、微型企业创业示范基地、创新孵化器等新产业新业态用地需求，助力乡村振兴。

二、多元路径探索，促进乡村产业兴旺

（一）拆旧复垦，探索城乡用地空间互换互补改革

拆旧复垦工作是在保护好历史文化遗产、传统村落等前提下，通过拆旧复垦农村旧住宅、废弃宅基地、空心村等闲置建设用地，将复垦腾退出来的建设用地指标优先保障所在村村民新增宅基地需求、村庄建设和乡村产业发展需要，节余部分以

公开交易方式在省内流转用于城镇建设。省定贫困村及国家扶贫改革试验区、原中央苏区、海陆丰革命老区、原省扶贫开发重点县、少数民族自治县拆旧复垦形成的复垦指标优先交易。拆旧复垦腾退出来的建设用地指标闲置宅基地盘活利用产生的土地增值收益，除依法需上缴的外，全部用于农业农村发展。

2019年，广东省自然资源厅对政策进行优化，明确复垦指标交易最低保护价（50万元/亩）收入扣除市级统筹资金和实施成本后，按照5%、5%、5%、10%和75%比例分配给县级财政、镇级财政、村委会、土地所有权人和土地使用权人，农村集体和农民得到收益的绝大部分；成交价高于保护价的部分缴入省财政，政府所得收益全部用于脱贫攻坚、乡村振兴和国土空间生态修复。拆旧复垦工作“以城带乡、以工促农、统筹城乡发展”的路子，实现了多方共赢。

（二）垦造水田，落实水田占补平衡需要

广东后备耕地尤其是水田严重匮乏。为落实国家关于耕地占补平衡的新要求，确保重大项目顺利建设，按照省政府4年垦造水田30万亩的决策部署，自2017年开始，广东省自然资源厅开创性推进全省垦造水田工作，省级承担垦造水田的全部费用，垦造水田指标由省、市、县三级按5：1：4比例分配。省级指标由省统一调配使用和转让交易，指标交易所得全部上缴省财政，扣除垦造水田成本等费用后，原则上用于农业农村建设。2021年4月，《广东省自然资源厅关于印发〈广东省垦造水田三年行动方案（2021—2023年）〉的通知》，深入推进广东省新一轮垦造水田工作，要求到2023 年，全省至少完成垦造水田15 万亩，鼓励各地在此基础上垦造更多水田，严格落实耕地占补平衡，牢牢守住耕地保护红线。

垦造水田工作既落实了国家耕地占补平衡的新要求，在全国率先还清了报国家审批项目耕地占补平衡历史欠账，又保障了正在推进的102个重大建设项目水田占补平衡需要，还通过水田指标交易为全省乡村振兴和脱贫攻坚筹集了资金，打通了绿水青山向金山银山的转换通道。

（三）点状供地，创新保障农村新产业新业态用地

2018年7月，广东省人民政府出台的《广东省促进全域旅游发展实施方案》（简称《方案》），对旅游用地方面提供了政策扶持，意在解决广东在旅游用地上面临的普遍问题。《方案》明确：支持农村集体经济组织依法依规盘活利用空闲农房和宅基地，改造建设民宿、创客空间等场所；乡（镇）土地利用总体规划可以预留部分规划建设用地指标（不超过5%）用于零星分散单独选址的乡村旅游

设施建设；对乡村旅游项目中属于新产业新业态的用地，以及符合精准扶贫等政策要求的民生用地所需指标，可从省新增建设用地指标中统筹解决。这一政策的提出，既鼓励了农村主动参与旅游项目，又为新业态提供了用地保障。

从农村实际情况来看，各村土地资源分散，很难承接大型产业项目落地。与此同时，各地每年的用地指标基本固定，很难同时确保多个乡村文旅项目用地需求，加之建设用地指标要求占补平衡，占多少补多少，农村本身要承担土地复垦任务，更难拿出大片建设用地。从产业项目投资方来看，传统供地方式对资金要求过高，乡村旅游项目资金回报期又较长，片状供地资金压力大，也不划算。

点状供地是一种创新的土地获取方式，点状是相对于原来的片状而言的。点状供地将项目用地区分为永久性建设用地和生态保留用地，其中永久性建设用地“建多少供多少”，剩余部分可只征不转，按租赁、划拨、托管等方式供项目业主使用，项目容积率按垂直开发面积部分计，不按项目总用地面积计。实施点状供地政策，盘活乡村闲置集体土地，提升土地利用效率，节约项目落地成本，积极促进农民增收，精准助推乡村振兴。

（四）全域土地综合整治，优化国土资源配置

为贯彻落实习近平总书记对浙江“千村示范、万村整治”工程的重要指示精神，2019年12月，自然资源部启动了全域土地综合整治试点工作，在全国范围内部署开展全域土地综合整治试点工作。为推动贯彻省委省政府“1+1+9”工作部署，推动“双高”示范省建设，完善全域土地综合整治试点体系，探索全域土地综合整治的广东经验，2021年5月，广东省自然资源厅印发《关于推进全域土地综合整治试点工作的通知》（简称《通知》），支持国家试点工作开展，并在国家支持政策基础上，省层面另行支持以下政策：①先行审批国土空间规划。试点地区乡镇国土空间规划先编、先报、先批、先用，试点涉及的村庄规划，原则上均纳入省村庄规划优化提升试点。②鼓励盘活存量建设用地。整治区域内的建设用地通过实施城乡建设用地增减挂钩腾退的建设用地指标，节余部分可按规定在省域内流转使用，并可探索城乡建设用地增减挂钩试点拆旧区复垦与建新区耕地占补平衡分离管理，允许拆旧区因地制宜复垦为林地、草地等生态用地。③加大试点资金投入支持。省自然资源厅会同省财政厅结合试点实施情况，对试点地区安排一定引导资金和奖补资金，鼓励开发性、政策性金融机构在业务范围内为试点工作提供中长期信贷支持等。

另外，《通知》在国家已明确的试点地区基础上，在省层面组织实施一批

省级试点，除可调整永久基本农田外，省级试点享受国家试点同等的省级支持政策。省级试点与国家试点一样，探索以乡镇为基本实施单元和以县域为基本实施单元两种类型，并结合广东地域特色，强调充分发挥“土地整治+”的特点，与乡村振兴、巩固脱贫攻坚成果、美丽圩镇建设等省委省政府重点任务结合，探索土地整治与乡村地区产业布局和导入耦合的有效路径。其中以乡镇为基本实施单元的省级试点优先支持与巩固拓展广东省乡村振兴“三年取得重大进展”成果，和脱贫攻坚成果计划紧密结合，实施乡村建设行动、农房管控和乡村风貌提升、美丽圩镇创建等乡村振兴和巩固脱贫攻坚成果工作任务较重的地区，以县域为基本实施单元的，优先支持结合破解城乡二元结构、探索城乡融合发展改革创新、山水林田湖草沙一体化保护修复等工作的地区。

第三节 ▸ 规划人才保障

一、“三师”专业志愿者技术指导

受广东省自然资源厅委托，广东省“三师”专业志愿者协会召集省内15家具有丰富村庄规划编制或研究经验的设计单位、研究机构作为本次工作的技术支持单位，共计超过100名专业志愿者，组建专家志愿者指导团队，采用定点指导责任制，将62个村庄规划优化提升试点249个行政村划分为10个片区，进行定点指导。

指导采用“实地调研+培训交流+技术指导”和咨询的方式开展。在规划编制过程中重点指导编制中存在的问题和难点；规划初步成果形成后重点指导规划内容的完整性、准确性、合理性和意见落实情况；规划成果入库前重点指导程序的合法性和成果的完整性。每次技术指导均以反馈表的形式，从村庄规划编制进度、指导意见与建议、地方工作经验与亮点等方面进行总结，并通过网络媒体进行宣传报道。

在技术指导中，专家志愿者发挥自身认识优势、信息优势与技术优势，向地方和编制单位传达国家、部委、省、省厅关于村庄规划优化提升的主要精神与相关政策，改变了部分编制单位的惯有思维，建立底线思维，理性回归布局、管控、引导的主要任务，精简规划成果，保证了试点村庄规划的总体质量和规划编制速度。同时，指导组也将地方现实困难与诉求向上传递，高效地汇总问题、解决问题，为政策优化提供基础资料与支撑。另外，通过报刊和网络媒体的宣传报道，引发各界对村庄规划的讨论，通过不断的思想碰撞、互相启发，研究出更多农村问题的解决路径，为未来的政策制定提供参考。

二、采取多种途径充实基层力量

定期组织召开村庄规划试点经验交流暨专业研讨会，利用广东省自然资源厅公众号、广东省国土空间规划协会等平台推广广东省推进村庄规划的优秀案例；激励并支持行业协会在村庄规划人才培训、业务交流等方面发挥更大作用，将村庄规划内容纳入省市行业协会年度培训重点。

推举有声望、有情怀的乡贤作为代表共同管理乡村事务，将基层力量纳入未来乡村建设中，探索未来治理场景。

针对市场上有实力的技术单位难以将优质力量投入村庄中、大规模推进村庄规划优化提升缺少足够优秀单位和人才支撑等问题，广东省通过创新培训方式推动促进乡村规划人才振兴，吸引全省近百家规划设计单位积极响应广东省国土空间规划协会、广东“三师”专业志愿者协会发起的《践行新时期村庄规划助力新时代乡村振兴的倡议》，引导各设计单位深入农村进行村庄规划培训技术支持。

三、推广乡村规划师制度

推广乡村规划师制度，按照“一镇一师”的原则，每个镇（街）配备若干名乡村规划师，主要负责乡村规划建设的政策法规解读，对村庄的发展定位、整体布局、规划思路及实施措施等向相关部门提出意见与建议，参与村庄规划建设管理事务、乡村振兴相关规划的研究决策。发挥乡村规划师技术力量，协助当地政府组织编制镇级国土空间规划、村庄规划，负责对乡村规划编制成果、建设项目建筑方案进行技术审查等相关技术服务。

乡村规划师是将新发展理念传导实施的最后一公里，是在推进乡村规划学术进步和城乡融合发展进程中不可或缺的力量。因此，要充分发挥乡村规划师的桥梁和纽带作用，既上传下达，也下情上达，引导政府、村民、投资业主多元参与共治，探索乡村发展共荣共享模式。

从『底图』到『蓝图』

——国土空间规划背景下广东省村庄规划的改革实践

第四篇

实践与展望

本篇按自然生态、历史文化、产业发展的分类，阐述国土空间规划改革以来广东省开展的村庄规划实践，并对当前村庄规划存在的若干困惑进行了思考和辨析，从整体思维下村庄规划管理方式的优化、新技术引入下村庄规划的编制革新、全域土地综合整治视角下的规划实施路径、全生命周期下村庄规划动态管理机制，以及乡村善治激发村庄规划管理民主自治等方面，展望未来村庄规划。

第十章 规划编制实践

本章主要从四个方面、多种类型介绍国土空间规划背景下广东省“多规合一”实用性村庄规划编制探索的规划编制实践案例，以及利用广东省经验支持江西省的案例。第一是自然生态类，主要包括山地丘陵、水域、平原等方面；第二是历史文化类，主要包括传统文化、民族特色、红色文化等方面；第三是产业发展类，主要包括农业、信息、旅游、创意、一二三产业融合等方面；第四是综合类，主要包括多种地区特色或工作组织特色的案例。

第一节 自然生态类

一、护绿水青山助力脱贫，承红色基因促进文旅——丰顺县汤西镇大罗村村庄规划

（一）基础情况

1. 村庄概况

梅州市丰顺县汤西镇大罗村位于县城西郊，距离县城11公里。大罗村四面群山环绕，层峦叠翠，整体地形呈西高东低走向，生态环境优越。村域面积54.84平方公里，下辖7个自然村，全村共1048户，户籍人口5111人。村内产业以种植、养殖为主，是典型的农业型村庄。大罗村经济基础薄弱，原属省定贫困村。自2016年4月起，广东省自然资源厅（原广东省国土资源厅）定点帮扶大罗村，经过4年多“输血+造血”式扶贫，大罗村已实现稳定脱贫。

大罗村村庄规划优化提升以提升规划空间响应能力、加强国土空间管控为出发点，着力提升村庄生态和人文特色，致力于改善人居环境，促进产业发展，绘就乡村振兴蓝图。

2. 主要矛盾和问题

（1）山水林田资源丰富，但底线管控和开发利用存在冲突。

村庄西部格局为“两山夹一水”，两山为梅州八乡山省级自然保护区和梅州丰顺龙颈水库县级森林公园，一水为龙颈水库；东部有山间盆地，耕地、园地分布其间，主要的农村居民点集中于此；源于八乡山的龙车溪，流经村庄，汇入榕江北河；全村林地和水域面积占比近95%，生态资源较为丰富。但目前村域的底线管控和开发利用存在局部冲突：一是部分现状建设用地、永久基本农田、耕地与生态保护红线相冲突，另外，局部区域存在山体滑坡和水土流失的隐患、具有龙车溪水质轻微污染等生态保护力度不足的问题；二是村庄还是以传统的种植养殖为主，对东部区域的耕地资源利用较为低效，不利于巩固目前的脱贫攻坚成果。

（2）红色文化底蕴深厚，但风貌保护和活化利用有待加强。

大罗村历史上曾是中央革命根据地的重要组成部分，红军苏维埃农会曾在此开展革命工作，现存苏维埃政府红军医院、苏维埃政府红军兵工厂、闽粤赣边纵队二支五团等众多革命旧址，红色文化基因代代相传（见图10-1）。村庄所在区域为客潮交界处，传统民居众多，具有鲜明的客潮特色和浓厚的时代特征。但由于年久失修和缺乏设计引导，红色建筑和传统建筑存在不同程度的破损，新建建筑也未能体现客潮文化等地域特色。此外，本村的特色资源缺少活化利用措施，导致未能带来明显的社会效益和经济效益。

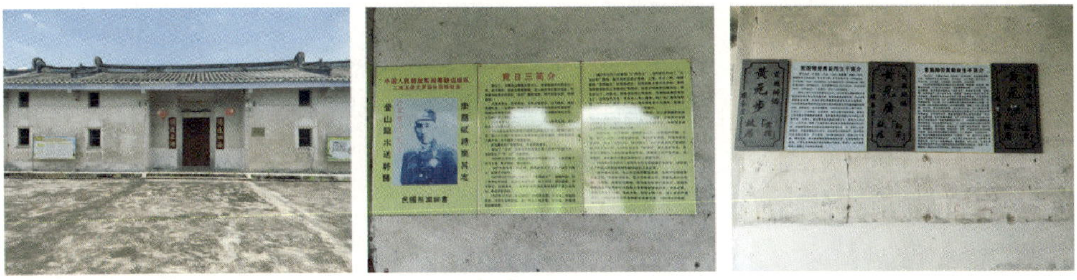

绍南里（黄日三故居之一）

玉茂公祠（原红十一军军部旧址）

图10-1 红色文化资源现状照片

（二）主要措施和做法

1. 守护绿水青山，筑牢环境本底

（1）解决红线矛盾，保护生态格局。

为加大生态保护红线有效保护力度，解决好生态保护和开发之间的冲突，通过叠加分析梳理得出现状建设用地占用生态保护红线总面积4.37公顷（包含占用自然保护地1.94公顷），永久基本农田占用生态保护红线4.09公顷，耕地（属于“三调”耕地，非永久基本农田）占用生态保护红线0.74公顷（见图10-2）。按照《生态保护红线管理办法（试行）（征求意见稿）》的相关要求，分析其对生态功能的影响冲突情况，提出“保留、退出”两种处置方式。

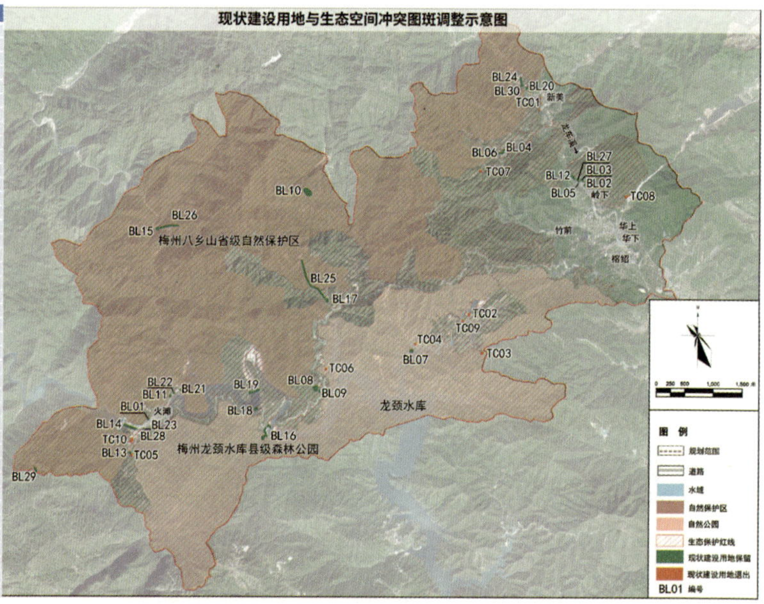

建设用地占生态保护红线调整一览表

编号	现状地类名称	面积（㎡）	调整类型
BL01	宅基地	79.08	保留
BL02	宅基地	5.52	保留
BL03	宅基地	18.74	保留
BL04	宅基地	35.59	保留
BL05	宅基地	15.30	保留
BL06	宅基地	278.66	保留
BL07	特殊用地	1451.13	保留
BL08	特殊用地	4223.23	保留
BL09	特殊用地	109.08	保留
BL10	特殊用地	9289.25	保留
BL11	特殊用地	303.95	保留
BL12	特殊用地	634.63	保留
BL13	水利设施用地	167.71	保留
BL14	水利设施用地	4581.87	保留
BL15	水利设施用地	1001.15	保留
BL16	水利设施用地	2700.86	保留
BL17	水利设施用地	971.34	保留
BL18	水利设施用地	1000.67	保留
BL19	水利设施用地	1651.59	保留
BL20	基础设施用地	605.11	保留
BL21	基础设施用地	46.70	保留
BL22	基础设施用地	88.36	保留
BL23	基础设施用地	40.81	保留
BL24	对外交通用地	692.82	保留
BL25	对外交通用地	5937.94	保留
BL26	对外交通用地	2814.47	保留
BL27	对外交通用地	122.80	保留
BL28	村内交通用地	112.74	保留
BL29	村内交通用地	370.07	保留
BL30	村内交通用地	102.15	保留
TC01	宅基地	70.69	退出
TC02	宅基地	302.94	退出
TC03	宅基地	573.07	退出
TC04	宅基地	202.57	退出
TC05	宅基地	225.87	退出
TC06	宅基地	289.28	退出
TC07	宅基地	411.92	退出
TC08	经营性建设用地	420.59	退出
TC09	经营性建设用地	145.85	退出
TC10	经营性建设用地	1565.72	退出

图10-2　大罗村现状建设用地与生态空间冲突图斑调整

（2）整治山水林田村，提升村庄环境。

大罗村部分山体存在水土流失的隐患，部分河道存在淤泥堵塞、杂草丛生的情况，以及较多农田出现空置、裸露、抛荒的现象，生态环境被破坏。规划从山林修复、水生态保护、田园整治、人居环境整治四大方面着手修复生态环境。

规划结合并引导村民利用宅前屋后闲置土地、“三清三拆”用地（用地规模约1350平方米）建设“四小园”，规划建设小菜园、小果园、小花园、小公园共10处，提升农村生态环境。

2. 传承红色文化，塑造客潮特色

大罗村是红色文化的沃土，保留有较多的客潮传统民居，为保护和传承历史文化，规划对村内历史价值较高、现状留存较好的历史遗存进行梳理，实行严格管控，加大保护力度，为文化传承留下载体。

确定历史文化保护重点。确定绍南里、耀华里（黄日三故居）、勤厚公祠、玉茂公祠（红十一军军部旧址）及三棵百年古树为历史文化保护重点（见图10-3）。

划定传统建筑及传统文化要素的保护范围。划定建筑本体线、核心保护区（建筑本体向外延伸6米）、建设控制地带（核心保护区范围线向外延伸30米），保护范围内严格控制建设活动及建设效果，包括建筑风格、建筑外立面、建筑屋顶、材质等均有明确要求。

图10-3 大罗村历史文化资源保护范围

针对传统建筑现状情况提出修缮维护措施。包括修复已剥落外皮、外鼓的墙体，清洗污渍苔藓，去除地面杂草，保护建筑内彩绘，修复已受损门窗，修补门窗裂缝，对屋顶的檩条、木椽等进行检测，视具体情况采用裂缝修复、弯垂加固、糟朽处理等加固手段。

依托革命遗址，传承红色基因。充分整合传统民居、红色革命遗址既有资源，推进传统建筑活化利用，将绍南里、耀华里打造为红色革命展览馆，丰富展品体系，以文字、图片、视频展示的传统方式，结合现代裸眼3D、全息影像、互动投影、数字沙盘、VR（虚拟现实）等科技手段，通过对历史事件的叙述、历史场景的还原，展出大罗村作为革命重要据点的相关历史资料、影像等，开展爱国主义教育和红色文化研习活动。

3. 强化风貌管控，塑造村庄特色

大罗村原有旧房屋多依山而建，新建房屋基本沿公路两旁建设，多为两层至三层的砖混结构建筑，设施较为完备，但是缺乏科学的规划作指导，新宅建设比较凌乱，属于“有新房无新村”。为保护村庄自然风貌，凸显客潮文化特色，规划提出既有农房整治指引和新建房屋设计指引。

规划结合农村地籍调查数据及现场调研情况把大罗村内的建筑分为四类，从屋顶、山墙、墙面、护栏、颜色、层数等方面分类分步为整治提供指引参考。

新建房屋设计指引要求遵循保持原有潮客建筑特色的原则，建筑材质尽量选取当地普遍使用的材料，积极推广与村庄整体风貌相协调的新型节能材质。屋面材质建议推广使用深色或者黑色水泥类的瓦材，或者玻璃纤维瓦等高分子复类瓦材，代替传统混凝土瓦从而保护耕地，节约资源；墙体建议采用节能环保的材料，门窗用传统风格的木材颜色；墙面贴浅灰色砖片作为墙裙。通过设计指引，引导建筑整体风格保持地域特色，避免千村一面。

4. 生态文化产业联动，巩固山村扶贫成果

（1）发展生态种养，推进高效农业。

秉承“绿水青山就是金山银山”的理念，以自然生态为基础，依托广东省自然资源厅帮扶政策、相关部门支持，“输血+造血”双措并举，规划基于大罗村“1＋2＋3”（即1个扶贫车间、2个扶贫产业、3个扶贫项目）的产业发展格局，重点推进生态养殖和生态种植，发展以养生、生态为主题的系列农产品，打好“健康养生”品牌，巩固生态扶贫成果。规划根据土地情况进行农业分区，将农业区大致划分为南药种植区、林下经济区、水稻蔬菜基地等。南药种植区主要利用岭下自然村以北山林地种植中药材，林下经济区主要利用大罗村至火滩自然村道路两侧的非公益林山坡地进行蜜蜂养殖、家禽养殖、菌类种植等，水稻蔬菜基地主要利用耕地、园地等种植水稻、蔬菜等，有序推进种植、养殖规模化、专业化发展。

（2）用好文化资源，融入全域旅游。

大罗村红色文化、客潮文化资源突出，通过Y117和Y118乡道连接县城，车程在20分钟以内，县城近郊区位优势明显。为充分利用大罗村的优势资源，规划将大罗村融入丰顺县全域旅游的发展框架中，在丰顺县成功创建“第二批广东省全域旅游示范区”的基础上，把大罗村与周边的龙归寨瀑布旅游风景区、万佛园、种王上围、坚真纪念馆等旅游资源串联成线，将大罗村打造为文化旅游的重要一环。以红色资源、传统文化资源为引领，以绿色资源为基础，通过展示、表演等形式突出文化特色，同时提升村庄景观风貌，完善旅游服务配套设施，打造特色产业体系，打响大罗村品牌，增强“造血”功能。

（3）严守发展底线，保障项目用地。

制定产业准入负面清单。为保护村庄内丰富的生态资源和红色文化资源，规划从村域和自然村两个层面，着重研究制定了符合大罗村村庄实际情况的产业准入负面清单，保证产业发展不触碰底线。

保障项目用地打牢实施基础。规划结合村庄现状实际、村庄产业需求台账和进驻企业投资意向，衔接拟实施点状供地的乡村产业项目方案，合理保障乡村产业发展用地需求，并明确点状供地建设用地范围。共安排建设用地0.4公顷用于扶贫车间、养蜂基地、中药材基地、林下经济公司的厂房或设施建设，建设用地指标优先向脱贫攻坚用地倾斜。

（三）工作成效

1. 生态修复有序推进，环境改善初见成效

随着生态修复工作有序推进，山体滑坡、水土流失等隐患已逐步消除；主要河流龙车溪部分河道淤泥堵塞、杂草丛生的情况得到改善，河道水质明显提高；农田空置、裸露、抛荒的现象逐步减少，种植规模有所提升，田园景观特色逐步显现。

此外，岳潭拆旧复垦是广东省首个拆旧复垦项目，大罗村对岳潭自然村破旧、低效的宅基地进行了拆旧复垦以及农业配套设施建设，改善了生态环境。同时，建设用地指标交易，为大罗村脱贫攻坚工作和美丽乡村建设提供了大笔资金支持。大罗村生态修复部分项目实施情况见图10-4。

2. 扶贫项目投入生产，产业策划逐步落地

通过广东省自然资源厅帮扶等政策支持，大罗村“1+2+3”（即1个扶贫车间、2个扶贫产业、3个扶贫项目）的产业发展格局，既壮大了村集体经济，又组织和带动了贫困户实现增收脱贫。

目前，大罗村引进了罗贤辉平车加工厂建设扶贫车间，该车间主要从事服装加工，为大罗村提供了10多个就业岗位，留住村内劳动力，促进农民增收，提升了经济效益。

通过生态产业的联动，景天三七中药材种植业、土鸡养殖业、蜜蜂养殖业发

展势头良好。2020年景天三七中药材种植项目种植规模达到100亩，为村民分红8.36万元，蜜蜂养殖项目养殖规模达到400多箱，为村民分红3.84万元。大罗村产业发展部分项目实施情况见图10-5。

河道整治

河道清淤

边坡修复

酒江礤灌溉水坝升级改造

酒江礤灌溉水坝升级改造

图10-4　大罗村生态修复部分项目实施情况

扶贫车间

振兴蜂场

火滩苦笋基地

景天三七种植基地

图10-5　大罗村产业发展部分项目实施情况

3. 配套设施加紧建设，人居环境日益提升

根据村庄规划安排，大罗村推进了一批配套设施的建设，包括华下健身活动场地建设、龙车溪河道两侧路灯架设、岭下南泥塘路硬底化、塘坊桥建设等项目（见图10-6）。这些项目建成后将解决部分自然村健身场地缺乏的问题、解决本村适龄儿童就读幼儿园难的问题，以及进一步提升交通环境，提高交通安全性。

大罗文化活动广场升级改造　华下健身活动场地建设　大罗小学操场改造提升

大罗公立幼儿园　龙车溪河道两侧路灯架设　塘坊桥建设

沿河路硬底化　岭下南泥塘路硬底化　巷道硬底化

图10-6　大罗村配套设施建设部分项目实施情况

二、生态赋能，“延山引水归田园”——东莞市厚街镇大迳村、新围村村庄规划

（一）基础情况

1. 村庄概况

厚街镇大迳村、新围村（简称“村片”）位于东莞市厚街镇东部，地处大岭山森林公园与横岗水库之间（见图10-7），是东莞市“三心一体”都市核心区的生态

绿心所在地，生态资源丰富。受原交通区位、生态管控等多重因素约束，两村集体经济薄弱，是东莞市经济欠发达社区、厚街镇扶贫村。

图10-7　两村现状实景

2. 主要矛盾和问题

优质资源众多，但分布较为零散。村片位于厚街镇东部生态文旅板块，山水林田资源要素丰富，是厚街镇山水资源最优区域，也是传统革命老区，红色文化景点众多，但生态资源、红色文旅资源等较为分散，尚未形成东莞有影响力的旅游目的地。

交通区位改善，但建设水平落后。大迳村、新围村作为厚街镇关键的出入口之一，交通区位的改善带来资源要素投入的增加，但现状村庄交通联络存在瓶颈。

发展需求兴起，但建设规模存在缺口。交通区位的改善，为两村带来了众多产业和民生项目，建设项目亟须落实，但上位规划安排的建设用地规模明显少于现状建设用地，村庄发展诉求缺乏空间保障。另外，两村93.10%的用地位于原市级划定生态控制线管控范围内，项目落地难。

3. 任务或目标

践行“两山”理论的先行示范。坚定落实生态文明的根本大计，发挥村片山水林田湖草全要素的生态资源禀赋，在充分尊重和保育自然地理格局的前提下，彰显乡村特色优势，推动乡村振兴。

构建东莞村庄规划体系的积极探索。衔接省市“五级三类”国土空间规划体系，补齐村庄规划在东莞详细规划中长期缺位的短板，推动东莞市城乡规划管理从一元向二元转变。以本村片为切入点积极探索东莞市法定村庄规划的编制体系、审查体系、监督体系，有效平衡乡村保护与发展的关系。

编制实用型村庄规划的现实需求。坚持实用管用，切实解决乡村发展过程中的合理需求，提升村庄规划的空间响应能力。系统考虑乡村低效存量用地、村民住宅建设、乡村产业发展、基础设施和公共服务设施落地、乡村风貌特色等村庄现实诉求，切实解决乡村振兴中的实际问题。

（二）规划主要内容

1. 尊重自然地理格局，理顺区域自然环境基础

秉承“绿水青山就是金山银山”的理念，充分尊重村片山水林田湖的完整生态布局，以“延山—引水—归田园”为手段积极推动生态修复夯实环境本底，以水系流域为脉络促进村庄形态与自然环境融合，理顺区域自然环境基础（见图10-8）。

图10-8　生态格局

2. 优化城乡空间组合，激活自然资源发展潜力

基于优良的自然本底框架，聚焦村庄建设要素空间组合方式，从村庄面临的交通混杂、公共服务设施薄弱、风貌缺失三大实际问题出发，切实关注村庄实际建设发展需求，通过规划设计提升乡村的空间品质，激活自然资源的发展潜力，构建乡村保护与发展平衡机制。村庄空间结构布局见图10-9。

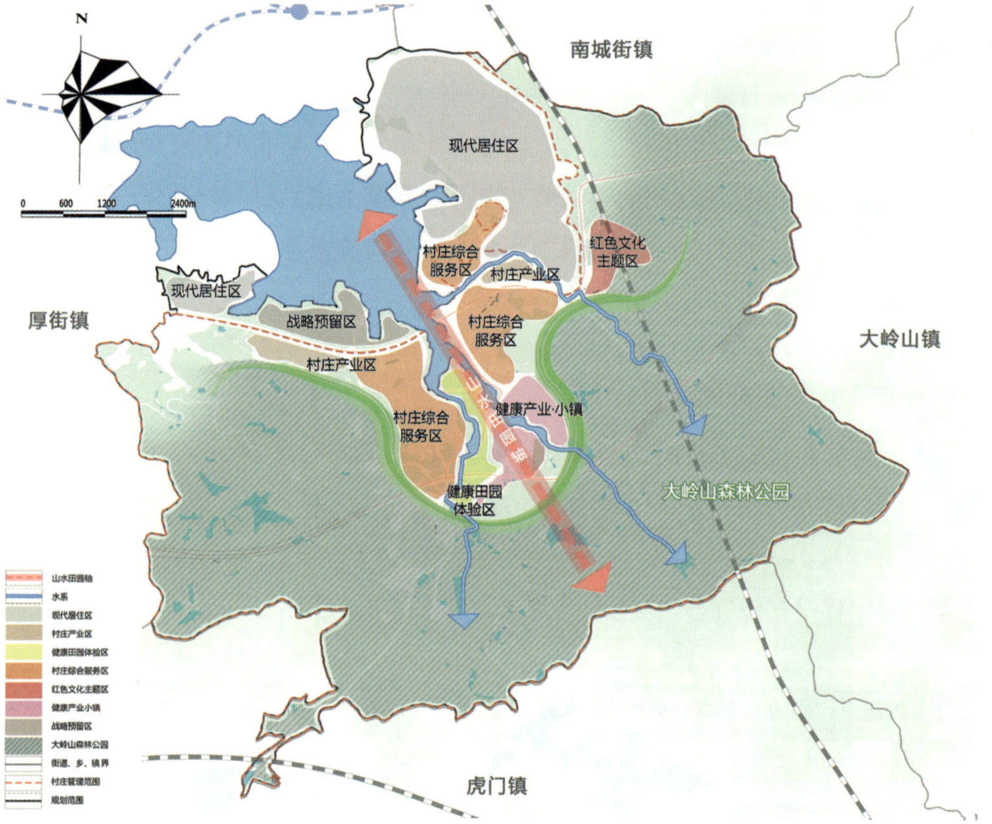

图10-9 村庄空间结构布局

（三）规划创新

1. 统筹资源要素配置，“省—市—镇—村”四级主体共同推进

东莞作为珠三角的先发地区，土地资源消耗巨大。即使在村片地区，“三调”建设用地仍与土地规模存在巨大缺口，仅凭村镇两级难以调动相关土地资源。因此，应合理协同“省—市—镇—村”四级主体，共同优化乡村的土地资源配置。

2. 建立村庄管理范围机制，区别行政村内城镇与乡村建设区

东莞城乡混杂情况突出，行政村范围内均有局部地区被控规覆盖，乡村功能被局部城市化。因此，提出村庄协调范围和村庄管理范围，将已开发的国有建设用地和国土空间规划城镇开发边界划为村庄协调范围，未来编制控制性详细规划，发放建设用地规划许可证。其余保留乡村风貌和乡村生活方式的区域作为村庄管理范围，对接村庄用地管理，发放乡村建设规划许可证。

3. 建立底线动态传导机制，联动镇级国土空间规划协同编制

坚守底线思维，严格落实生态保护红线和永久基本农田保护线。腾退底线内与保护要求不相匹配、不兼容的建设用地，合理举证允许存在于生态保护红线中的具体项目，科学制定耕地潜力补划、底线复垦台账等相关工作。

4. 建立规划实施路径机制，提出“三张图”构建村庄理想蓝图

充分衔接原有土地规划管理的机制特点，探索乡村近期建设图、村庄规划实施图、村庄规划愿景图，构建“三张图”的规划实施路径（见图10-10）。

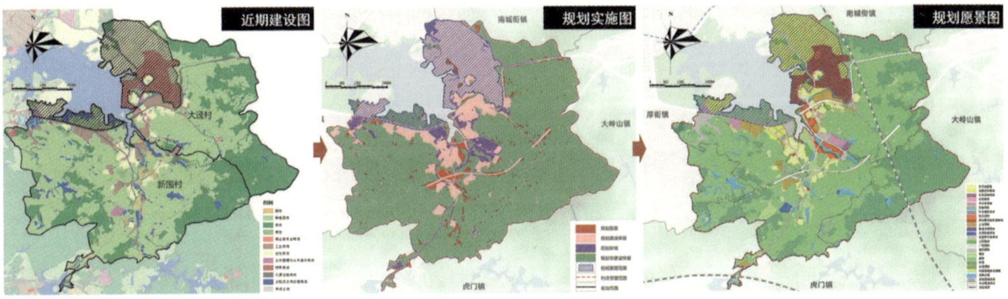

图10-10　规划实施路径

5. 建立乡村详规管理机制，实现乡村地区全域全要素空间管控

区别城市控规的管理方式，体现乡村大面积非建设用地和乡村功能的特性，建立乡村“分区—地块”的两级管控体系。

（四）工作成效

1. 引领支撑成立革命老区乡村振兴专班

成立厚街镇次发达革命老区工作领导小组，协同全镇招商、经发、农林水务等20余个部门共同推动村片乡村振兴，规划成果为全镇的乡村振兴专班工作提供了重要的愿景蓝图和空间保障。

2. 凝聚多方主体，初步形成两村保护发展共识

通过多轮沟通，凝聚了多方主体，对两村发展与保护达成共识，并形成阶段性的土地利用方案，初步形成两村零星建设用地的复垦台账，建设项目有序平稳推进。

3. 初步形成城乡融合地区村庄规划编制方法

通过开展村庄规划工作，把握市、镇构建国土空间规划体系的时间窗口，积极衔接市、镇国土空间规划，切实解决规划与现状冲突明显、管控底线与发展诉求矛盾突出的关键问题，为东莞市构建村庄规划建设管理制度提供样板，也为城乡融合地区村庄规划编制提供技术参考。

三、需求导向，夯实乡村振兴发展基础——江西省赣县区大埠乡大埠村“多规合一”实用性村庄规划

（一）基础情况

1. 村庄概况

大埠村位于赣县区中南部，是大埠乡集镇所在地。大埠村主要有以下三点特色。一是生态基底优良。大埠村背靠峰山国家森林公园，面朝桃江，村内有塘坑河和里南坑河贯穿，森林覆盖率高达78.14%。二是城乡融合发展。大埠乡集镇拥有行政办公、医疗、教育、养老、商业五类镇级公共服务设施，大埠村与集镇实现了设施共建共享。三是红色底蕴深厚。大埠村是大埠暴动主要领导人朱如红故里，也是赣县首个红色政权（赣县南区工农革命委员会）所在地，东侧紧挨着开国上将赖传珠故里大坑村。大埠村村庄格局见图10-11。

但大埠村存在农业基础薄弱、空间格局散乱、常住人口流失、对外交通曲折、乡村风貌不佳等问题。

图10-11 大埠村村庄格局

2. 主要矛盾和问题

优质资源丰富，但利用程度不高。大埠村位于峰山山脚、桃江河畔，森林覆盖率高达78.14%，拥有桃江、里南坑河、塘坑河、里南水库等淡水资源，沿村内主要道路分布着连片农田，自身红色文化底蕴深厚且位于知名度较高的大坑村—下马石村红色旅游线路的延长线。但大埠村生态价值转换程度不高，存在果园侵占公益林的情况，农田撂荒明显，且未能与周边村庄实现联动发展。

村镇共建共享，但村庄活力不足。大埠村是大埠乡集镇所在地，城乡融合程度较高，是大埠乡常住人口最多的村。但村庄产业基础薄弱，村民以外出务工为主，人口外流现象较为严重，空户数量位列大埠乡下辖行政村首位，村庄发展缺乏内生动力。

电站规划赋能，但配套亟待加强。江西省拟在大埠村北部建设国家级抽水蓄能电站，这将为大埠村带来一定的发展机遇，但抽水蓄能电站规划落地涉及196户移民安置问题，需在大埠村内规划配套移民安置区。

村庄宅基地分配存在历史遗留问题。根据“房地一体”调查数据和农村集体经济组织股东情况信息表，大埠村现状符合一户一宅的有486户，占现状总户数的60.22%；一户多宅的有166户，占现状总户数的20.57%；有户无宅的有155户，占比19.21%；无户有宅的有91户，占比11.28%。

3. 任务或目标

探索生态产品价值实现路径。践行“绿水青山就是金山银山”发展理念，处理好经济发展和生态环境保护的关系，因地制宜利用大埠村自然优势发展特色产业，推动生态产业化和产业生态化，让良好生态环境成为经济社会可持续发展的有力支撑，助推乡村振兴。

符合江西省编制“多规合一”实用性村庄规划的要求。确保村庄规划编制内容实用，突出问题导向，着力找准解决村庄存在的建设管控、产业发展、生态修复、宅基地分配、设施配置等重点问题，编制实用性村庄规划，夯实乡村振兴发展基础。

（二）规划主要内容

1. 落实底线管控要求，划定村庄建设边界

承接《赣州市国土空间总体规划（2021—2035年）》（公示稿）及其他底线管控，落实耕地保护目标、永久基本农田保护线、生态保护红线及河湖管理线，在此基础上结合村庄发展需求划定村庄建设边界线，避免村庄无序蔓延。

2. 整合村庄土地资源，优化村庄用地布局

基于大埠村自然生态本底，通过土地整治、生态修复、存量挖潜等方式整合耕地、林地、园地、建设用地等资源，结合国土管制底线优化大埠村土地利用方案，为乡村振兴提供空间保障。

3. 激活村庄发展活力，改善村庄生活空间

依托大埠村优质资源，结合生态价值转换引导村庄多元产业发展，以问题为导向改善村庄道路交通、完善村庄配套设施、整治村庄人居环境，按需分配完成宅基地分配方案，衔接抽水蓄能电站落实移民安置需求，同时提出2021—2025年的近期建设计划。

（三）规划创新

1. 夯实绿色生态本底，推动森林价值转换

大埠村绿色资源禀赋较好，为加快实现生态价值转换，本规划通过开展森林提质修复工程、因地制宜发展林下经济，提高森林生态产品供给能力。针对大埠村非森林区域中的疏林地及现状为灌木林地、其他林地等地区进行提升改造，完成森林提质工程后大埠村森林覆盖率可达80.31%，满足江西省省级森林乡村考核基本要求。根据《中华人民共和国森林法》，选择优良乡土树种对大埠村公益林内现状为园地的区域及现状受灾森林进行修复。结合大埠村周边乡镇现状种植作物，筛选竹荪、灵芝、香芋等作为大埠村林下经济作物，根据种植条件划分种植分区，推动林下经济高质量发展，实现绿水青山变金山银山。

2. 探索宅基地分配流程，完成宅基地精准规划分配方案

大埠村规划的编制难点是如何解决水库移民安置、生态移民安置、增量人口、历史遗留等多种情况的住房需求。本规划基于“房地一体”调查数据和农村集体经济组织股东情况信息表，摸清农村宅基地一户一宅、一户多宅、无户有宅、有户无宅等多种情况，并按照“一户一宅，户有所居”的原则，制定大埠村宅基地需求台账，针对村内住房需求情况分别制定精细化的宅基地分配方案，初步解决了大埠村长久以来的宅基地分配问题（见图10-12）。

3. 紧抓水利风景区建设机遇，实现生态“农文旅”融合发展

结合《峰山国家森林公园建设总体规划》及抽水蓄能电站规划，联动峰山国家森林公园、大坑村打造区域红色研学路径，策划从峰山国家森林公园至大埠乡的30公里徒步游线，以“重走长征路”为主题，打造城镇近郊红色研学徒步游径，强化城乡联动，为大埠乡培育文旅产业引流。同时，在大埠村村内打造滨水

碧道游线和生态旅游游线，打造江背湿地公园、江畔森林公园、才高半山民宿聚落、森林科普营地、脐橙种植基地、象形研学民宿聚落、里南水库观光区及抽水蓄能电站生态旅游景区等节点，活化自然资源（见图10-13）。

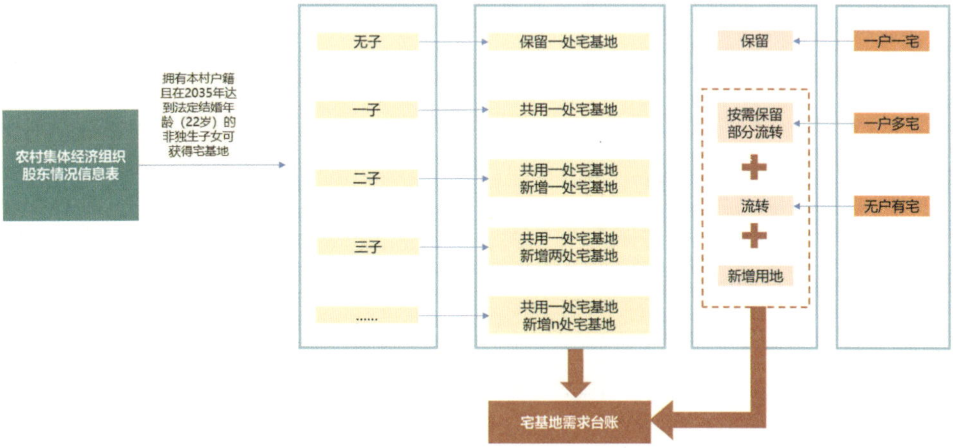

图10-12 宅基地需求及用地分析

图10-13 生态“农文旅”融合发展系列规划

（四）工作成效

1. 保障村庄近期建设需求，明确远期发展方向

本规划通过详细的现场调研和村民访谈，准确梳理大埠村近期拟建的重点项目，包括抽水蓄能电站移民安置、新建自来水厂、停车场、加油站、新时代文明实践广场、乡村道路等公共服务设施和基础设施，结合设计方案在规划层面保障建设用地需求。此外，规划结合大埠村的发展潜力和优势资源，按照“鼓励发展

林下经济，实现绿色价值转换”“打造千亩脐橙园，优化金色农业产业”“推动水利景区建设，实现文旅产业发展”规划思路，明确“农业+生态+乡村旅游”的“农文旅”一体化发展方向，为乡村产业振兴科学谋划若干项目，并通过“图斑+指标”刚弹结合的方式保障近远期用地需求。

2. 探索建设用地存量挖潜实施路径，科学划定村庄建设边界

规划加强与赣州市规划院的合作研讨，融合江西省和广东省的村庄规划编制经验，探索203范围内存量建设空间的挖潜路径：一是挖潜无建构筑物、无法实施“增减挂”立项的空闲用地（即位于村庄203范围内的非建设用地）；二是挖潜现状建成区的低效空间，在此基础上结合宅基地、公共服务设施、基础设施等项目建设需求划定村庄建设边界。

四、依托流域，以碧道重塑生态基底——增城区石滩镇县江河美丽乡村群村庄规划

（一）基础情况

1. 村庄概况

石滩镇县江河美丽乡村群为广东省村庄规划优化提升第一批试点村片，位于增城区石滩镇东面。县江河美丽乡村群北靠增江街，东靠惠州市，南接东莞市，距离石滩镇中心镇区约10公里，距离增城区中心城区约33公里，毗邻县江河、增江河、大埔围花圃特色小镇和增江画廊景区，具有丰富的旅游资源。本案例规划范围为县江河美丽乡村群，包括金兰寺村、水龙村、桥头村、灯坣村4个行政村，总用地面积约1377.25公顷。

2. 主要矛盾和问题

在产业资源方面，石滩镇县江河美丽乡村群拥有耕地6300亩，大部分已集中流转，现代农业发展初现雏形，具备发展“农业+旅游”的基础；在人文资源方面，历史文化底蕴深厚，拥有姚氏宗祠、贝丘遗址等一批特色鲜明的历史古迹资源；在景观资源方面，“水、林、田、塘、城、村”的自然基底良好。

但石滩镇县江河美丽乡村群产业基础薄弱，结构低端，现状产业以第一产业为主，产业发展后劲不足；现状村居空心程度高、一户多宅现象普遍；永久基本农田包围村庄，发展受限，现状建设与建设用地规模管控矛盾较大。

（二）规划主要内容

1. 总体发展定位

石滩镇县江河美丽乡村群的总体发展定位为广东省乡村休闲旅游、田园水乡风情体验优选地，粤港澳大湾区现代农业示范区，增城区城乡融合发展样板区。

2. 空间开发与保护格局

以“滨水休闲+农业种植+农家体验+多彩观光”的“田园水乡”为特色，打造“一心、一带、多片区”的功能格局（见图10-14）。即提供旅游服务、行政商业服务等综合服务功能的综合服务中心；以县江河为依托建设滨水景观带；包括幸福田园现代农业生产和教育观光区、生态湿地景观区、遗址文化科普区、田园观光体验区、都市农业观光体验区、荔枝种植采摘区、城镇品质生活区、现代农业种植区、养殖垂钓体验区等多个功能片区。

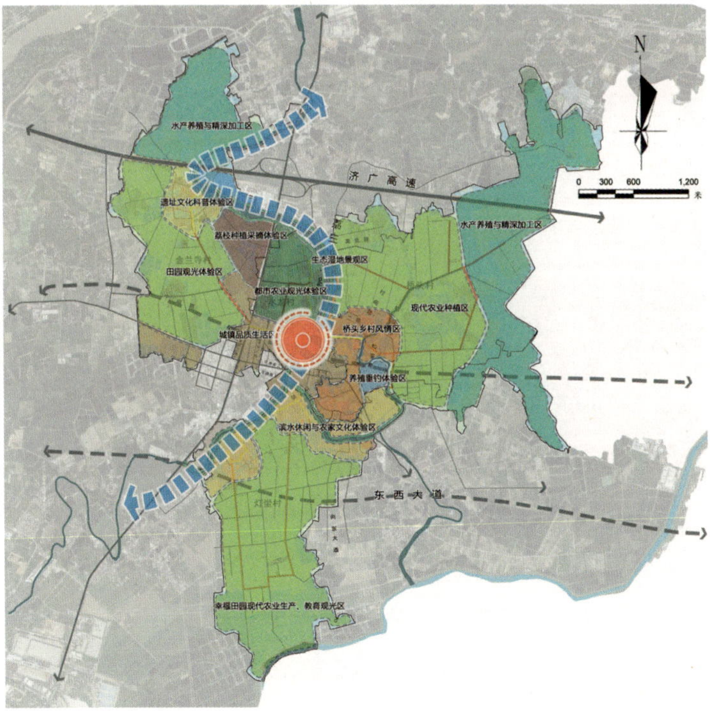

图10-14 乡村群空间开发与保护格局

（三）规划创新

1. 党建引领，以多方协商为路径创新工作方法

党建引领促进政府部门间协作，推动县江河“一河两岸”碧道建设顺利进行。区镇两委及政府高度重视石滩镇村庄规划优化提升试点工作，建立规划、建

设、农林、水利、交通、市政等多部门协同的联动机制，推进试点村庄碧道建设、雨污分流管网建设等项目顺利建设。

搭建多方协商共治平台。由区镇政府与相关职能部门、村委、村民、设计单位共同组建工作坊，开展多部门沟通、多次现场调研和访谈、多次村民参与式讨论等活动，通过沟通、理解、认可、妥协，使各方对村庄未来发展方向、目标愿景达成共识（见图10-15）。本次规划优化提升通过共同缔造工作坊征询村民发展诉求，并与村民共同探讨解决方法，充分考虑村庄实际，衔接各相关规划要求，融合能够动用的资源和村民的意向，通过共同缔造工作坊与村民共同进行村庄规划方案设计，完善村庄近期建设项目库，保障村民的主体地位。

图10-15　多村协商共治合影

2. 流域统筹，开展以乡村群为单元的村庄规划

第一，以镇为单位，围绕县江河流域连线成片的4个行政村统筹规划，解决乡村耕地分布碎片化、建设用地利用低效化、生态用地退化和空间布局无序化等多重问题。

第二，统筹规划乡村群的生产、生活、生态空间，明确全域全要素管控要求。在生产空间方面，落实耕地保有量和永久基本农田保护任务及管控要求，优化产业空间的布局；在生活空间方面，划定村庄建设边界线，统筹完善公共服务设施和基础设施等配套设施建设，落实“一户一宅”政策并提出宅基地管控要求，划定乡村历史文化保护线；在生态空间方面，落实生态红线要求，加强县江河“一河两岸”整治建设以重塑生态文明。

第三，以乡村群为单元对建设用地、耕地保有量等进行统筹优化调整，谋划乡村群产业共建、设施共享。以“三调”为基础，优先用原有的土地解决乡村群的“三调”及存量用地的缺口，除新增的71亩建设用地外，乡村群建设用地不再增加，调整各村的用地布局和规模。根据“三调”实际，调整各村的耕地保有量任务，以乡村群为单元完成耕地保有量任务。发展“一村一品”，共同构建乡村群集农业种植、田园观光、人文体验、科普教育、展贸电商于一体的完整的一二三产业融合发展的产业体系。构建片区—村两级公共服务体系，乡村群共享片区级的公共服务设施如中小学、敬老院、医院等教育医疗、社会福利设施。

3. 区域联动，以碧道建设为抓手促人居环境提升

以县江河“一河两岸”碧道建设为契机，接入省市万里碧道，衔接《县江河“一河两岸”整治概念性规划方案》，以“碧道水乡”为主题，构建“滨河风光体验+村庄风光体验+田园风光体验”的完整碧道线路体系，推进县江河“一河两岸”整治和碧道建设，促进乡村群人居环境的整体改善和提升，实现区域联动发展。

（四）工作成效

1. 建立起“共谋、共建、共治、共评、共享”的共识

本案例规划已开展多部门沟通、多次村民参与式讨论等共同缔造活动，建立起自上而下的多部门联动和自下而上的村民积极参与的沟通协调机制。通过发动规划参与、方案咨询等多种类型活动，动员村民参与，挖掘了一批乡贤能人、老党员、热心村民，协助设计团队深入了解村庄发展历史、县江河的原始风貌等村庄内涵，共谋村庄规划设计方案，建立起“共谋、共建、共治、共评、共享”的共识。

2. 优化调整村庄用地布局，助推碧道规划落地

通过多部门联动协调，推动县江河“一河两岸”碧道建设、市政设施配套建设等项目顺利进行。通过存量挖潜、腾挪建设用地，对乡村群整体用地布局进行优化调整，做好用地预留，助力县江河“一河两岸”建设项目包括公园、游船码头等项目落地实施。

3. 结合土地流转政策机制，发展“农业+旅游”的一三产业融合产业体系

整合乡村群的土地资源，结合土地流转政策机制，发展水稻、蔬菜、水果等规模化种植，打造农业大地景观和果蔬种植采摘基地、科普基地，发展“农业+旅游”的一三产业融合产业体系。目前试点范围内土地已基本流转，幸福田园现代农业产业园、葡萄采摘园、蔬菜种植采摘基地已具有一定规模，农业科普基地、育苗基地建设正在进行中。

第二节 历史文化类

一、活化畲族特色资源，助力村庄发展——深圳市深汕特别合作区鹅埠镇红罗村村庄规划

（一）基础情况

1. 村庄概况

红罗村位于深圳市深汕特别合作区西部组团罗裙山脚下，邻近下径水库，是深汕特别合作区唯一的少数民族聚居村寨。红罗村距离鹅埠镇区约4公里，离深汕高速白云仔出入口约7公里，可快速到达周边各城镇。根据《深汕特别合作区农村居民点规划》，红罗村被划定为保护开发类村庄，村域面积约159.25公顷，现有1个自然村，户籍户数37户，总户籍人口258人。

2. 主要矛盾和问题

（1）快速城镇化建设与村庄发展的矛盾。

深圳全面主导接手后，深汕特别合作区正式进入快速发展阶段，鹅埠镇作为核心先行启动区，区位带来的土地资源价值彰显，同时，红罗村保留着完好的传统村落及风俗习惯，人文资源极具特色，在此背景下如何统筹指引片区发展，合理安排建设空间、严格保护合作区生态本底、科学谋划乡村地区发展方向、统筹城乡发展、指引近期项目落地，是亟须解决的主要问题。

（2）现状基础薄弱与打造畲族特色的矛盾。

红罗村村庄内有丰富的自然资源、生态资源、历史文化资源，特色鲜明，但由于村庄内缺乏公共服务配套设施和基础设施，村庄建设管理不当，资源没有得到合理的开发运用，造成资源浪费。畲族特色仅有非物质文化部分得到流传，物质寄托已难寻踪迹，没有释放出畲族特色资源的潜力价值。

（3）现状用地紧张与发展空间需求的矛盾。

红罗村村域总面积159.25公顷，生态空间150.02公顷，占比94.20%，生态基底

较好（见图10-16）。但山下居民点建设面积仅有1.25公顷，其中农村宅基地面积1.13公顷，剩余建设空间紧张，可建设面积过小，未来村庄经营性用地发展及村民住房权益需求保障难度大，土地现状、生态保护与发展需求之间矛盾明显。

图10-16　村庄居民点现状实景

（二）规划主要内容

1. 深入调研村庄现状，全面梳理村域内国土资源条件

以“三调”数据为基础，通过现场踏勘与访谈，了解村庄发展历史、人文特色及建设现状情况，梳理全域各类国土资源现状情况及生态环境资源条件，开展村域开发建设适宜性评价，研判村庄发展建设可利用的用地空间、生态保护和农业发展空间。

2. 多规协同、片区统筹，明确村庄发展定位及边界

全面对接深汕特别合作区总体规划纲要、土地利用总体规划、综合交通规划、鹅埠南门河以北片区控制性详细规划等相关规划方案，依据村庄的现状资源禀赋及片区整体规划情况，落实道路、市政等基础设施布局，保护生态环境，以土地集约利用原则划定村庄居民点范围边界。

3. 深挖特色文化资源，明确村庄未来发展定位方向

通过村民访谈、文献资料查阅、国内案例研究等多种方式，深入分析研究红罗村少数民族文化特征，挖掘山地狩猎文化、凤凰文化、语言文化、盘瓠文化及姓氏文化等特色畲族文化内涵，以红罗村自身本底生态优势资源及畲族文化为主题抓手，提出打造“精致畲文化、多彩山休闲”的畲族风情运动度假村落的发展方向，明确小而特的精致畲文化体验为红罗村未来文旅产业发展的核心主题。

4. 重塑村域发展格局，完善产业布局，引导弹性发展

以村庄三段迁居历史和畲族民族特性为基础，构建“一轴三核”的村域发展格局，融合山上山下不同资源属性于山地自然风光，打造文化与自然融合共生的特色风貌景观，合理布局村庄产业用地，保障村集体发展的建设用地需求。优先围绕现状居民点打造山下服务核心，通过再现畲族文化以及完善基础服务后再依序发展山上空间，打造产业核心和资源核心，提供“文、吃、住、动、医、养”一体化产业发展服务功能；同时，导入建筑、生态、乡村文化等优势资源，丰富产业链条，引导未来消费群体集聚，提升畲族文化感知，活化历史空间场所（见图10–17）。

图10–17　村域发展结构规划

5. 保障村居用地，完善基础设施，促进村庄服务现代化

依据相关政策预测村民分户需求，充分考虑村民一户一宅和依山而居的习惯诉求，以人口定规模，划定村庄宅基地范围边界，同时引导村民利用闲置宅基地建房，并预留弹性住房建设空间。规划配置现代化村庄公共服务与基础设施，促进村庄的基本公共服务与城市标准统一，统一规划、建设、管护；在形态上保留

乡村风貌，在治理上体现现代化水平。

（三）规划创新

本规划特色提升主要是深挖畲族特色文化资源，再现资源，活化利用，助力村庄发展。红罗村居民点历经两次搬迁，在历史变迁过程中，红罗村畲族传统建筑形态及特色生活空间场所逐渐缺失，少数民族文化特色内涵可识别性较弱，通过村民访谈、文献资料查阅、国内案例研究等多种途径，深入分析研究红罗村少数民族文化特征，挖掘山地狩猎文化、凤凰文化、语言文化、盘瓠文化及姓氏文化等特色畲族文化内涵，系统梳理红罗村少数民族村寨的物质文化与非物质文化资源，通过村域空间系统的规划设计，挖掘活化畲族特色资源，打造高识别性的特色少数民族村寨，并为村庄未来发展确定方向，在保护生态环境的前提下预留足够的发展空间。

规划以红罗村自身本底生态优势资源及畲族文化为主题抓手，提出打造“精致畲文化、多彩山休闲”的畲族风情运动度假村落的发展方向，明确小而特的精致畲文化体验为红罗村未来文旅产业发展的核心主题。

通过将畲族手工彩带、编织、服饰、图腾等传统工艺产品与现代潮流设计结合，打造兼具民族特色与实用价值的生活及装饰用品，打造特色畲族手工文创展示及零售空间，以畲族风情元素为设计原型，创造并延伸出布袋、海报、画袋、纪念卡等多元文创产品，既弘扬畲族悠久历史文化，也给游客新的文创购物体验（见图10-18）。

图10-18　畲族文创购物体验

借鉴畲族悬草寮及土木房屋结构设计民宿建筑形态，多用畲族元素、凤凰元素来装饰点缀家具、装饰画及陶瓷、布艺、灯饰等其他物件，打造畲族特色民院群落。从入住畲族特色民院群落开始，就为游客提供沉浸式的住宿体验，从热情的迎宾敬茶、迎宾大礼，到观赏具备畲族风情的民族舞蹈，随后换上畲族的服饰融入当地的生活，到最后带走畲族的纪念礼品，为游客提供多元化全场景的畲族体验。

通过以畲族文化挖掘为基础活化山上旧村附近畲族资源，打造畲族食坊、畲族茶室、古畲医堂、畲舞剧场等项目设施。游客可在畲族食坊体验畲族风味菜品制作过程并品尝畲族具有特色的乌米饭、菅叶粽、糍粑等特色食品，打造畲族特色餐饮业态；通过畲族茶室了解畲族茶叶赏析、茶具赏析、茶礼科普、茶艺表演、制茶体验；通过古畲医堂和特色的畲医会诊，感受畲族医药体验特色（见图10-19）。红罗村更通过融合畲族特色歌曲、民族舞蹈、策划活动、体育项目等内容，依托山上森林自然剧场以歌舞话畲。

图10-19　畲族生活场景多元化体验

（四）工作成效

1. 明确村庄建设边界，指引村民一户一宅建设选址

红罗村规划在现状居民点的基础上划定宅基地用地规模1.58公顷，预留弹性宅基地规模0.22公顷（见图10-20），可满足红罗村村民近远期住房建设用地需求，同时引导近期建房诉求强烈的12户村民在现状宅基地范围内通过利用现状闲置宅基地、旧宅重建等方式，依据“一户一宅”政策申请住房建设。

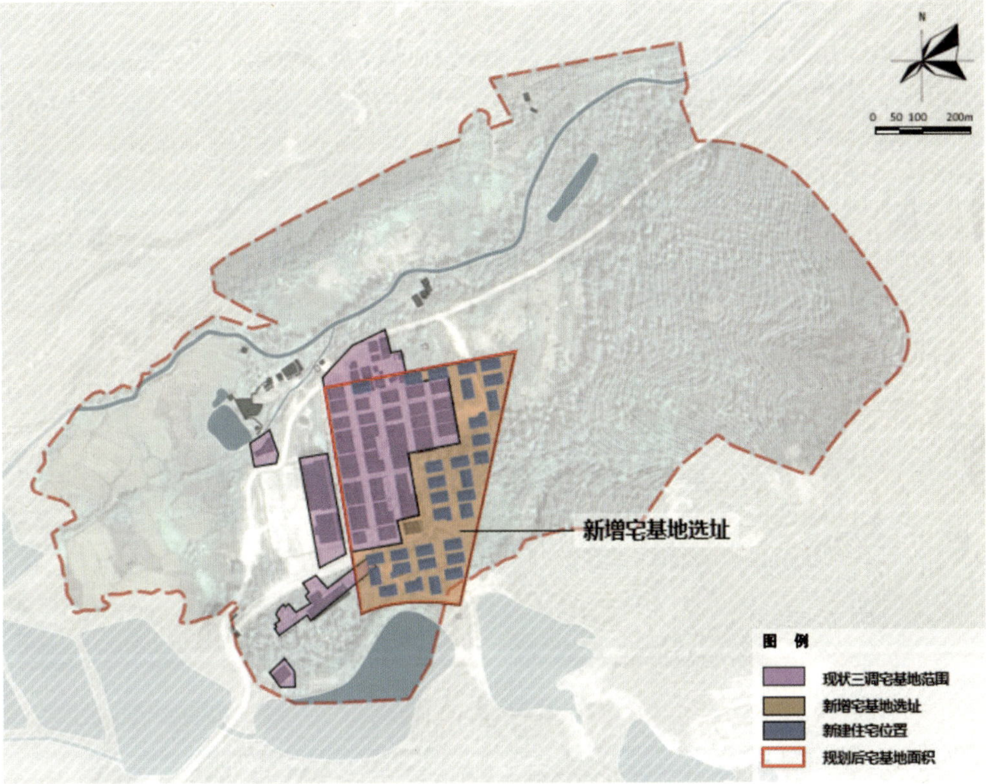

图10-20　划定村庄宅基地范围边界

2. 对接乡村振兴建设工程项目，指导公共基础设施布局

结合深汕特别合作区乡村振兴工程、村村通道路、“三清三拆三整治”、EPC项目等具体实施项目未来在村庄的建设设施，规划配置现代化村庄公共服务与基础设施，促进村庄的基本公共服务与城市标准统一，并统一规划、建设、管护，在形态上保留乡村风貌，在治理上体现现代化水平，其中EPC工程六大基本项总投资1282.2万元。在村庄规划的指引下，指导针对村庄主要公共空间、建筑立面、基础设施等的整治工作，实现部分公共空间的美化提升、村庄展示界面的整洁统一、村庄道路全面硬化、道路照明设施与绿化基本完善，并实现了村庄雨污分流，垃圾收集站、公共卫生间也得到了修缮美化（见图10-21）。

3. 获得村民代表大会认可，形成可复制可推广的规划成果

规划方案设计时，设计师多次与村民代表沟通，宣讲村庄规划编制的工作要求、规划思路、发展设想，解答相关政策要求，获得村民代表对规划方案的理解与认可，最终形成接地气、农民看得懂、体现深汕特色的“多规合一”实用性村庄规划成果，成为实施成效明显、示范作用好的村庄规划案例之一。

图10-21　红罗村环境综合整治实景

二、传承红色基因，讲好南山故事——揭阳市揭西县南山镇村庄规划

（一）基础情况

1. 村庄概况

本村片位于揭阳市揭西县南山镇镇区以北，规划范围包括榕光村、上寮村、关西村和火炬村4个行政村村域（见图10-22），总用地面积1620.24公顷，2020年末乡村总人口8685人，共1941户。

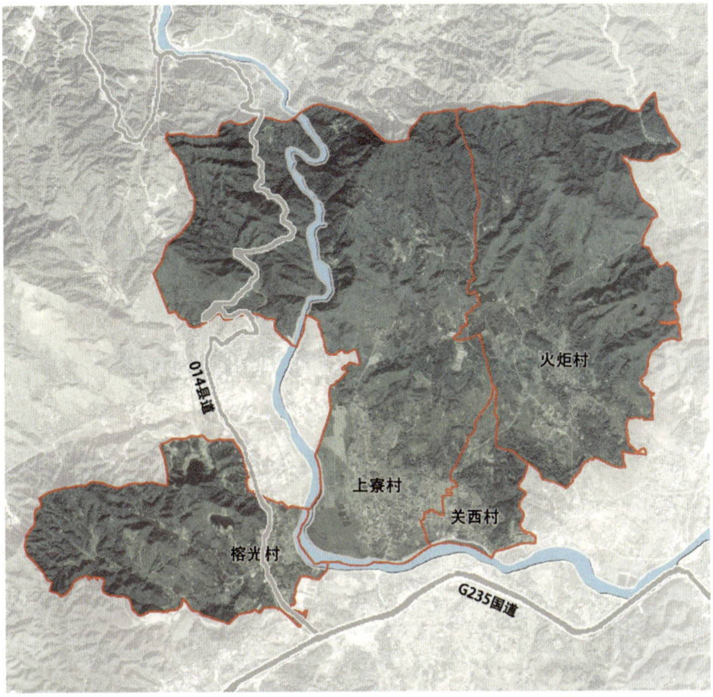

图10-22　揭西县村庄规划优化提升试点范围

绿水青山传递潮客风情，村落文脉涌动红色基因。连片试点村生态本底优越，地处广东莲花山脉南麓，当地潮客文化交融，侨乡文化浓郁；同时，又以红色文化特色最为突出，火炬村、关西村和榕光村红色底蕴深厚（红色文化资源分布见图10-23）。火炬村作为红色革命圣地，在革命战争年代有着“小延安”之

图10-23　全域村庄红色文化资源分布

称，留有众多革命旧址，如潮汕人民抗征队司令部、抗征队军政法庭、监狱看守所、后方临时医院、抗征队兵工厂、抗征队弹药库、革命部队驻地龙跃学校等旧址。村片在大北山国家森林公园绿色生态资源环绕的背景中形成“万绿丛中一点红”的资源特色。目前，火炬村正以发展红色旅游开启新的征程，一步一个脚印打造成区域内集红色旅游、传承红色革命基因的红色教育基地。

2. 主要矛盾和问题

（1）缺乏连片统筹。

村片资源丰富且各具特色，其中火炬村红色文化资源已得到较为充分的保护利用，而其他村庄内存在部分具有潜力的资源尚待挖掘利用，现状缺乏统筹规划，使得各资源点分散发展，无法充分发挥现状资源的优势。

（2）产业亟待发展。

村片除火炬村初步发展红色旅游产业之外，其余各村均以农业为主导产业，经济较为薄弱，产业用地单一，乡村产业亟待振兴发展，以期为村民增加收入来源，进一步提高村民收入与生活水平。

（3）品质尚待提升。

村片前期已开展新农村建设、美丽乡村建设和贫困村建设等多轮乡村振兴建设，现状公共服务设施与基础市政设施均较为完备，但部分村庄市政设施需进一步完善，村庄人居环境尚有提升空间。

（二）规划主要内容

规划通过资源挖掘、连片统筹、特色彰显三步走，以整合片区资源、保障项目落地、促进产业发展、改善村居环境为目标，打造揭西县中部红色乡村文化旅游区，形成山水宜居的生态村庄、创新经典的红色村庄、简约特色的田园村庄。

1. 资源挖掘

（1）资源保护梳理。

挖掘全域范围内的历史文化资源点，梳理出已纳入文物保护单位与尚未纳入保护管理体系的历史文化资源点，以村庄规划作为完善广大乡村地区历史文化保护工作的切入点。针对现状已认定的文物保护单位，落实核心保护范围和建设控制地带，制定管理规则；针对在调研过程中发现的未经保护名录认定的文化旧址建筑，在村庄规划中进行相关信息的梳理，依据建筑本体划定核心保护范围，呼吁对尚未认定的历史建筑进行抢救性修复。

（2）资源利用策划。

规划将现状各具特色但分散分布且尚未利用的资源进行深入挖掘，重点围绕“红色”主题策划布局多个项目（见图10-24）。活化利用一批红色文化资源，策划红色研学、历史科普、场景体验、素质拓展等项目，将部分闲置的红色文化旧址建筑纳入试点片红色文化整体体验活动策划中。策划提升一批生态景观资源，建设碧道、公园、驿站等改善乡村人居环境、提升旅游景观品质。谋划升级一批农业产业项目，通过第二产业、第三产业项目的谋划拉长第一产业的产业链，以百香果、枸杞、山药等当地农业种植为基础，谋划引入农产品深加工项目以增加农特产品附加值。

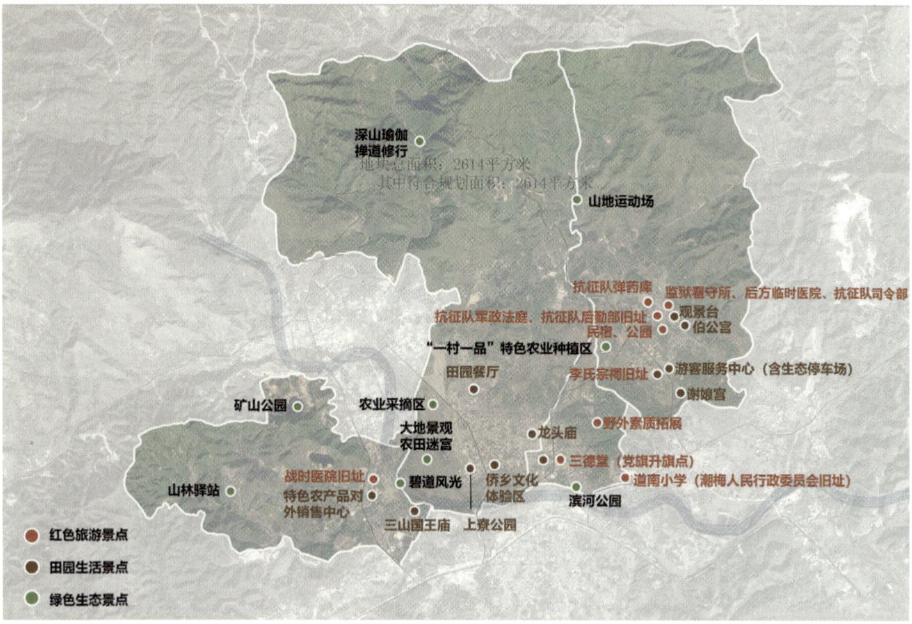

图10-24　全域项目策划布点

2. 连片统筹

跳出传统村庄规划仅以单个自然村为规划对象的方式，对村片整体片区进行连片统筹考虑。第一，区域联动。借助区位条件，带动片区发展。抓住片区所处的区位与环境特征，连通市县交通廊道，利用市县两级带动该村片发展，打造文化生态经济产业发展链。第二，三产联动。以第一产业为基础、第二产业为拓展、第三产业为主导，谋划项目布点，组织主题游径，实现三产联动发展。第三，四村协同。借势各自特长，叠加优势互补。四村有各自的资源、区位和产业特长，通过连片统筹将四村优势统筹形成组合拳，在发展上形成“1+1＞2”的效果，同时在建设上形成各自的侧重点，避免重复建设。

（1）游径统筹带动产业联动发展。

塑造以线串点、连点成面的形式，推出“星火燎原红色路、炊烟袅袅田园径”两条主要游览路径，以及“碧水蓝天灰寨水、绿色采摘养生行”的次要旅游路径。通过主题游径组织的方式将生态、农业、民俗文化等资源与红色文化主题进行串联，在融入区域绿色生态旅游、扩大现状红色文化旅游优势的同时，使得当地农业产业、民俗观光等其他产业得以借势发展。

（2）设施统筹推进片区协同建设。

从全域角度考虑公共服务设施的共享性，行政村之间差异化建设公共服务设施，形成公共服务中心、旅游服务中心、一般服务中心的片区公共服务体系（见图10-25）。第一，规划上寮村为公共服务中心，服务对象主要为试点村村民，以布局乡村公园、敬老院等村庄生活服务配套设施为主；第二，将旅游资源集聚、旅游业发展已有一定基础的火炬村规划为旅游服务中心，服务对象主要为外来游客，以布局游客服务中心、停车场等旅游服务配套设施为主；第三，在其他村庄建设基础完善的一般服务中心，满足乡村居民基本公共服务需求。

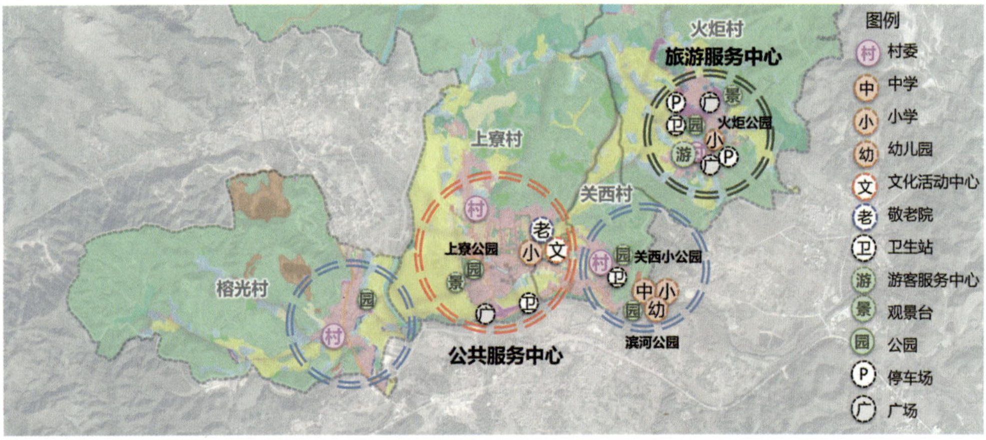

图10-25　全域公共服务设施协同规划

（3）用地统筹保障发展意图落地。

在总体规模分配方面，规划工作针对二类新增建设用地规模来源，按用地类型与建设时序推进规模落实。其中，省级支持建设用地规模用于保障规划农村宅基地用地、基础设施用地和产业用地；市级国土空间规划预留规模用于保障村庄近期需要建设的揭阳市重点项目“五个一工程”，并在县级国土空间规划中予以落实。

在产业用地布局方面，统筹安排村片产业用地布局，通过用地规模、用地性质、项目策划三方面的规划引导，保障村片产业用地的落实，同时结合乡村产业发展具有不确定性的特点，在产业用地保障方面探索“留白”机制的运用。

针对已有较明确建设意向的产业项目，如揭阳市“五个一工程”重点项目，规划按建设意向落实产业用地规模、明确用地性质、对接产业项目策划意图。

针对尚未有较明确建设意向，但交通区位便捷或用地条件适宜等潜力较好的用地，规划采用落实用地规模，但暂不落实用地性质的方式预留留白用地，并因地制宜地给出各留白用地未来可切实考虑落地的产业策划建议，在充分给予镇村产业用地功能弹性的基础上，合理引导产业用地布局高效合规。

3. 特色彰显

本案例的规划特色提升主要是深挖红色文化资源，串珠成链，策划星火燎原红色路。基于火炬村红色文化旅游基础，开发村片其他村落中尚未利用的红色文化资源点，提升红色文化体验参与感。讲好红色故事，做好红色体验，传承革命初心，助力村庄发展。

串联红色文化资源，形成红色文化“故事线”。规划基于村片集中分布的红色资源，梳理资源点的历史脉络与革命事迹，为讲好红色故事奠定基础。有序串联抗征队军政法庭、抗征队后勤部旧址、监狱看守所、后方临时医院、抗征队司令部、抗征队弹药库等多个景点。同时，规划扩大红色文化资源点的串联范围，将邻近的关西村中的两处红色历史建筑纳入红色旅游范畴，进一步由村片延伸游线至大北山区域内的天宝堂潮汕人民抗征队诞生地旧址，将村片红色文化旅游与区域旅游联动发展。

完善配套服务设施，支撑红色旅游产业发展。鉴于村片红色文化旅游产业的蓬勃发展之势，规划重视完善村片红色文化旅游配套设施。规划结合火炬村村委设置片区游客服务中心，致力于打造成为一个集活动信息咨询、旅游交通换乘、导游咨询讲解、旅游产品展销等服务于一体的综合服务中心；重点落实市级重点项目“五个一工程”，包括一个民宿、一个观景台、一个公园、一个停车场、一条道路，补全现状旅游缺乏食宿配套的短板，解决旅游停车集散问题，提升红色旅游片区的交通可达性。

（三）工作成效

1. 红色涌动，梳理利用红色文化资源

本案例村庄规划试点工作通过全域资源摸底调查，梳理、发现并活化利用了一批红色文化资源。规划提出历史建筑修缮保护建议，推进红色历史建筑保护工作的开展，通过功能升级与项目引入实现活动赋能，为村片整体红色文化旅游的发展提供了项目策划与游线组织的建议。

2. 产业兴旺，助力红色项目落地

针对揭阳市重点项目“五个一工程”，本案例村庄规划试点工作在落实市级重点项目用地规模的工作上，推进市县镇村四级层层联动，通过规划工作有效推动解决市重点项目用地规模的落实，发挥村庄规划实用性的特征。规划方案落实了主题民宿、观景台、公园、停车场、旅游道路等重点项目选址范围，助力村庄顺利开展“一本好书、一部电影、一出大戏、一套纪录片、红色基因数据化”工作，讲好红色故事。

3. 乡风文明，树立农村新风貌

规划引导村庄公共空间品质提升，改善乡村公共文化服务设施，新增火炬村文化广场、人民大食堂、老人活动中心、红色主题公园等公共服务设施，充分发掘和弘扬村片深厚的红色文化底蕴，强化历史文物的保护与利用，打造独有的乡风文明建设品牌，以品牌彰显村庄特色。

三、粤北传统村落保护与发展的探索实践——仁化县城口镇（上寨村、恩村、东罗村、厚坑村）村庄规划案例

（一）基础情况

1. 村庄概况

本规划范围是由城口镇上寨村、恩村、东罗村和厚坑村4个行政村组成的乡村群（见图10-26），位于城口镇南部，南至仁化县城约35公里，距离北侧城口镇区仅4公里。城口镇是以红色文化为引领的红色小镇，着力打造“红色+古村”产业链。乡村群内上寨村、恩村和厚坑村均为红色革命老区，是红军长征的重要节点，是城口红色小镇的重要组成部分和核心范围；恩村也是传统古村落，历史悠久，村内古树、祠堂、古桥等古建筑较多。乡村群地处粤北山区，属山地丘陵型地带，以山地为主。下辖34个村小组，土地总面积约11645公顷，2019年共1147户，户籍人口5508人。村内产业以种植业为主，属于典型的农业型村庄。村内历史资源丰富，拥有县级文物保护单位4处、非物质文化遗产3项。

2. 主要矛盾和问题

保护与发展矛盾突出。随着村庄的发展，村庄产业、公共服务设施、村民住房等用地需求日益强烈，但现行规划在空间布局上对用地需求表现出“堵”有余、“疏”不足的状况，容易滋生违规建设现象。需通过“多规合一”实用性村

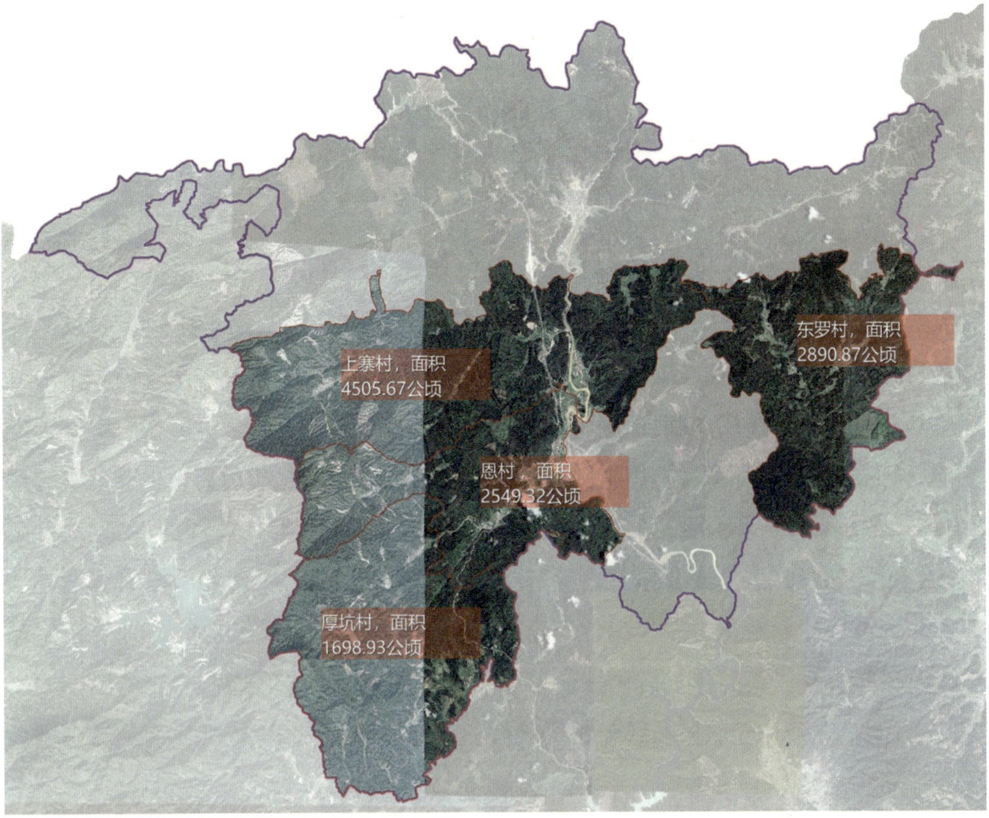

图10-26 乡村群规划范围

庄规划的编制，优化村庄生产生活生态空间，解决村内合理用地需求，并对耕地、生态环境、历史文化资源等作出刚性管控，引导村庄健康发展。

村庄特色引导不足。村内自然资源和历史文化资源丰富，但缺乏统一管理和规划。恩村、上寨村、厚坑村是长征国家文化公园的长征村落，但红色基因挖掘不足，对优势资源利用不够。恩村作为传统村落，古建筑较多，但村内新旧建筑杂乱、建筑风格和形式多样，村庄景观风貌缺乏有效引导，村庄特色不明显。

（二）规划主要内容

1. 底线管控，空间整合

严格落实生态保护红线，分类处理范围内冲突图斑。乡村群内与生态保护红线冲突的建设用地面积共1.95公顷，主要为采矿用地、公路用地和农村宅基地，按照生态保护红线的管理规定进行分类处理。例如对生态保护红线内的采矿用地进行复垦复绿；对农村宅基地进行逐步复垦腾退，制定腾退计划，并将腾退出的建设用地用于村民住房集中建设。

摸清永久基本农田现状和补划潜力，严格落实保护任务。根据“三调”现状地类，永久基本农田内纯耕地面积为195.70公顷，即可恢复面积为212.72公顷，工程恢复面积为125.36公顷。永久基本农田外纯耕地面积为43.09公顷，其中已划入永久基本农田储备区3.24公顷，储备区外纯耕地面积为39.85公顷，将作为重要的永久基本农田补划潜力地块。

划定乡村建设范围线，防止农村建设用地无序扩张。以不占生态保护红线及永久基本农田为前提，结合村庄地形地势和村民建设意愿，在各村集中建设区周边划定乡村建设范围线，防止农村建设用地无序扩张。

2. 文化传承，产业融合

划定历史文化保护线，提出保护管控要求，传承文化。按照古村历史遗迹现状特征以及历史文化名镇名村保护规划的相关规定，划定乡村历史文化保护线。在恩村传统村落划定核心保护范围、建设控制地带两个层次的保护范围，并落实4个村庄的各级文物保护单位保护范围，综合形成各村庄的乡村历史文化保护线（见图10-27）。

依托村庄资源优势，优化产业组织模式，三产融合。根据乡村群内各村资源优势，优化乡村群产业组织模式，以农旅融合为方向，以“农业种植观赏+传统古村文化+红色革命传承+生态休闲旅游”为抓手，产业联动发展，实现乡村群内农业产业化、乡村景区化。

结合各村资源特色，打造特色旅游线路，串珠成链。依托乡村群内各村的资源特色，充分发挥村内丰富的历史文化资源优势，将万亩竹海基地、传统建筑群、温泉度假及铜鼓岭阻击战遗址等景点串珠成链，打造具有地方特色的旅游线路。

3. 风貌塑造，品质引领

彰显特色，打造丰富多彩、古韵悠长的岭南民居。根据《仁化县建筑风貌暂行管理规定》，农房建设样式建议参考农村住宅建筑设计方案图集，对农村住房的建筑风格、建筑色彩、建筑元素及组合形式等进行风貌引导，塑造具有仁化特色的城市建筑风貌。新民居建设方案见图10-28。

融入自然，构建宜居宜游、山水相映的美丽乡村。以恩村为线索，弘扬古村文化；以锦江为纽带，塑造沿河景观。

（三）规划创新

1. 统筹分配乡村群规模，精细化解决用地需求

将4个行政村作为一个乡村群进行全盘考虑，梳理乡村群内的闲置低效用地，

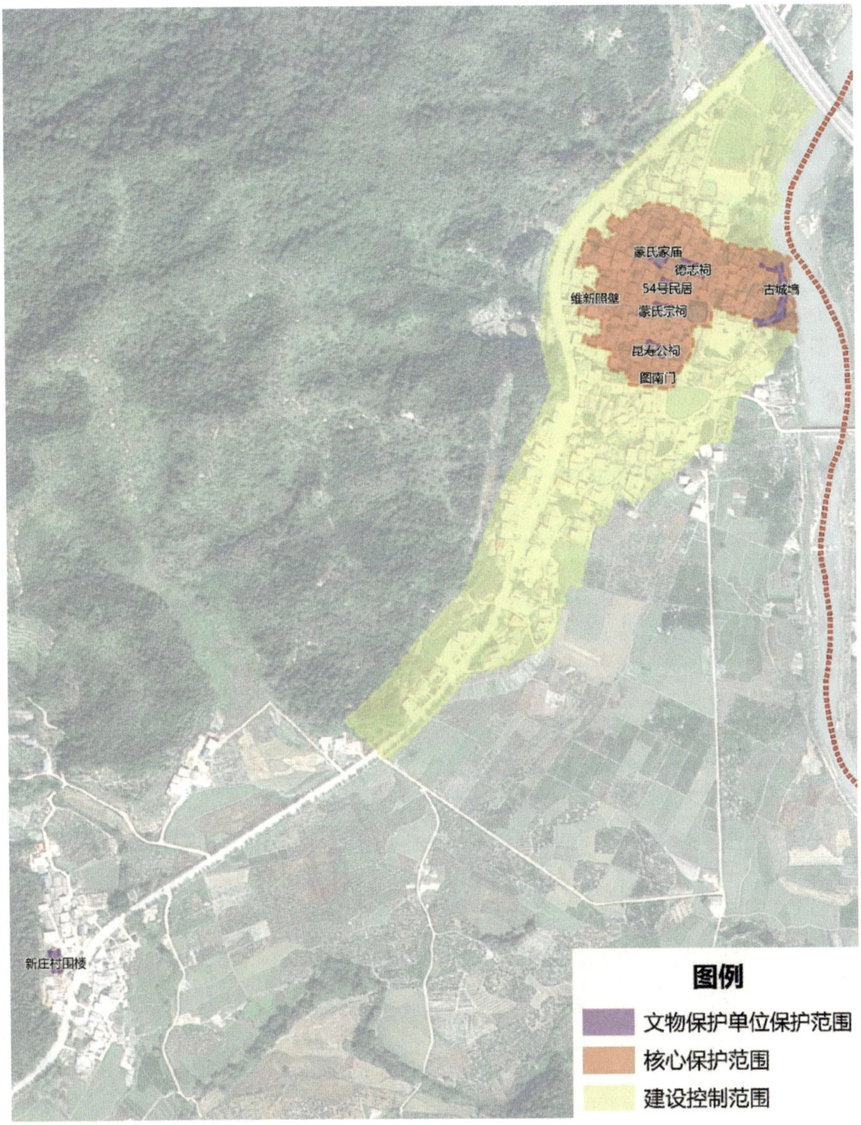

图10-27 恩村乡村历史文化保护范围

盘活空心村，摸清各村现状及产业项目、宅基地等用地需求台账，统筹分配乡村群内建设用地总规模。

2. 多角度提出优化提升策略，探索具体实施途径

结合村庄存在的主要问题，从底线管控、文化传承、节约集约、风貌塑造四个角度提出优化提升策略，并探索具体的实施路径。

3. 探索不同方式“留白”机制，提高规划弹性

对乡村群进行“留白”机制包括规模留白和功能留白的探索，并明确留白用地的使用限制和要求，以保障村庄未来发展的弹性空间。

图10-28　新民居建设方案

（四）工作成效

1. 助推乡村振兴，挖掘“生态+古村+红色”资源

在上一版村庄治理规划的基础上优化提升，依托村庄自然生态、古村落、红色基因等资源优势，以自然风光、城口红色特色小镇和恩村传统古村落为重要抓手，优化产业组织模式，以农旅结合的方式，带动乡村群内产业的联动发展，保

障村内产业项目的落地实施。

2. 空间刚性管控及发展引导，实现保护和发展双赢

保护与发展一直是困扰村庄前进的平衡石，在“多规合一”的政策背景下，强调生态保护、耕地保护、历史文化保护等刚性管控要求的同时，对村内宅基地、公共服务配套及产业项目等合理需求进行空间布局引导，并予以用地保障，同时探索“留白”机制，为村庄未来发展留有一定弹性空间，谋求“在保护中发展，在发展时保护”的平衡点。

3. 改善人居环境，提升村庄活力和动力

进一步改善和治理村容村貌，在提升村民生活品质的同时，吸引更多产业项目和游客入村，为乡村群农旅结合产业之路打下基础，也为返乡创业青年提供动力，为村庄注入活力。

四、品质引领，重塑瑶寨——连南瑶族自治县大坪镇大掌村和大古坳村乡村群村庄规划

（一）基础情况

1. 村庄概况

大掌村和大古坳村乡村群位于清远市连南县瑶族自治区大坪镇内，距离县城三江镇仅16公里。大掌村、大古坳村四面群山环绕，层峦叠翠，村内的瑶排梯田国家湿地公园是连南乃至南岭最具代表和集中连片最大的梯田湿地，拥有森林、库塘、河流、梯田、村庄复合型生态系统，包含河流湿地、沼泽湿地和人工湿地等多种湿地类型。村内产业以种植、养殖为主，是典型的农业型村庄，经济基础薄弱。乡村群村域行政面积20.63平方公里，下辖20个自然村，现状户籍户数1144户，户籍人口4123人。

2. 主要矛盾和问题

（1）生态景观资源丰富，但底线管控和开发利用存在冲突。

村庄山水林田村自然基底良好，且瑶排梯田国家湿地公园是连南乃至南岭最具代表和集中连片最大的梯田湿地，生态资源特色彰显。但目前村域的底线管控和开发利用存在局部冲突：一是部分现状建设用地与生态保护红线相冲突，局部区域存在山体滑坡和水土流失的隐患；二是村庄以传统的种植、养殖为主，未能形成有效的特色产业发展带动力，附加值不高，基础优势不足，难以扩展延伸产业链，未能带动本地村民就业。

（2）瑶族文化冲击明显，风貌保护和活化利用有待加强。

梯田劳作和传统瑶排村落生活中形成的民间信仰、民俗风情等非具象的、意识形态方面的文化已经受到现代文明的冲击。现状人居环境及民房建设缺少有效导控，新房无特色，特色瑶排民居未得到有效保护和利用。大掌老排是第四批国家传统古村落，为连南八排瑶仅存的三排之一，但传统古村落保护不足，风貌保护和活化利用有待加强。

（3）产业发展空间需求与低效的建设用地矛盾。

现状户均住宅用地高达每户149平方米，远超出连南一户一宅120平方米以下的要求，用于设施配套及产业发展的建设用地仅为1.25公顷，且未预留产业发展用地。

（二）规划主要内容

1. 分级分区，精准落实全域全要素用地管控

（1）定量、定界落实刚性管控底线，明确禁建空间。

刚性管控村域空间，定界、定量落实生态保护红线、永久基本农田控制线、重点生态公益林控制线，保障生态环境及农业生产。为加大生态保护红线有效保护力度，解决好生态保护和开发之间的冲突，通过叠加分析梳理得出现状建设用地占用生态保护红线总面积2.93公顷，按照《生态保护红线管理办法（试行）（征求意见稿）》的相关要求进行冲突图斑处理。

（2）增存并重，合理安排民生产业宅基地台账用地。

结合地方发展诉求，通过实地踏勘、座谈研讨等方式，筛选有效、合理的需求，细化台账内容，形成科学合理的民生和产业台账。同时，探索村庄规划“留白”机制，预留用地面积1.94公顷（不超过5%）的建设用地机动指标，待符合条件的项目明确时再申请使用，村民居住、农村公共公益设施、零星分散的乡村文旅设施及农村新产业新业态等用地可申请使用。用地挖潜思路见图10-29。

（3）减量提质，科学布局村庄用地。

规模管控以“三调”建设用地与生态保护红线、永久基本农田保护线套合为框定基础，优化涵盖生态、生产、生活、交通和安全等全域全要素用地布局，进一步挖潜村落用地，合理判断存量空间使用路径，重点考虑新增宅基地、产业发展、公共服务设施和基础设施用地；串联产业空间、生态资源、瑶寨风貌建筑群，优化用地布局，规划按照定底图、摸底数、理需求、列台账、统规模、优边界的总体思路，科学布局村庄用地。

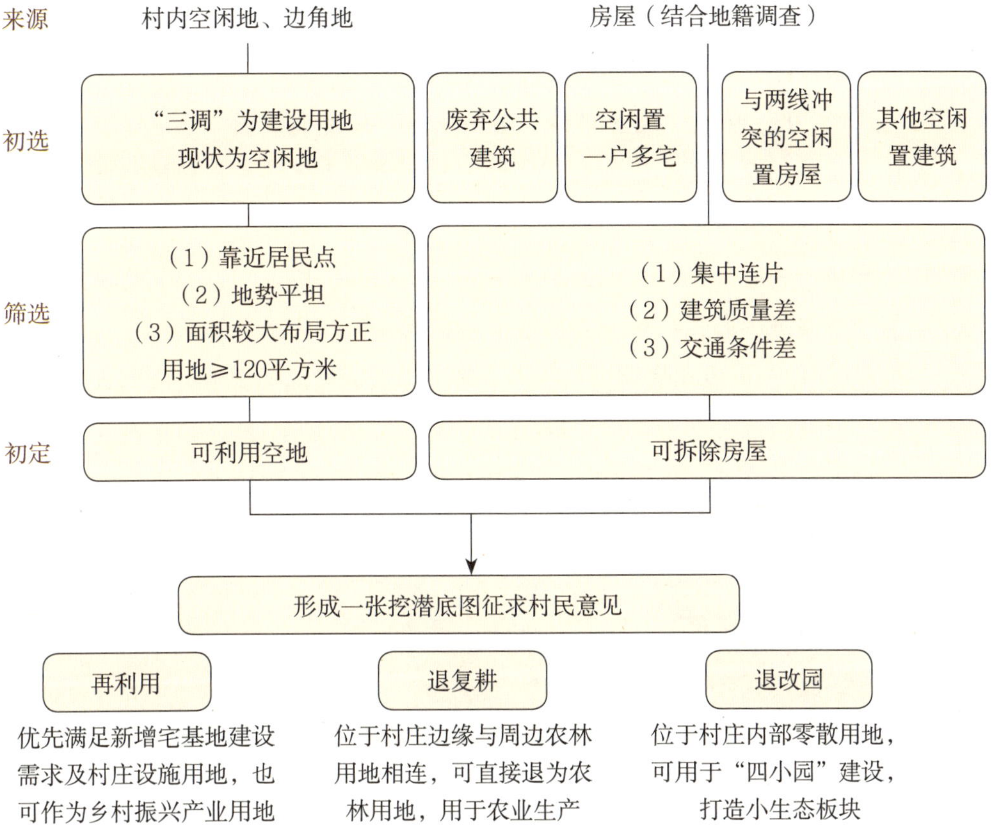

图10-29　用地挖潜思路

2. 资源利用，促进生态文化资源价值转化

（1）生态维育，实施山水林修复，延续优质生态空间。

发挥连南瑶排梯田国家湿地公园生态效益，以维育湿地公园生态系统为核心，坚持保护优先、自然恢复为主，实施湿地公园生态保护和修复工程，通过上游生态修复、中游农用地整理、下游梯田景观修复等工程，重新构筑森林、库塘、河流、梯田、村庄“五位一体”的复合型生态系统，改善生态系统的结构及人地关系，实现生态与经济的良性循环。

（2）筑巢引凤，重塑产业发展格局，完善产业布局。

以湿地资源、瑶族文化为吸引，通过景区带动，形成农文旅融合的特色发展格局，将资源优势有效转化为产业经济优势。完善湿地公园的配套服务设施，打造产业核心和资源核心，提供“学、研、业、育、康、文、住、吃”一体化的产业发展服务功能。通过新旧宅植入综合服务功能，大掌老排植入瑶族文化深体验功能，瑶排梯田国家湿地公园植入湿地研学科普功能，并利用集散服务、共享农业、瑶族民宿、文化体验、瑶药康养、瑶族美食、研学体验、湿地科普等产品支撑，打造广东省首个瑶文化体验、湿地研学科普的休闲旅游胜地。

3. 注入文化，描绘“理水耕田、湿地瑶乡”的发展蓝图

本规划特色提升主要是以连南瑶排梯田湿地为最大优势，以瑶族风情为最大特色，再现资源活化利用，助力村庄发展。通过彰显瑶族文化，塑造瑶族特色空间结构，形成“一心、两轴、四区、多节点”的总体结构。“一心”指规划旧寨为多功能旅游服务中心，提供旅游集散、民宿居住、商业服务等功能；“两轴”指山下依托国道323形成瑶族特色村落发展轴，山上通过加强湿地公园与大掌老排的产业融合，形成瑶排湿地旅游发展轴；“四区”分别为湿地公园保护区、瑶族村落区、梯田风貌区、生态屏障区；“多节点”分别为大掌村综合服务节点、大古坳村综合服务节点、天堂水库节点、大掌老排传统古村落节点（见图10-30）。

图10-30 乡村群规划结构

通过挖掘瑶族文化特色，提炼要素指导风貌规划，分析瑶族村落、建筑风貌、空间格局，对比村落建筑形态、建筑结构、装饰，对本规划范围的村落形态、建筑进行了初步意向建议。对瑶族民居风貌带提出外立面改造及周边景观提升建议，通过增加灰瓦“人”字形屋顶、土砖装饰及细部图腾装饰，保证现代建筑与传统建筑协调，将民居相邻空地及周边空置用地改造为景观绿地或“四小园”，种植适合本地的景观植被，放置景观小品，优化民居周边景观环境。瑶族风貌特色研究与要素提炼见表10-1。

表10-1　瑶族风貌特色研究与要素提炼

元素类型		特征分析	元素名称	示意图
村落格局	环境格局	依山而建，集约紧凑；聚族而居，内向防御	山水田村	
	聚落形态		依山就势展开	
	街巷格局		鱼骨型网状街巷结构、曲折封闭的街巷走向	
建筑形态	平面与空间	单体式、二合院或多院落式一字型，三或五开间	住宅主屋内部会隔断出卧室、堂屋和厨房等功能房，会在每间房设置门槛，门槛有高有低，反映尊卑	
	立面与造型	建筑形式简单、稳定，造型花样各异、精致优雅	青砖墙面、石块墙角、“人”字形屋顶、墙头屋檐雕花、素瓦脊饰、飞檐、封火山墙	
	装饰与装修	没有太多华丽的装饰和雕琢，追求“实用为本，装饰为辅”	音饰、壁画、雕饰、图腾	
	色彩	色彩朴素、宁静	基本色：青色、黑色、灰色、原木色 差异色：朱红、泥黄色	
景观	自然景观	周边群山环绕，连绵起伏，景观壮丽	山林、梯田、山峰	
	农业景观	沿山而上、梯田层层叠叠、蜿蜒连绵，农田阡陌、乡野渔耕	山地梯田	
	历史人文景观	历史悠久，底蕴深厚	盘王庙、图腾崇拜	

（续表）

元素类型		特征分析	元素名称	示意图
图案	抽象几何图案	简洁生动	由基本的几何图形等构成并叠加、去减，形成不同花纹等，不同的图形代表不同的含义	

（三）规划创新

1. 底线衔接，优化体系

落实永久基本农田、生态保护红线、耕地保护任务等上层规划要求，建立自上而下、上下校核、实操性强的分级、分区用地管控体系。保护延续乡村大地景观，优化涵盖生态、生产、生活、交通和安全等全域全要素用地布局；细化生活、生态、生产三类空间的管控对象、管控要点和管控要求。

2. 生态赋能，资源转化

延山、连田、引水、归田园，重塑森林、库塘、河流、梯田、村庄“五位一体”的复合型生态系统；科学配置推动生态文化资源的转化，把生态资源优势转化为绿色产业发展优势；实施山水林修复，延续优质生态空间。

3. 品质引领，重塑瑶寨

寻本固源，梳理文化基因，活化历史空间场所，塑造特色瑶寨；挖潜村落，利用功能置换，优化建设用地结构与空间布局；预留弹性，以指标、用地性质等战略留白弹性考虑农旅等产业发展诉求。

（四）工作成效

1. 在保护中开发，完善湿地公园旅游配套服务功能

通过盘活闲置建设用地，连片旧村改造，提高用地价值，完善公共服务、旅游服务等配套设施。在村内注重存量空间利用和挖潜，严控新增，分步整治、分类处置存量建设用地。通过湿地公园旅游服务中心现址及其周边用地、大掌老排等闲置用地，初步盘活2.03公顷闲置用地用于规划产业发展建设。以生态优先、最小干预为原则，依托原有建筑本底特色，增设游憩、服务设施，并通过拆旧建新，功能升级，提供休闲旅游产品。

2. 减量提质，保障新增分户宅基地刚性民生需求

通过建设用地减量提质保障新增分户宅基地刚性民生需求；通过用地留白预留产业发展用地弹性空间；通过多次实地调研、入户摸查，乡镇协调沟通，按照

以人定户、以预测户数定规划住宅用地规模，保障合理用地；通过产业建设用地留白保障乡村振兴项目用地需求。

3. 编管结合，支撑空间管控村民自治

村庄规划编制成果做到了简明易懂、便于实施，通过优化规划表达形式，编制了接地气、农民看得懂、村委能用、乡镇好管、便于实施操作的村庄规划，制定了“村民版”和“行政版”，切实提高了乡村用地的管理水平。按照“管什么编什么”“编管结合、有序推进”，紧紧围绕人口、用地、产业和设施四个要素，从县（市）域、镇域和村域三个层次做好了空间布局与土地资源要素管控，按需、分时、分类做好了空间管控、项目策划和实施计划，形成了部门联动、各司其职、有效管控、突出重点的村庄规划。

第三节 产业发展类

一、城乡协同的村庄发展路径探索——深圳市深汕特别合作区小漠镇南香村村庄规划

（一）基础情况

1. 村庄概况

南香村为广东省村庄规划优化提升第一批试点村，位于深圳市深汕特别合作区小漠镇东北侧，距离小漠镇区2公里，山海自然景观优越，对外交通条件便利。根据《深汕特别合作区农村居民点规划》，南香村划定为提升发展类村庄，村域面积约6.92平方公里，现有香坑、南君寮2个自然村，现状户籍259户，户籍人口1312人。

2. 主要矛盾和问题

南香村面临的主要是快速城市化中的城乡协同发展问题。一是自2018年深汕特别合作区正式挂牌以来，全区进入快速发展阶段，南香村大部分农用地纳入被征收范围，传统农业因土地征收而逐步消失，村民产业面临转型难题；与此同时，片区发展加速，华侨城文旅小镇、文博城、520艺术现场及三馆（美术馆、图书馆、音乐馆）等文旅项目的进驻，给村庄发展带来了新的机遇。二是现状村庄风貌与周边的高质量城市建设难以匹配，正面临城乡风貌融合与设施共享的问题。三是自2017年村庄被冻结各项建设后，村民对危房改建、分户建房、基础设

施及环境提升等民生问题反映强烈，亟须规划指引村庄合理建设。

3. 任务或目标

谋划深汕特色乡村振兴路径。自2018年深汕特别合作区正式挂牌以来，全区进入快速发展阶段，需在快速城镇化背景下落实国家乡村振兴战略要求，探索村庄发展新模式。

探索新型村庄规划编制方法。落实“多规合一”精神，面向全域全要素编制村庄规划，通过与上位国土空间规划衔接、建设项目落地需求衔接、村委村民诉求衔接，编制可操作、可落地、可实施的规划成果；紧跟国土空间规划编制要求，不断完善优化编制成果，作为村域内开展国土空间开发保护活动、实施国土空间用途管制、指导村庄各项建设的规划依据。

（二）规划主要内容

1. 发展定位

在小漠文旅组团的片区发展方向下，规划对南香村的定位主要为文化创意、生态休闲等，借助市场主体力量，逐步导入艺术、度假、餐饮、体验、娱乐、文化等内容，将南香村打造为小漠文旅组团的核心引爆区。

2. 功能结构

本规划重点突出城乡产业协同发展，以大芬油画产业协会及相关市场力量为主体，从文创产业及旅游产业两端出发，依托村庄山水资源，打造城乡协同的特色产业链条，形成集文创研究、教育、生产、展销交易、休闲交流为一体的产业圈。整体功能见图10-31。

3. 空间布局

划定村庄建设用地边界，指引城村建设项目落地。规划以“三调”数据为基础，合理保障现状宅基地规模；以城市道路为边界，将部分边角地、插花地尽量规整；以产业发展为导向，将部分空闲地规划为经营性建设用地（见图10-32）；同时将部分零散宅基地集中布局，保证土地集约利用；合理划定村庄建设用地边界。

通过内部挖潜的方式，划定村庄弹性产业发展空间。梳理村庄内部空闲地、闲置宅基地以及空置村民住房，划定弹性产业发展空间，在保障村庄产业发展空间的同时实现土地的集约利用。

作为城市化地区的村庄，村庄的基本公共服务与城市标准统一、制度并轨，统一规划、建设、管护；在形态上保留乡村风貌，在治理上体现城市水平，逐步强化服务城市发展、承接城市功能外溢、满足城市消费需求的能力。

山林生态线
狮山—香山

滨水休闲线
九龙湾—湿地公园

文化体验线
三馆—南君寮文化村—东滨隆村

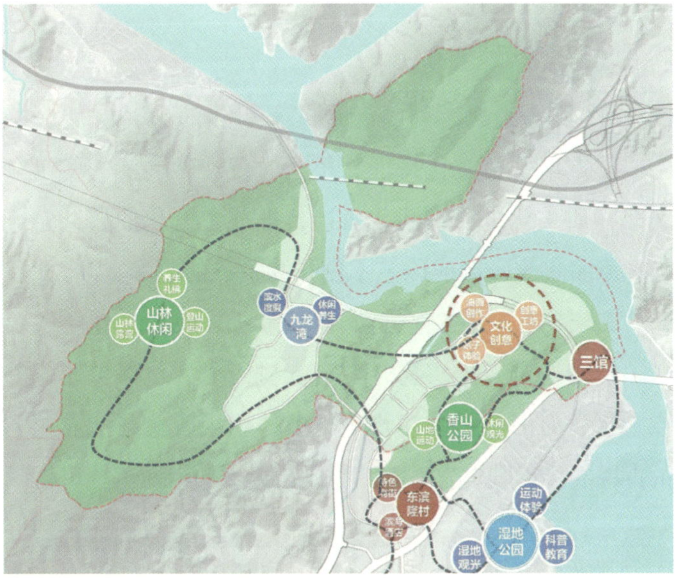

图10-31　整体功能

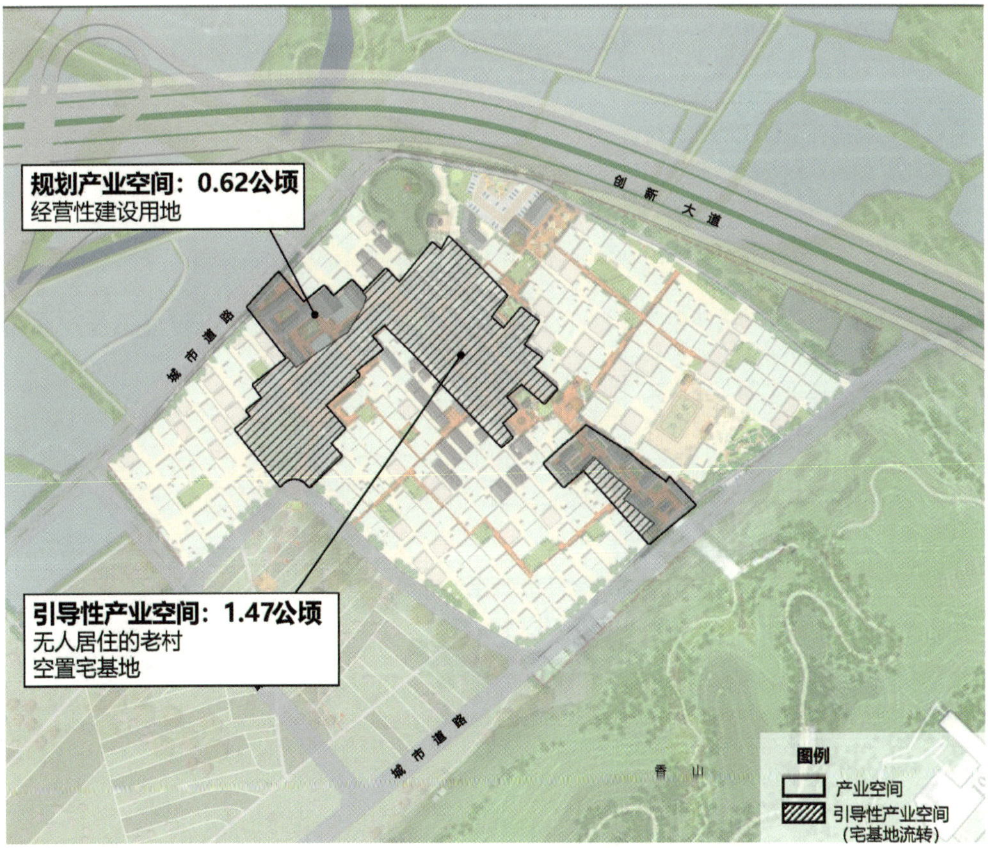

图10-32　产业引导空间

（三）规划创新

1. 提升文化感知，营造艺术引领的公共空间

发掘南香村文化特征，植入时代文化内涵，实现新型文化IP的塑造和再生。将非物质文化进行空间化营造，形成主题化的公共空间路径，提升文化感知，引导艺术家集聚，形成以艺术创作为重点的艺术空间。

2. 活化历史空间，打造具有深汕特色的村庄风貌

梳理历史文化实物，划定乡村历史文化保护线，并针对历史保护实物进行重点管控；对旧村传统建筑进行整体风貌改造与产业植入，活化空间，以传统成片的古民居建筑风貌为基础，形成符合深汕当地传统村落气质的片区（见图10-33）。

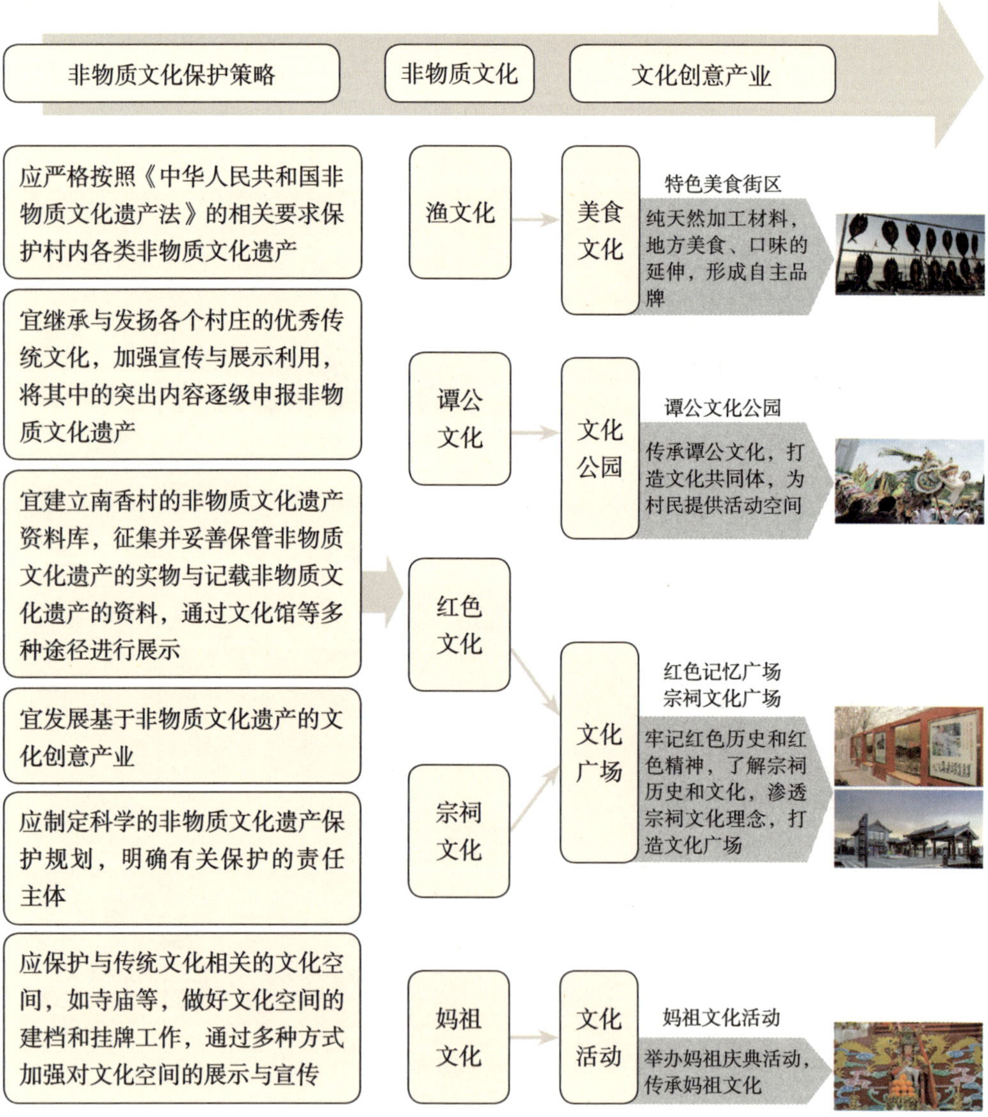

图10-33　传统建筑活化

（四）工作成效

1. 逐步疏解深汕特别合作区日益突出的村庄建设需求

自村庄各项建设被冻结后，村民对危房改建、分户建房、基础设施及环境提升等民生问题反映强烈，村庄规划成为解决村民住房需求、村庄建设的重要前置条件，助力于改善提升村民的居住环境；现以村庄规划建设用地边界为依据，逐步有序引导农民一户一宅建设申请，满足村民建房需求，目前已按规划基地面积不超过100平方米、建筑面积不超过300平方米的标准，批准宅基地，并计划开展农房设计竞赛，指引村民住房建设。

2. 引导市场投资主体项目布局，指引文创产业逐步导入

在村庄规划的指导下，“520艺术现场”项目通过租赁的方式，将南香村近几十栋老旧住房进行整体改造提升，打造为艺术家工作室、文创工坊等艺术化空间，并且已经成功吸引了一批艺术家入驻进行创作。同时，村庄规划指导了市场投资项目、政府投资项目、党群活动中心与农贸市场进行合理选址。

3. 对接乡村振兴建设工程项目，指导公共基础设施布局

在村庄规划的指引下，乡村振兴工作全面开展，指引主要公共空间进行重点整治，包括村口、主广场、党群服务中心及村内主要街巷的美化提升；村庄道路进行了全面硬化，道路照明设施与绿化基本完善；新建了污水处理设施，实现了村庄雨污分流；对垃圾收集站、公共卫生间重新进行了修缮美化。

4. 推动生态环境保护利用

明确村庄东侧鱼塘退渔还湖，将打造面积近1平方公里的湿地公园；指引南侧香山适度利用，将建设山体公园，并通过山林植被修复、林相改造等方式，提升林相的多样性及防风固沙能力，提升片区生态环境。

二、乡村空间镇域统筹，自然资源精细利用的创新探索——清远市清新区三坑镇村庄规划

（一）基础情况

1. 村庄概况

三坑镇位于国家城乡融合发展试验区广清结合片区，地处清、肇、佛三市交会的黄金节点，区位交通优势突出，2020年末乡村人口46948人。镇域国土空间总面积112.15平方公里，下辖14个行政村，含3个城郊融合类、9个集聚提升类、2个

特色保护类村庄，全部纳入规划范围。镇域三山环绕、环境良好（见图10-34），拥有温矿泉、农业示范基地、历史古迹、名将体育俱乐部等特色资源，现状以农业观光、工业生产、生态旅游为主导产业。

图10-34　三坑镇现状

2. 主要矛盾和问题

（1）规模指标不足。

三坑镇农村建设用地近10年增长了119公顷，大于规划农村建设用地增长规模（34公顷），增长速度快、规模缺口大，导致无法保障新增产业项目用地需求。

（2）用地结构不佳。

现状不符合土地规划的城乡建设用地面积3620.91亩，其中现状城乡建设用地无建设用地规模的有2848.86亩、城乡建设用地被规划为其他建设用地的有772.05亩。同时，现状人均村庄建设用地130平方米、户均宅基地面积410平方米，户均宅基地面积偏大，且存在一户多宅的现象。

（3）空间布局不优。

依托优越的交通区位和良好的生态环境，三坑镇旅游业发展强劲。但是，由于产业项目布局零散、用地规模和空间范围难以明确、配套设施缺乏统筹，造成空间布局不合理。

（4）管控措施不当。

随着三坑镇旅游产业的振兴，诸多村民自发经营农家乐、民宿等，由于缺乏高效精准、便于操作的空间管控措施，出现了侵占生态保护红线、生活与生产空间混杂、建设用地无序扩张等问题

3. 任务或目标

（1）相关要求：镇村全域覆盖，创新规划编制方法。

充分衔接上位国土空间规划相关要求，紧紧围绕优化村庄规划编制方式、提升村庄规划空间响应能力、提升村庄规划特色、优化村庄规划成果表达四大核心任务，坚持统筹全域全要素自然资源、精准落实最严格的耕地保护制度、优化功能布局、彰显乡村特色优势、充分尊重农民意愿，编制实用、好用、管用的村庄规划。

（2）发展诉求：打造“乡村振兴样板”、做实“民生产业台账”。

清远市是粤港澳大湾区的后花园，三坑镇提出打造“乡村振兴样板”的发展目标，结合地方发展诉求，通过实地踏勘、座谈研讨等方式，从镇政府、村民、企业三个层面摸查，筛选有效、合理的需求，细化台账内容，形成科学合理的民生和产业台账，最终实现“一村一台账，镇域一盘账”的统筹。村庄需求台账见图10-35。

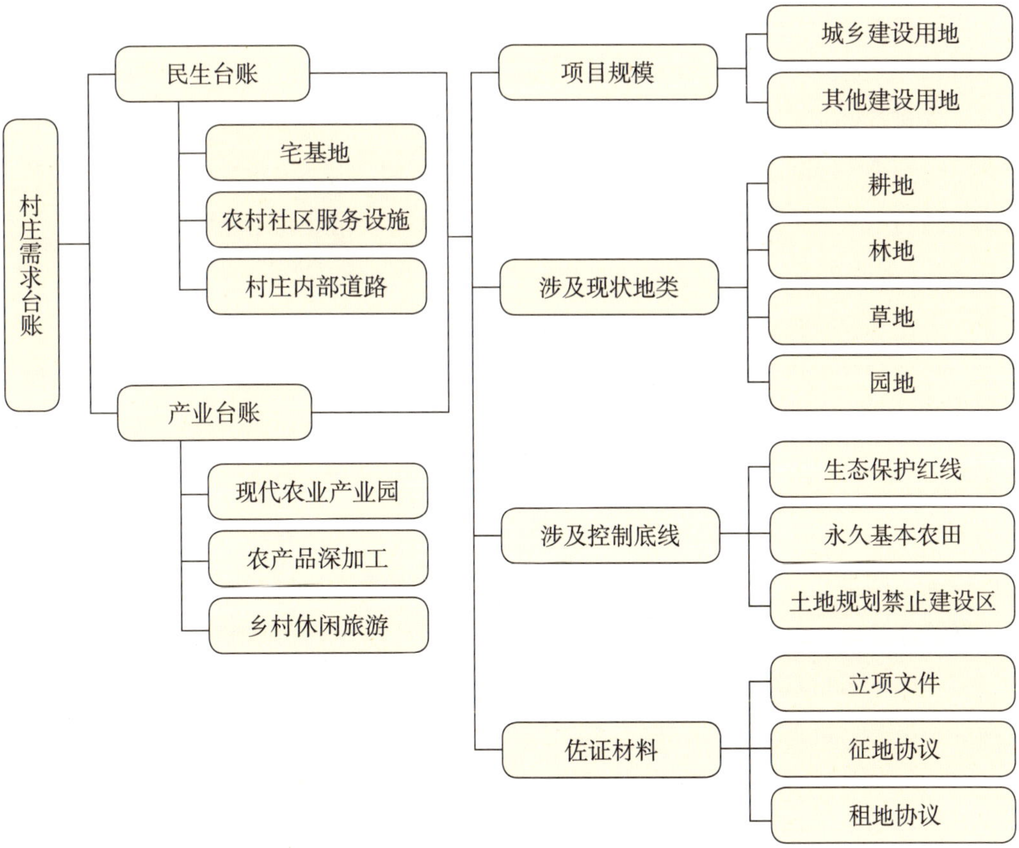

图10-35 村庄需求台账

（二）规划主要内容

1. 发展策略：底线管控，分类引导

从镇域层面：一是落实生态保护红线和永久基本农田保护线的数量、边界和管控要求；二是统筹村庄发展方向和定位，提出分类引导的发展策略。在中央农办、农业农村部、自然资源部、国家发展改革委和财政部联合发布的《关于统筹推进村庄规划工作的意见》提出的分类标准上，结合村庄空间特征和发展态势，为村庄制定增长型、均衡型和收缩型三种发展类型。根据不同的发展类型，结合最新用地定额标准和农村土地政策导向，以集约高效为目标，有效调整村庄用地规模和资源配置。对于增长型，引导村庄加强对接城镇发展，满足村庄发展建设，并预留产业用地；对于均衡型，引导满足村庄民生需求；对于减缩型，严格控制新建扩建，引导逐步迁出。

2. 土地利用：增存并重，优化布局

以“三调”为基础，通过实地调研，对闲置空地和房屋倒塌的两种宅基地低效利用的情况展开全面摸查（见图10-36）。与此同时，将清理一户多宅与土地复垦、“三清三拆三整治”等工作结合起来，根据“宜耕则耕、宜建则建、宜绿则绿”的原则，盘活好用、能用的存量低效建设用地419.46亩，其中，宅基地411.41亩，农村社区服务设施用地5.81亩，产业用地2.24亩；复垦清退2.25亩的存量低效用地，实现2.11亩还耕和0.14亩还林，使“闲有所用”“闲有所归”，提高土地节约集约利用水平（见图10-37）。三坑镇存量低效建设用地利用见图10-38。

3. 用地布局：精准落地，保障实施

（1）宅基地：统筹四类情况，集约用地面积，优化空间选址。

按照“优先用好存量，确保合理增量”的原则，严格落实“一户一宅”政策要求。深入调研四类情况：一是现状新增宅基地。现状调研或数据收集经镇审定盖章后予以新增。二是规划期末新增分户。统计0～18岁男性人口情况数据，合理预测用地需求。三是历史建筑活化置换。历史建筑活化需要，且只有一处宅基地的情况。四是存在安全隐患、位于地质灾害易发点需要整村搬迁的情况。最终，准确统计符合分户条件的新增宅基地数量，预计至2035年需新增998户，面积约需179.64亩。与此同时，综合考虑不占底线、见缝插针、共享设施的要求，科学合理地进行新增宅基地选址（见图10-39）。

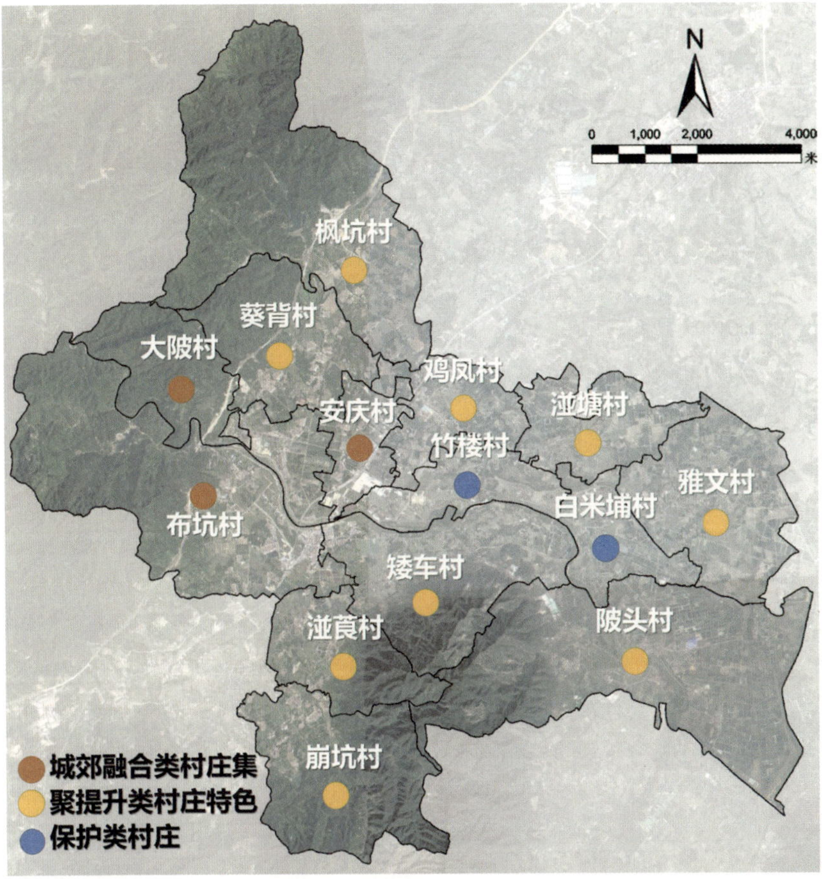

图10-36 三坑镇村庄分类

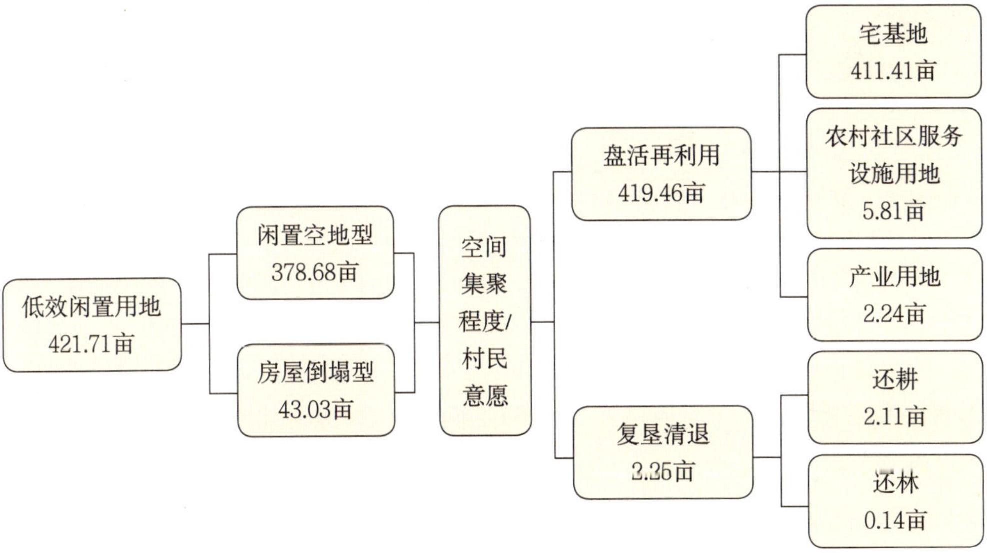

图10-37 低效闲置用地

图10-38　三坑镇存量低效建设用地利用

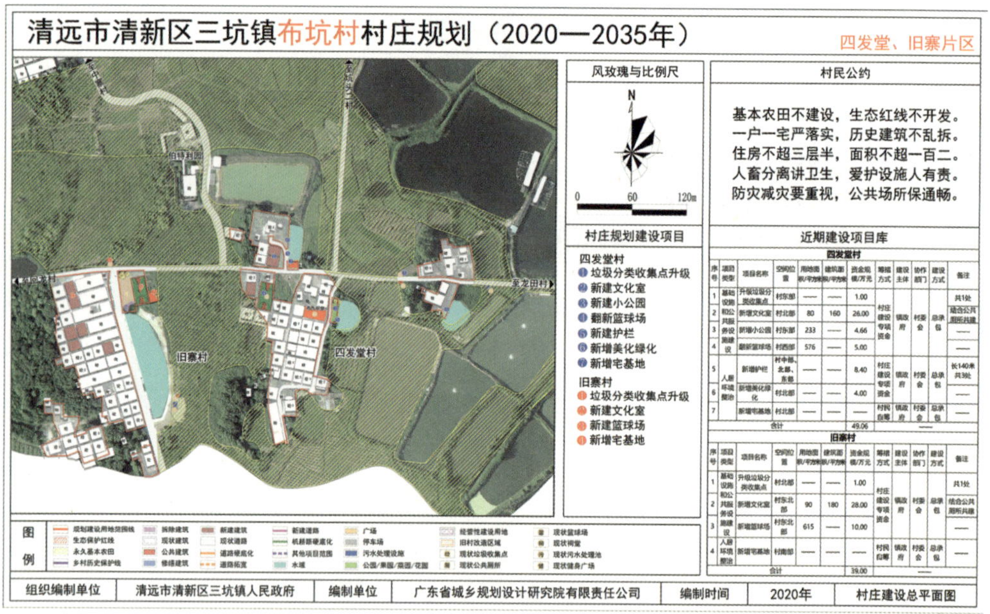

图10-39　清远市清新区三坑镇布坑村村庄规划（2020—2035年）

（2）设施用地：完善设施配套，优化选址布局，提升环境品质。

根据清远市美丽乡村创建的相关标准，多次与自然村、行政村和镇政府进行沟通核实，全域统筹考虑各村公共服务设施和基础设施的配置，避免重复建设和资源浪费。引导设施相对集中布局，利于形成村庄的公共活动中心，增强村庄的凝聚力和认知感。与此同时，重点关注宅前屋后小生态板块的塑造，因地制宜打造多个富有地方特色的小菜园、小果园、小花园、小公园，提升村民的获得感和幸福感（见图10-40）。

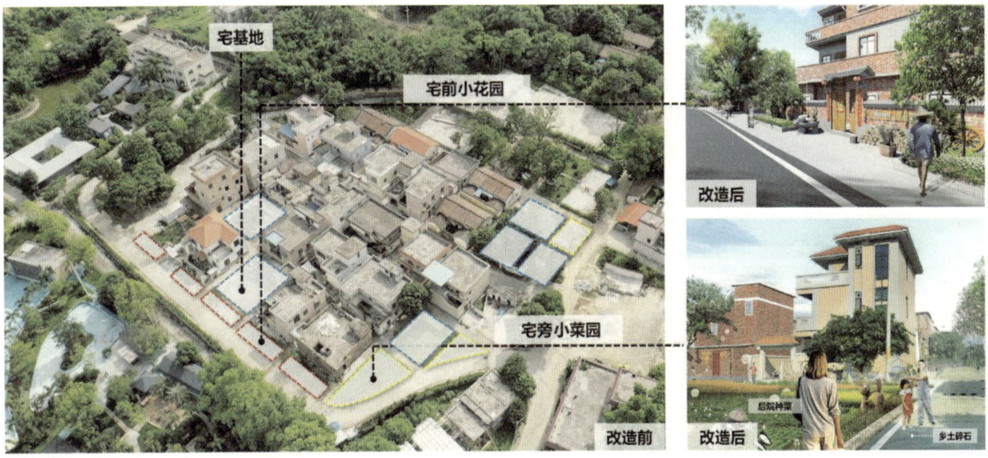

图10-40 “四小园”规划布局

（3）产业用地：因地制宜，点状规划产业用地，提高产业项目落地性。

综合考虑生态、社会和经济收益，设置准入门槛，筛选成长性好、竞争力强的产业项目，分批分期落实，形成产业项目建设滚动格局。引导产业项目按照地理环境进行点状规划、点状报批、点状供地、点状建设，破解产业用地难题，保障项目的顺利实施。通过多次收集、更新产业项目用地红线，初步明确镇级产业项目共28个，项目面积约2876.65亩，需新增城乡建设用地440.17亩。

4. 管控要求：精明管控，优化表达

为切实提高乡村用地的建设管理水平，制定“村民版”和“行政版”村庄规划图（见图10-41和图10-42）。针对宅基地、公共服务设施用地和经营性用地等各类建设用地，制定不同的管控要求，提出不同的开发强度控制要求。明确宅基地、公共服务设施用地、经营性用地的基底面积、建筑高度、容积率、建筑密度和绿地率等指标，形成管控图则，为探索集体经营性建设用地入市奠定基础。

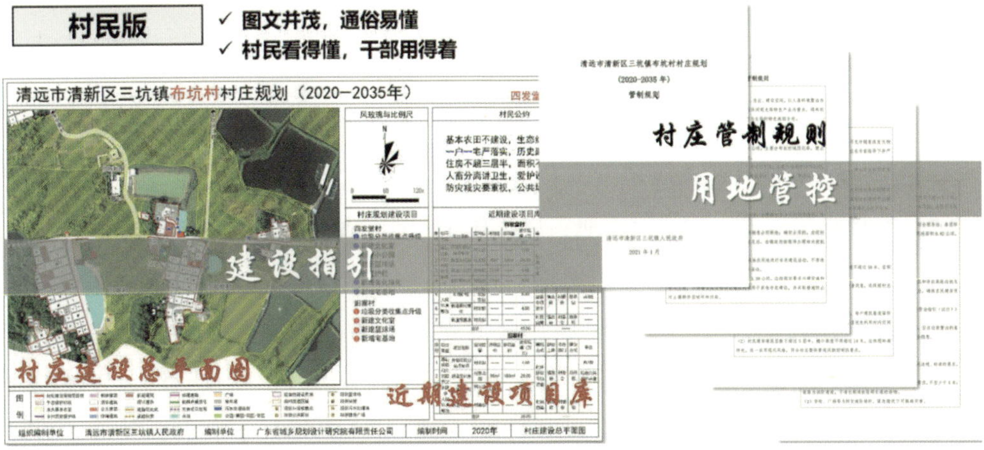

图10-41 “村民版”村庄规划

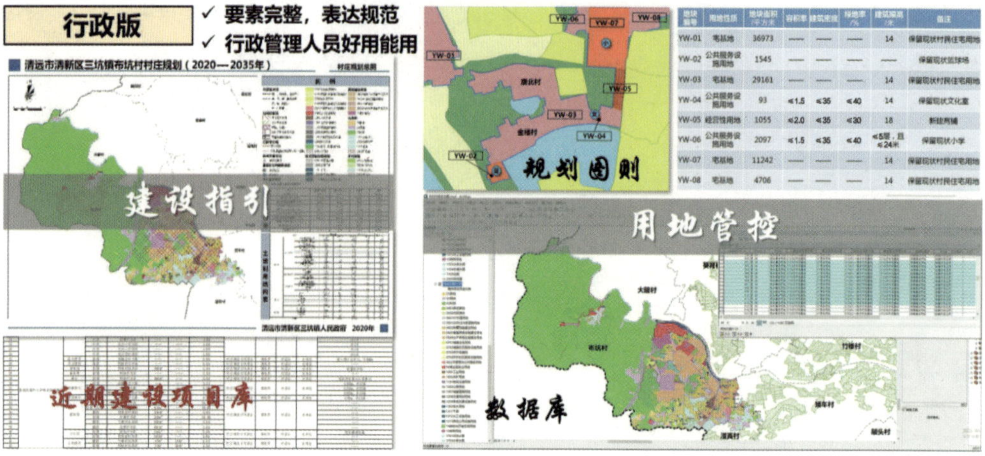

图10—42　“行政版”村庄规划

（三）规划创新

三坑镇在乡村空间镇域统筹、自然资源精细利用方面进行了深入的创新探索。在镇域层面上，系统构建村庄开发保护空间格局，优化“三生”空间，落实生态管控要求，优化永久基本农田空间布局，处理好保护与建设的关系，因地制宜，创新性提出增长型、均衡型、缩减型村庄分类，统筹城乡建设用地存量和增量的使用；在村庄层面上，集约节约利用建设空间，科学预测数量、精准划定边界、把控设施选址、保障项目落地，有序推动更实用、更精准、更全面的村庄规划编制方法研究。

（四）工作成效

为了编制实用、好用、管用的村庄规划，本规划重点体现了重实用、易实施、好管理等三方面的工作成效，具体情况如下。

1. 重实用：统筹全域乡村自然资源

（1）全域统筹，实现自然资源保值增值。

鉴于三坑镇全域纳入规划范围，坚持全域全要素统筹，兼顾全域自然资源的科学保护和精细利用。三坑镇用地布局优化见图10-43。

（2）集约节约，保障建设用地精细利用。

坚持增存并举，强化存量规划、减量规划思维，谋划盘活利用低效建设用地。坚持以人定地、以水定地等原则，合理充分地考虑人口增长与产业发展的协调关系，确保农村人均建设用地逐步下降。其中，人口增加3446人，村庄建设用

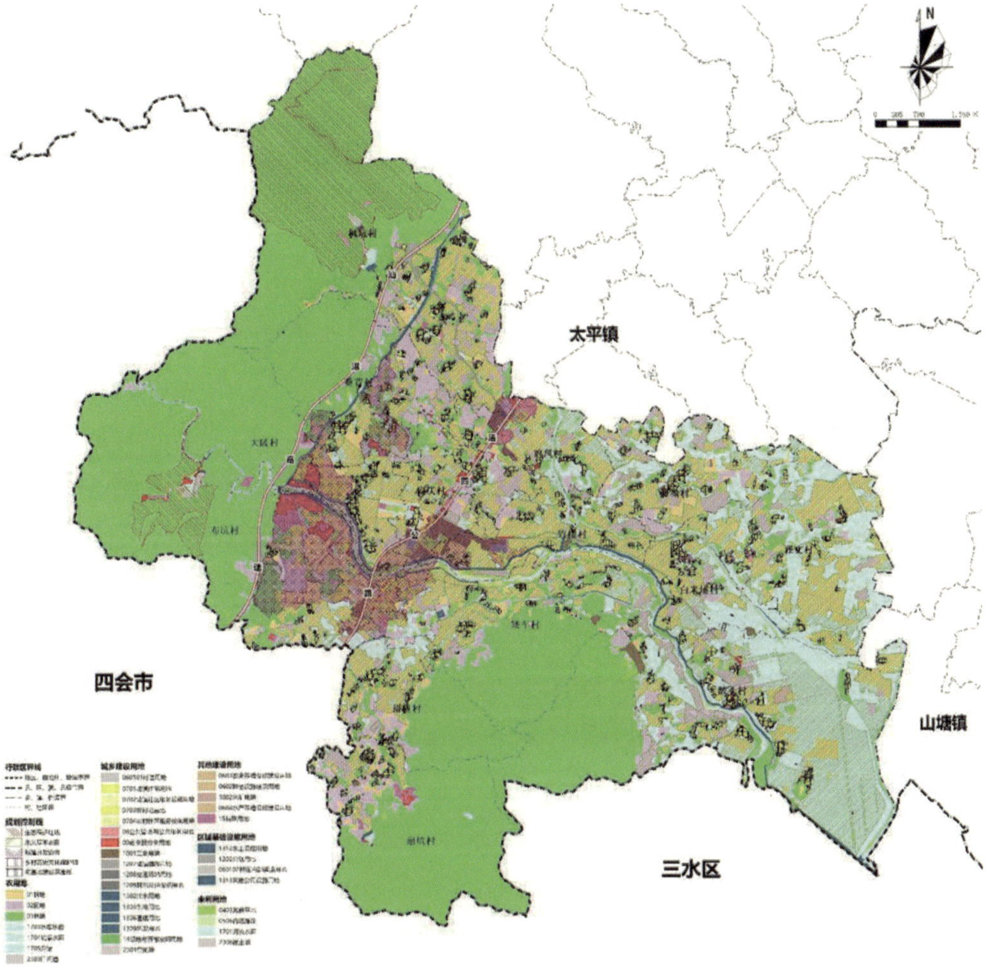

图10-43 三坑镇用地布局优化

地规模减少53.68公顷，户均宅基地面积减少77.39平方米，人均村庄建设用地面积减少21.98平方米，挖潜低效闲置用地28.11公顷。

（3）招商引资，助力打造乡村振兴样板。

通过本次规划整合资源、招商引资：一是将圩镇桥北工业小区已收回的原标牌陶瓷厂土地及周边政府储备用地约700亩规划成大健康产业园，进行美妆、医疗、时尚等与旅游相关联的产业招商；二是全力盘活旧资产旧土地，着重收回收储清新温矿泉旅游度假区和金叶山庄、清远博益综合旅游项目的旧资产旧土地约1300多亩；三是推动名优特色水产养殖，目前，桂花鱼养殖面积约3000亩、加州鲈鱼养殖面积约300亩、罗氏虾养殖面积约600亩、小龙虾养殖面积约500亩。

2. 易实施：助推民生产业项目落地

坚持以问题和目标为导向，详细梳理民生和产业台账，提高空间响应能力，保障规划落地实施。根据规划，主要建设项目情况如下。

（1）安庆片区：着重围绕打造安庆围等1个生态村4个特色村，建设安庆村委会（“旅游+党务+政务”）综合服务中心、安庆围文化商业体、知青怀旧馆、芦苇野舍民宿、山苏特色农业种植基地、新兴村乡村文化体育示范点等，着力打造乡村旅游体验农业目的地。

（2）葵背片区：着重围绕打造岗仔等7个精品特色村，建设橄榄树乡村振兴小广场、乡村振兴培训学院、旅游驿站、体验农业基地、特色民宿等，依托精品线路沿线风光，打造主题鲜明、配套完善、环境优美、吸引力强的本土旅游品牌。

（3）枫坑片区：着重围绕打造红旗等5个精品特色村，建设党建“一点多用”示范点、高速出口驿站服务中心、乡村振兴小广场、农产品加工厂、特色农业基地等，形成党建示范、产业兴旺、治理完善的乡村振兴示范点。

3. 好管理：支撑空间管控村民自治

一是成果表达简约实用。村庄规划编制成果要做到简明易懂、便于实施，通过优化规划表达形式，编制接地气、农民看得懂、村委能用、乡镇好管、便于实施操作的村庄规划，制定“村民版”和“行政版”村庄规划，切实提高乡村用地的管理水平。

二是管控图则重点突出。针对宅基地、公共服务设施用地和经营性用地等重要建设用地，探索制定包含基底面积、建筑高度、容积率、建筑密度和绿地率等指标的乡村地区管控图则，为宅基地管理、配套设施建设、集体经营性建设用地入市奠定基础，支撑乡村地区的空间管控要求。

三、乡村振兴背景下典型山区贫困村庄规划实践——信宜市池洞镇贺垌村村庄规划

（一）基础情况

1. 村庄概况

贺垌村位于茂名市信宜市市区北侧，本规划范围为整个行政村管辖范围（见图10-44）。村域总面积为945.02公顷，现状共5个自然村、824户居民，现状户籍人口4020人，常住人口约2000人。贺垌村属于典型山区村落，村域90%为农业用地，中部贺垌河贯穿南北，形成“七山一水一分田，一分道路和庄园”的现状格局，山水环境良好，属于原广东省定贫困村之一。2018年以来，贺垌村抓住省定

贫困村建设与产业扶贫的契机，已经完成了人居环境整治及特色蜜柚种植园等相关工作，实现了高质脱贫。

图10-44　贺垌村规划范围

2. 主要矛盾和问题

2017年，池洞镇组织编制了《贺垌村社会主义新农村整治创建规划》，并依据规划积极开展村庄人居环境整治，从村容村貌、垃圾处理、污水处理、集中供水、农房整治、村道硬化、设施完善等方面开展工作，解决了村民基本生活诉求并有效改善了人居环境。贺垌村的脱贫攻坚工作虽然取得了显著成效，但仍然面临约一半村庄人口向外流出，村庄产业发展单一、建设用地粗放、村庄特色缺失等核心问题。

（二）规划主要内容

为了进一步巩固脱贫成果，推动乡村振兴发展，贺垌村村庄规划围绕产业发展、建设管控、风貌提升等重点问题进行了有效探索，旨在进一步理顺村庄发展思路，形成村庄发展的共识。

1. 产业发展

（1）划定特色产业片区，分区制定产业准入指引。

村域北侧可依托环保发电厂，建设环保学习基地、环保宣传栏和焚烧发电展示馆，为学校以及各类组织提供环保科普学习游览。村域南侧可充分挖掘贺垌村生态、人文资源，规划生态景观旅游路线，增强凝聚力、认同感和归属感，建成充满村庄传统色彩的集生态、休闲、特色文化为一体的生态旅游示范村。远期推动蜜柚旅游、滨河生态旅游及工业旅游成环成网布局，使贺垌村成为市全域旅游人文风情旅游发展轴上的节点之一。

针对村域内的三大特色产业片区，分区制定产业准入指引，明确不同片区产业准入类型，引导产业发展形成空间集聚发展（见表10-2）。

表10-2　产业片区准入指引

产业片区	产业准入类型
环保产业园区	高端环保装备制造、循环经济产业特色食品包装与研发、软件开发等
蜜柚种植基地	特色种植业、农产品初加工业、生态旅游服务业等
村庄旅游区	文化创意、乡村旅游服务、农村电子商务、农村养老服务等

（2）优先保障产业发展用地指标，分期提出产业用地供给。

围绕产业兴旺谋划乡村振兴长远发展，充分考虑产业近远期发展需求，近期保障产业园区及蜜柚产业发展，远期以点状供地保障旅游发展的可能，实现近远期的有效衔接。规划新增产业发展用地见图10-45，新增产业用地基本情况见表10-3。

表10-3　新增产业用地基本情况

地块名称	用地规模/公顷	空间位置	供地策略
蜜柚展示服务中心	0.31	国道与蜜柚种植连接道交会处	新增建设用地
农家乐用地	0.11	蜜柚种植基地内生态水塘旁	新增建设用地（点状供地）
环保产业园用地	14	已建环保发电厂周边	新增建设用地
旅游发展备用地	0.37	秀清自然村靠近省道附近	存量用地再开发
蜜柚设施农用地	0.31	蜜柚种植基地内	新增设施农用地

图10-45　规划新增产业发展用地

2. 耕地保护

（1）落实上位规划传导的要素。

严格落实已划定的永久基本农田保护线，并引导永久基本农田内的违建用地逐步退出。同时，根据现状的耕地质量划定耕地保护区，落实耕地保有量83.01公顷。规划耕地空间见图10-46。

（2）识别潜力生产空间，分类提出实施措施。

以“三调”作为底图底数，依据耕地、垦造水田、永久基本农田的补划要求，结合现场的走访调查，识别补充耕地潜力用地45亩（见图10-47）、垦造水田潜力用地155.85亩（见图10-48）、永久基本农田补划潜力空间304.8亩（见图10-49）。

3. 村庄减量

以“三调”现状为基准，落实精细化传导要素，优化用地边界，针对现状一户多宅、村庄建设用地粗放等问题，挖潜存量潜力，做好村庄减量规划。

（1）优化村庄建设用地边界。

以“三调”为基础，分析“三调”现状建设空间与土地利用规划的空间矛盾，针对353个矛盾图斑提出不同的处理方式，合理优化村庄建设用地边界（见表10-4）。

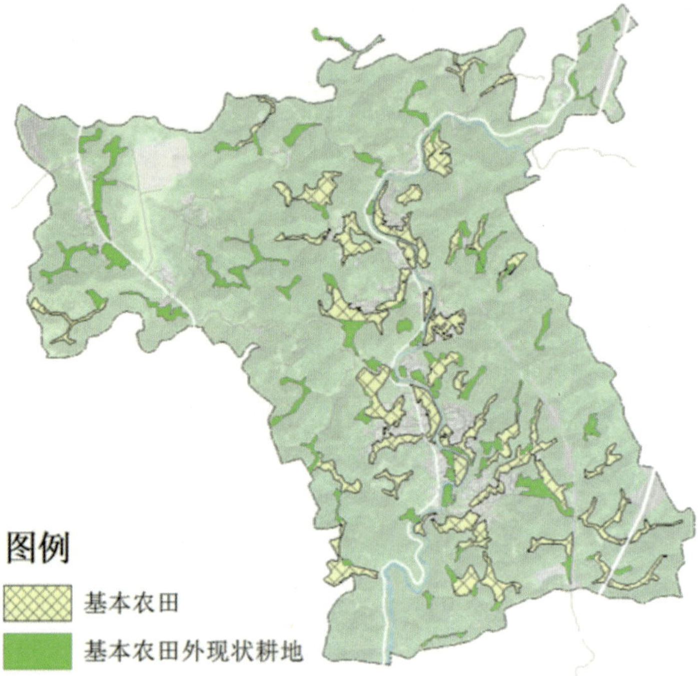

图10-46　规划耕地空间

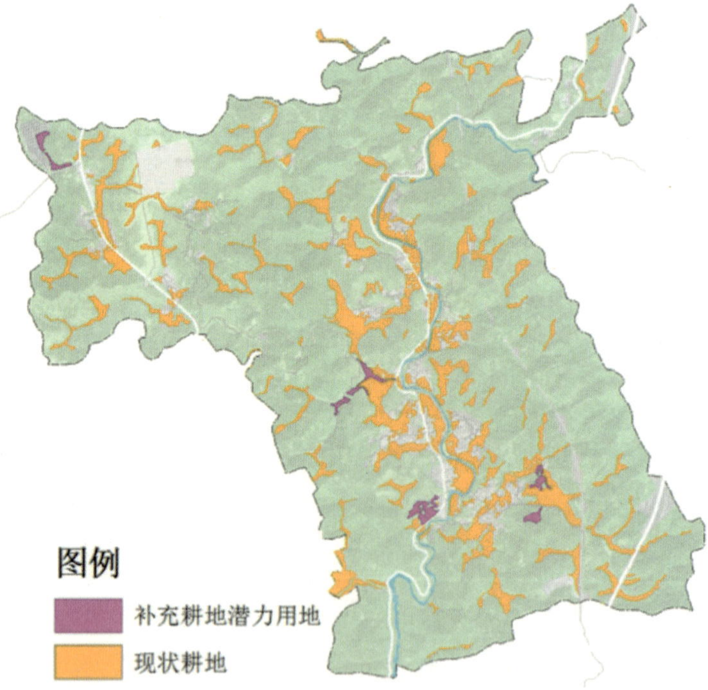

图10-47　补充耕地潜力用地

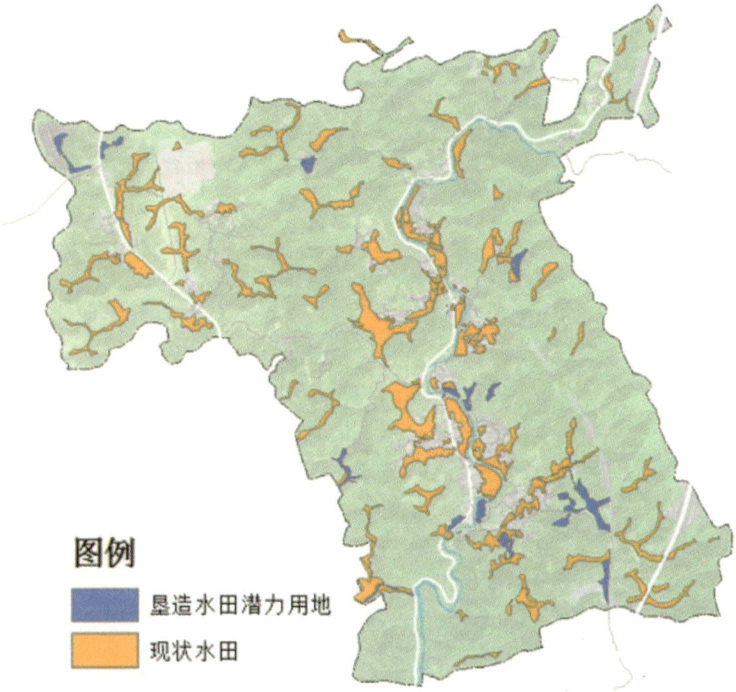

图10-48　垦造水田潜力用地

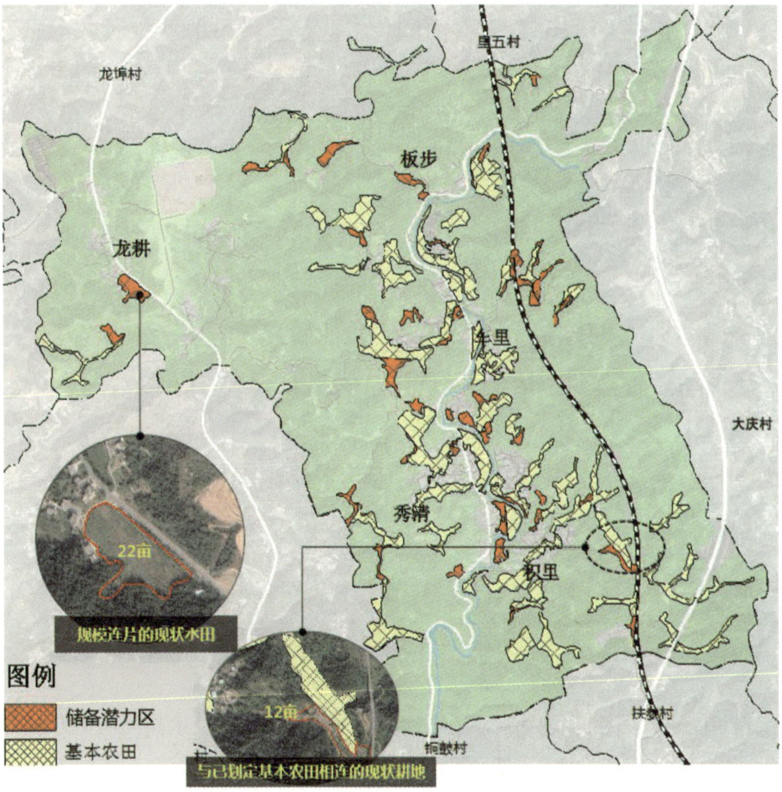

图10-49　永久基本农田补划潜力空间

表10-4　空间差异图斑处理方式

用地分类	用地面积/公顷	图斑数量/个	空间位置	规划处理方式
“三调”已建土规有规模	26.58	38	工业区、安置区、车田和积里自然村	全部落实建设用地规模
“三调”已建土规无规模	21.29	226	龙耕、秀清、板步自然村宅基地	原则上全部落实 涉及永久基本农田的不落实 结合地籍调查和现状调研，现状为养殖设施和零散空置用房的不落实
“三调”未建土规有规模	31.26	89	国道207两侧，村委周边	结合“三调”及发展需求进行空间优化调整

（2）识别建设用地整治潜力空间。

贺垌村现状户均农房约2.2处，户均宅基地约430平方米，整体判断建设用地拆旧潜力较大。结合土地使用集约度、建筑质量，识别具有连片拆除改造潜力的用地5.43公顷。根据居民点空间集聚度、空间区位，识别具有撤迁整合潜力的用地3.38公顷（见图10-50）。

（3）引导房前屋后建设空间灵活使用。

贺垌村房前屋后大多为菜地、硬底化地面，少部分为果园和废弃地块，空间使用相对粗放，影响村庄整体风貌。结合“三调”底图底数、农业地籍信息调查、现场踏勘，将房前屋后空间划分为四类情景，对于重点产业项目、公共基础设施的建设可进行空间置换，灵活使用房前屋后空间，指导村庄建设用地的精细化使用。房前屋后置换使用情景分析见表10-5。

表10-5　房前屋后置换使用情景分析

分类	现状类型	图斑数/个	置换要求
情景一	面积小于100平方米用地	23	不可置换
情景二	硬底化用地	61	不可置换
情景三	现状园地，用地面积大于100平方米	63	征求相关利益人同意后可置换
情景四	现状废弃地，用地面积大于100平方米	15	征求相关利益人同意、完成用地复垦后可置换

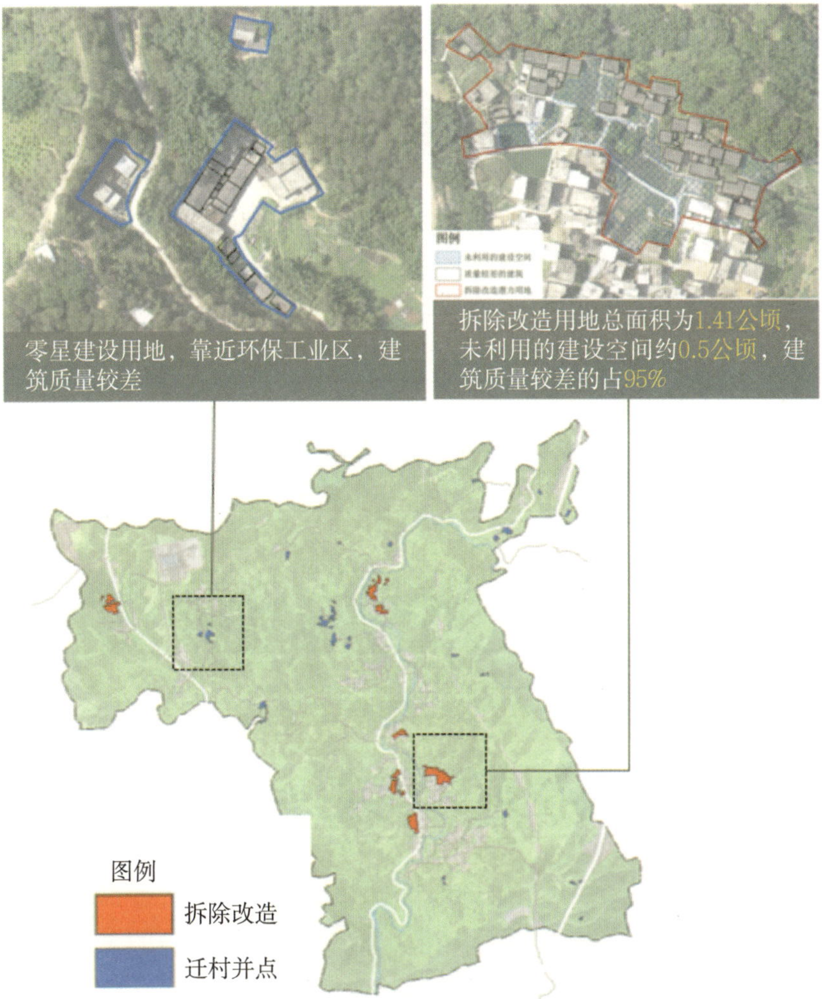

图10-50 村庄建设用地整治潜力空间

4. 建设管控

结合村庄发展提出聚集要求，预留留白用地，提出建设边界管控弹性控制思路，针对农房建设提出风貌引导要求，实现建设管控的有效实施。

（1）分类划定村庄建设边界。

结合贺垌村带状村庄布局，鼓励村庄聚集组团发展，并在各组团内预留部分有条件建设区，引导偏远村庄向中心村聚集。

（2）合理预留留白用地。

规划在环保产业园安置区附近周边预留0.71公顷的留白用地，应对村庄未来需求的不确定性，对留白用地的启动使用进行条件约束（见表10-6）。

表10-6 留白用地启动使用要求

项目类型	使用条件
公益项目	进行规模论证即可使用
产业项目	进行规模和效益论证、属于新型农村产业、能带动一定村民就业
居民住宅	原有宅基地退出并复垦后可使用

（3）制定建设用地图则用于刚性管控。

规划制定了建设用地图则，对经营性用地进行指标管控，对公共服务设施、宅基地用地进行用地管控（见图10-51），确保整体建设可管、可控、可落实，为后期建设用地管理提供支撑。

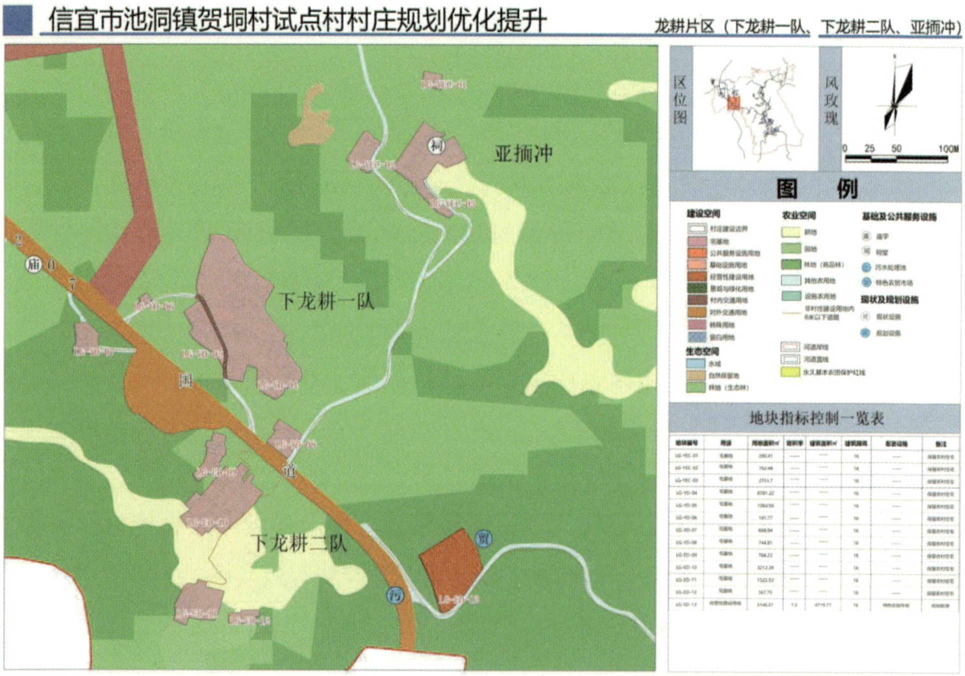

图10-51 信宜市池洞镇贺垌村试点村村庄规划优化提升

5. 风貌提升

（1）生态风貌修复。

落实信宜市全域旅游通道建设，围绕村庄主干路、村庄居住的滨水空间、蜜柚产业园旅游道路等三类地区进行线性生态修复。

（2）农房建房风貌指引。

贺垌村是一个依山而居的现代村落，村庄内保留的古村落较少。结合现状这一特征，规划针对传统文化建筑——修复如旧、现有新建农房——保留现状，根据意愿，自主改造、未来新建农房——刚性与弹性指引三种方式进行建设风貌引导，传承文化并符合现代生活的需求。

（3）“四小园”改造指引。

对于现状房前屋后的空间，鼓励村民合理使用，通过指引实现自主改造，实现“四园美家园”目标，让乡村环境变得更加优美，生态变得更加宜居。

（三）规划创新

1. 按照“三级联动、多方参与”的工作模式积极推进村庄规划相关工作

三级联动、自上而下。茂名市自然资源局、信宜市自然资源局、池洞镇人民政府全程参与并指导贺垌村村庄规划编制工作，先后召开4次会议，统筹规划成果编制。

多方联合、共同参与。以规划编制团队为中心，广东省三师专业志愿者协会进行技术联盟指导，协同熟悉村情编制人员（村庄重点企业人员及乡贤），同时邀请农村经济、村规划专家、学者进行专家咨询协助编制。村庄还选派了10多位村民代表参与协助编制工作。

2. 谋划产业发展路径，实现乡村振兴高质量发展

针对原省定贫困村及现状产业发展单一的困局，通过挖潜生产空间、识别有效建设用地、合理预留留白用地等手段保障产业用地供给，加强蜜柚产业园、环保产业园与村庄之间的空间联系，谋划池洞产业集聚发展区产业联系，带动村民创收；并通过发挥生态环境优势，挖掘当地文化特点，谋划贺垌特色休闲乡村旅游，强化产业发展路径。

3. 底线管控、精细管理，保障规划实施落地

按照国土空间规划要求，对重要因素进行传导落实，强调统筹实施，构筑生产、生活、生态“三生”融合的村域空间发展格局。分层次、分内容、分重点的规划，细化建设用地的管控，制定建设用地图则，对经营性用地进行指标管控，对公共服务设施、宅基地用地进行用地管控，明确近期重点实施任务，为精细化村庄建设管理提供重要依据和技术支撑。

（四）工作成效

1. 有效推动乡村产业振兴

在现有环保产业的基础上，蜜柚基地推动村企合作，产业升级初见成效，蜜柚产业基地的滨水农家乐正在推进建设，进一步巩固了脱贫的成果。配套的旅游景观路及村主干路升级的项目正在研究建设计划。村民反映通过发展农家乐项目能开辟村民创收的新途径，通过农家乐基地吸引游客也可以进一步推动村内特色农产品的销售。

2. 村庄环境得到进一步提升

按照重要程度的区分，村镇两级干部积极参与筹措相关资金，推动项目的建设。乡贤反映，按照规划实施，未来村庄环境会变得更加宜居，更多的入城人员愿意回乡发展，对村庄未来的发展也更加有信心。

3. 强化落实耕地保护制度

规划落实上位规划确定的永久基本农田面积77.48公顷，并划定20.32公顷的永久基本农田储备区。结合“三调”对耕地空间进行优化，规划落实耕地空间121.6公顷，满足耕地保有量指标83.01公顷的要求，树立了规划进村的严肃性与权威性。

4. 提高村民参与村庄规划治理水平

村庄规划因为村民参与，由以往的“要我做规划”变成如今的“我要做规划”。村庄规划有效协调现状宅基地和土地利用规划的空间矛盾，保障约30公顷村民已建住宅的合规性，得到广大村民的支持，村民参与规划的积极性显著提高。同时，针对村民关注的重点问题，设计团队进行组织宣讲，持续服务，培养村民的主动意识，提高村委的治理能力。村委管理干部表示，本规划是符合村民现状实际、符合村民需求的。

四、革命老区高质量发展示范区——兴国县隆坪乡隆坪村村庄规划

（一）基础情况

1. 村庄概况

隆坪村位于赣州市兴国县隆坪乡中部，是隆坪乡乡政府所在地，周边群山环绕，生态资源丰富，距离兴国县城约22公里，交通便利。

2. 主要矛盾和问题

现状自然村组建设用地零散，村民向圩镇集聚发展意愿强烈。隆坪村圩镇作为商业中心和服务中心辐射带动能力强劲，周边村民向圩镇集聚建房需求强烈，未来存在较多产业和居住用地需求，但现状村庄建设用地分布较为零散，村庄发展诉求缺乏空间保障。

圩镇内公共服务基础设施较完善，但设施规模和服务水平有待提升。隆坪村圩镇内部已有较为完善的乡镇级公共服务基础设施，但仍然存在发展规模短板，服务水平有待提高。

村庄产业发展单一，稻虾养殖等特色产业经济效益较低。隆坪村目前以脐橙种植、大棚蔬菜和水稻种植等农业为主，现状产业均为劳动密集型第一产业，加之隆坪耕地细碎零散，无法完全依赖机械作业，并且存在劳动力短缺问题，因此稻虾养殖和大棚蔬菜规模难以扩大，产量难以提高，利润维持在较低水平。

3. 任务或目标

成为全国“多规合一”实用性村庄规划探索的试点样板区。通过“多规合一”，探索建立统一的实用性村庄规划体系，落实上级国土空间规划传导，整合林业保护、传统村落保护、乡村振兴示范点建设等规划，打破“多规”空间差异，优化村庄建设用地空间布局，推动乡村振兴。

成为江西省全面扎实推进实施乡村振兴战略的旗帜标杆区。到2025年底进一步提升实用性村庄农村人居环境和乡村风貌，以示范村标准积极打造建设重要节点和特色农业产业项目，建设美丽乡村精品标杆，形成实用性村庄规划先行示范点。

成为赣州市建设革命老区高质量发展示范区的先行引领区。立足乡村振兴和长征文化公园建设等政策优势，抢抓全域旅游、乡村旅游等发展机遇，依托隆坪独特红色文化、农耕文化等资源，重点发展以农耕休闲体验、红色爱国教育研学等为特色的沉浸式旅游，加强旅游与农业活动相融合，探索发挥乡村振兴示范点带动作用，打造乡村全域旅游赣南样板。

（二）规划主要内容

1. 盘活与置换零散潜力用地，满足村民住房需求，引导村庄向圩镇集聚发展

通过控制村庄宅基地面积，落实村庄边界线，划定零散村庄减量的潜力地区，引导村庄聚集发展。以“三调”和村庄同口径203范围建设用地规模为基础，通过实地调研，对可实施整治用地和未建设空闲地的低效利用情况展开全面摸

查，梳理存量建设用地共11.66公顷，其中可实施整治用地面积3.39公顷，挖潜未建设空闲地用地面积8.27公顷。结合村民集中建房诉求，进行腾挪置换建设用地，提高土地节约集约利用水平。

2. 对接乡村振兴建设工程项目，规划指导公共基础设施布局

结合隆坪乡乡村振兴工程、村村通道路、人居环境整治等具体实施项目未来在村庄的建设设施，规划配置现代化村庄公共服务与基础设施，促进村庄的基本公共服务与城市标准统一，并统一规划、建设、管护，在形态上保留乡村风貌，在治理上体现现代化水平。在村庄规划的指引下，指导针对村庄主要公共空间、建筑立面、基础设施等的整治工作，将实现村庄公共空间的美化提升、村庄展示界面的整洁统一、村庄道路的全面硬化、村庄道路照明设施与绿化的基本完善，村庄垃圾收集站、公共卫生间也得到修缮美化。

3. 活化利用资源，强化风貌管控，划定传统建筑及传统文化要素的保护范围

隆坪村是江西省第二批传统村落，规划对村内历史价值较高、现状留存较好的历史遗存进行梳理，实行严格管控，加强保护力度，为文化传承留下载体。

划定历史文化保护范围。主动衔接正在编制的传统村落保护规划，依托木梓坳组历史建筑集中区域划定传统村落核心保护范围线和建设控制地带线，保护范围内严格控制建设活动及建设效果，包括建筑风格、建筑外立面、建筑屋顶、材质等均明确要求。

4. 合理布局村庄产业用地，丰富产业链条，保障一二三产业融合发展的建设用地需求

秉承“绿水青山就是金山银山”的理念，以自然生态为基础，依托自然资源部帮扶政策、相关部门支持，“输血+造血”双措并举，规划基于隆坪村“四个百”（百亩脐橙果园、百亩稻虾养殖、百亩蔬菜大棚、百千瓦光伏发电基地）的产业发展格局，重点推进生态养殖和生态种植，发展以富硒、生态为主题的系列农产品。规划根据土地情况将农业区划分为田园体验区、特色农业区、生态养殖区等，有序推进种植、养殖规模化、专业化发展（见图10-52）。

（三）规划创新

1. 参与度高，省、市、乡、村四级主体共同推进，当地乡贤能人和村民多方共同参与

本村庄规划自上而下汇聚了多方力量共同参与，编制团队合理协同省、市、

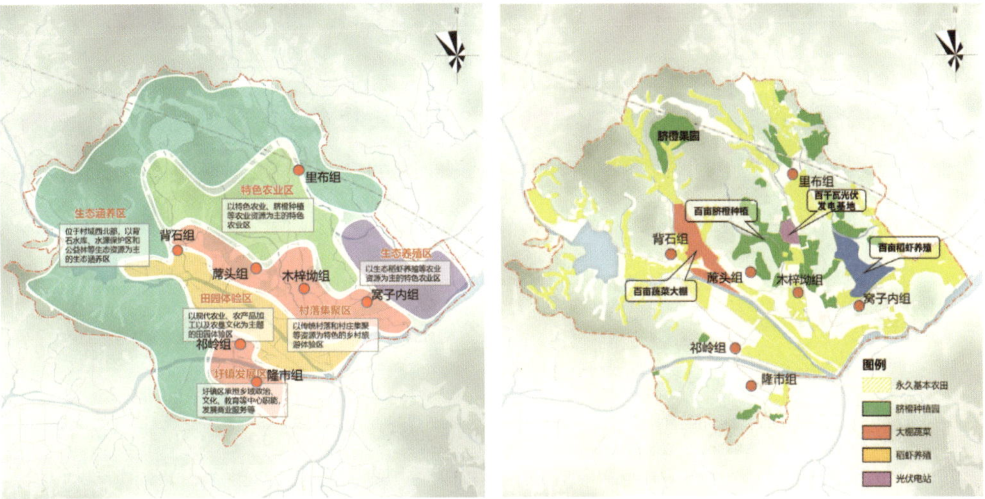

图10-52　产业空间发展规划

乡、村四级主体，并吸纳帮扶县规划编制力量、典型村相关人员参与，共同编制村庄规划，优化村庄土地资源配置。

2. 全域联动，借鉴广东等地区先进经验，将隆坪暴动、宗教朝圣、现代农业等资源串联成线，形成农文旅融合的全域产业发展格局

依托隆坪乡深厚的文化底蕴和优越的生态环境，深入挖掘隆坪乡木客文化和山歌文化、耕读传家的诗书文化和红色革命文化的传承基因，结合隆坪村美丽乡村建设，积极推进隆坪山歌特色小城镇建设，培育上洛乡音文化旅游区，做好山歌文化的传承保护与开发，成为“十送红军发源地，兴国山歌唱起来”的音乐乡村（见图10-53）。

图10-53　乡域产业体系规划

3. 实用性强，强化存量规划思维，谋划盘活利用低效建设用地，满足近期产业发展和建房需求

坚守底线思维，严格落实生态保护红线和永久基本农田保护线。腾退底线内与保护要求不相匹配、不兼容的建设用地，合理举证可允许存在生态保护红线中的具体项目，科学制定耕地潜力补划、底线复垦台账等相关工作。

（四）工作成效

1. 共同完成乡村振兴示范点建设

协同全县乡村振兴局、农业农村局、自然资源局、隆坪乡政府等10余个部门共同推动隆坪村试点乡村振兴。试点片区的乡村规划建设成果为全乡的乡村振兴工作提供了重要的愿景蓝图和空间保障。

2. 规划产业发展空间初具规模

结合基础农业资源，依托隆坪村资源环境优势，大力发展四个“百”现代农业，叠加产业兴旺扶持政策，助力新兴特色农业产业蓬勃发展，积极推动隆坪村农文旅产业高质量发展，形成“主导产业+特色产业”的三产融合发展新路径。

3. 有序实施近期建设项目

紧抓近期正在实施和亟须实施的重点建设项目，梳理形成村庄规划近期建设项目库，并建立衔接资金使用指导目录，确定“正面清单+负面清单”，做好与乡村公共基础设施管护工作的衔接。

第四节 ▸ 综合类

一、存量挖掘，镇村融合区彰显生态文化特色——江西省于都县梓山镇梓山畲族村村庄规划

（一）基础情况

1. 村庄概况

梓山畲族村位于江西省赣州市于都县梓山镇，是梓山镇镇区驻地，全村面积8.23平方公里，村庄整体南高北低，自南向北呈“山体—盆地—河流”的阶梯地貌，呈现“四山三田园、一水一村居”的总体空间格局（见图10-54）。全村共有25个村民小组，户籍1700多户，常住人口5600多人，少数民族人口2000余人。在

脱贫攻坚期间，建成富硒蔬菜产业园，产业片区已初具规模。该村已修建通组路14条共8.5公里，5个村小组通组路基本硬化，人居环境建设取得了一定成效。

图10-54　梓山畲族村

2. **主要矛盾和问题**

该村主要有两大特色。一是城郊产业村。紧挨着于都县中心城区，距县城东15公里，位于梓山镇镇区两个圩镇之间，社会经济活力较高，同时也吸纳周边村民入住本村，因此动力足，用地需求旺盛，但需解决用地缺乏整合、空间保障问题。二是畲族生态村。该村是全县两个畲族中畲族人口最多的村，畲族文化底蕴深厚，还建设了梓山畲族村文化展览馆，但众多物质文化遗产尚未充分整合。另外，该村生态本底较好，背山面水，沿江分布林带，生态资源丰富，但有些仍处于沉睡状态。

3. **任务或目标**

一是促进区域协调，加速资源整合，通过区域联动，资源整合，构建高质量发展新机制，重塑村庄乡村振兴战略实施新框架，大力培育新的经济增长点，为高质量发展走向前列提供重要支撑。二是提升文化赋能，激活产业，提升标准、补齐短板、紧跟时代，全面完善农村基础设施，有计划有步骤地补齐基础短板。

（二）规划主要内容

1. 区域联动，资源整合，构建“一带、两轴、三片”总体发展格局

围绕旅游服务，构建畲情民俗文化展示、旅游接待、文化体验、红色记忆主题活动，构建贡水魅力滨水休闲带。沿着主要干道形成沿323国道城乡发展拓展轴和沿559乡道-朱公段特色文旅发展轴。结合不同区域的分区特点形成3个发展片，包括北部一二三产业融合发展区、南部生态康养区、中部美丽田园体验区。

2. 落实底线，挖掘存量，强化全域村国土空间用途管控

村域范围内，落实城镇开发边界55.19公顷，主要紧挨着圩镇、沿国道布局；落实永久基本农田223.38公顷，主要分布在村域北部；落实生态保护红线273.5公顷，主要分布在南部山区和北部贡水。规划建设用地144.45公顷，其中城乡建设用地118.29公顷，在开发边界外的建设用地为85.56公顷，主要分布在村域中北部。

3. 共建共享，综合利用，构建镇村联动的乡村优质生活圈

强化村域内交通可达性，联通国道、高速，谋划同城区客运站点接驳线路，用足半小时经济圈优势。提升区域服务设施，以县、镇、村共享的三级设施体系，综合利用资源，激发自然本底资源潜力价值打造乡村优质生活圈。

（三）规划创新

1. 整治思维，充分盘活内部潜力

梓山畲族村紧挨着梓山镇区，乡村振兴任务较重，现状人均建设用地相对较大，而县镇国土空间规划缺乏新增规模。规划运用土地综合整治的思维，通过宅基地、产业、设施、人居环境等方面需求摸查，转化为项目用地台账；经过分析核减已纳入城镇开发边界内规模350亩、实际已建设面积1017亩，识别出未建设用地263亩，并结合“房地一体”调查数据、航拍图和现场调研核实，腾挪出难以利用的边角地和闲置用地153亩（部分见图10-55），保障了宅基地、配套设施和乡村振兴产业项目建设（见图10-56）。此外，提出对沙滩、山林中的采矿用地开展生态修复，释放了435亩建设用地，为村庄未来发展预留了空间。

2. 分类施策，保障宅基地合理需求

在各村组进行实地需求调查的基础上，通过多轮对接，并与地方农业农村局对接当年宅基地使用计划，初步摸清村庄新增分户需求。严格执行“一户一宅”政策，根据“房地一体”调查数据和人口数据，明确现状一户一宅、多户一宅、一户多宅、多户多宅的情况（见表10-7），以“拥有本村户籍且在2035年达到法

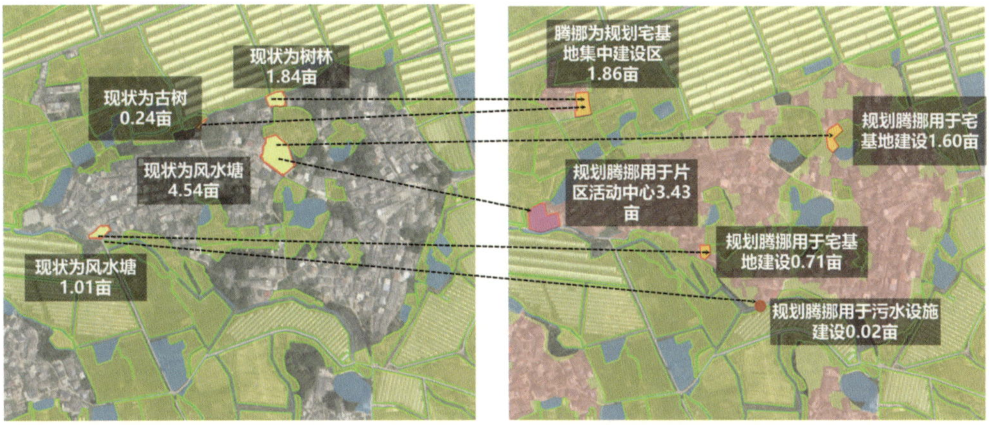

图10-55 梓山畲族村闲置用地腾挪使用

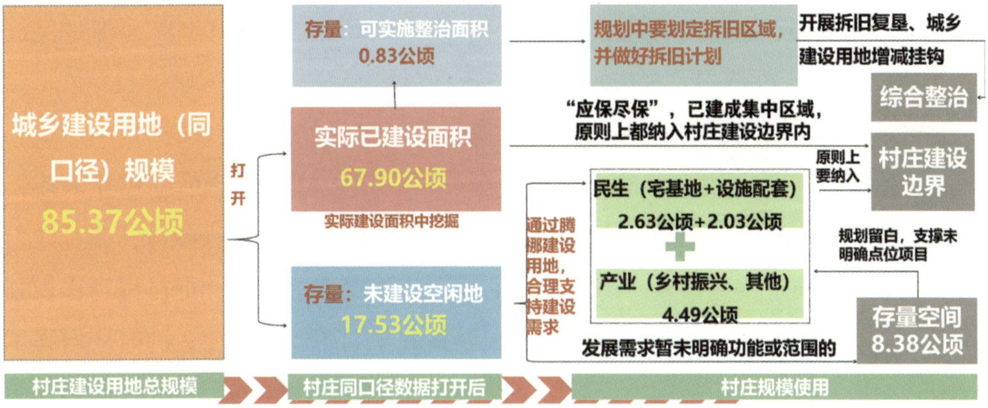

图10-56 村庄建设用地规模整理思路

定结婚年龄（22岁）的非独生男丁可获得宅基地”为认定原则，按照不同情况分类处理，优先保障符合“一户一宅”政策的新增分户需求。同时，结合乡村地区人口发展趋势，并通过户籍人口数预测对新增分户进行校对。

表10-7 不同的宅基地使用处理方式

类别	情况	新增宅基地处理方式
一户一宅	户籍在本村且只拥有一处宅基地的情况，占本村绝大多数	满足新增需求
多户一宅	多个权属人共同拥有一处宅基地的情况	按照地方的认定情况，经认定后户均宅基地不够的，重点满足需求
一户多宅	户籍在本村且拥有多处宅基地的情况，以一户两宅、一户三宅的情况较多，其他一户多宅情况相对较少	按照地方的认定情况，经认定后，不符合一户一宅条件的，建议逐步腾退
多户多宅	多个权属人共同拥有多处宅基地的情况	按照地方的认定情况，经认定后，分类处理

根据预测分户带来的新增宅基地需求，提出了两种农村村民住宅建设的思路和宅基地布局：一是在各村小组内通过挖潜单独安排宅基地；二是在行政村范围内集中建设农民新村，引导村民相对集中居住。

3. 整体塑造，赋能生命文化共同体

规划针对该村背山面水，自然生态良好，畲族人口占比大，是全省民族工作重点村、“乡村振兴·铸牢中华民族共同体意识示范基地”等特点，从生态、文化两个维度出发，沿“十里香樟带”打造2处重要景观节点和1条景观步道，并结合畲族村落、红军故居、祠堂、古树名木等历史文化遗存优化1处文化展览馆，打造畲客族群交流交融的民族文化广场，以及村民交流的8处老人儿童活动中心，并营造贡水南岸集自然人文于一体，具有畲族特色、文旅共享的公共空间，充分激活村庄自然人文资源价值，吸引众多游客“打卡”，促进民族融合。

4. 村民主体，面向用户分类优化成果

一是规划建立自然资源部帮扶片领导、县、镇、村和设计单位相互衔接，全过程共同参与的工作机制，充分尊重村民主体，鼓励其全过程参与，通过线上工作群对接、线下实地核查、现场工作汇报和座谈交流等方式，把村民当作规划师、设计师，让村民直接参与规划编制，以提升规划布局精准度，同时还增强了村民的规划参与感。二是规划成果简洁易懂，面向行政主管部门形成行政管理版成果，面向乡镇实施主体和企业形成乡镇实施版成果，面向村民以图文并茂的形式形成村民实用手册（见图10-57）。

此外，制定用地兼容规则，保障村庄用地在合理布局的情况下保持一定的灵活性，并针对村域内的产业用地，参考控制性详细规划相关管理规定制定不同的管控要求，提出不同的开发强度控制要求，为探索集体经营性建设用地入市奠定基础，满足村庄规划不同主体需求，确保规划有效实施。

（四）工作成效

1. 同步指导村民建房

项目组通过陪伴式服务，与村委的村民建房、设施建设等近期选址紧密衔接，引导建设合理布局、不占用底线；与施工设计团队互动沟通，协助建设项目明确用地、规模等方面的难点堵点；整体引导村庄在建项目的合规性。

2. 强化了规划引领作用

在规划过程中，梓山镇畲族村同步设计了《梓山镇畲族村乡村振兴规划设计

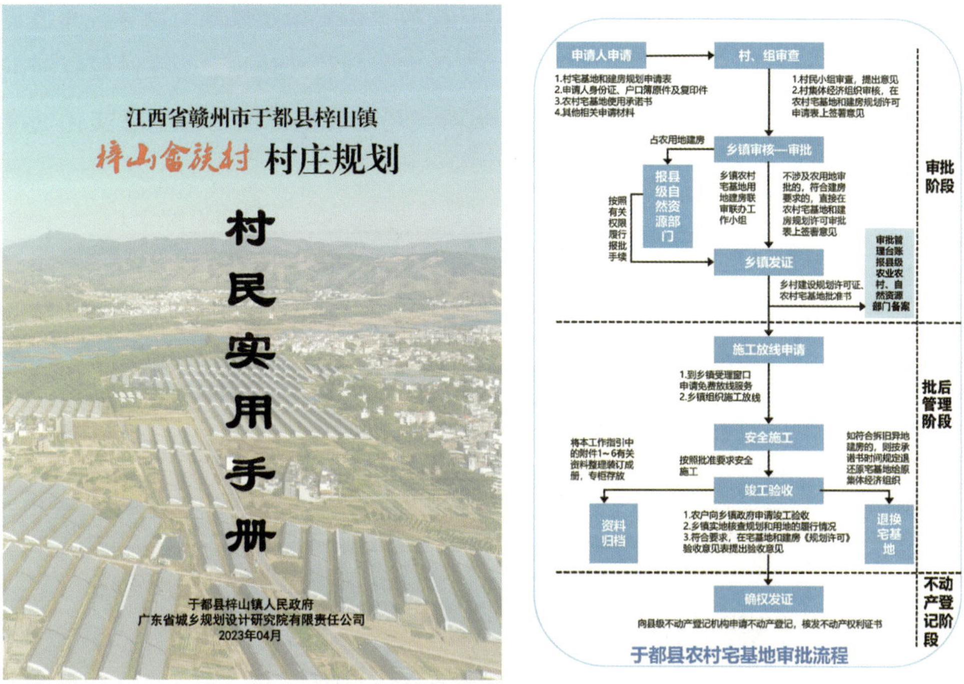

图10-57　梓山畲族村村庄规划村民实用手册及于都县农村宅基地审批流程

方案》，规划项目组充分对接，既指导设计团队的设计方案不触碰底线，又吸纳了设计团队好的思路。

二、粤北生态区乡村生态文化资源价值实现路径——连州市东陂镇村庄规划

（一）基础情况

东陂镇，依山而建，因水而起，形成了“阡陌连村山间绕，碧水林斑护村园”的山水林田大格局，是典型的粤北生态区村庄。东陂镇文化多元，特色鲜明，是湘粤古驿道上的明清商埠重镇，有清远市唯一的国家5A级旅游景区——连州地下河，有抗日名将冯达飞将军纪念馆、华南教育历史研学基地等丰富的历史文化要素。

东陂镇总面积109.5平方公里。全镇共9个村民委员会，总人口31775人，下辖卫民村、塘联村、江夏村、西塘村、东陂村、东塘村、前江村、大江村、香花村9个行政村，全部纳入规划范围（见图10-58）。

东陂镇政府依托东陂镇独有的山水人文资源，以龙头景区为带动、以多元文化为载体、以特色农业为支撑、以产旅融合为导向，致力于把东陂镇打造成为

清远市全域旅游样板区。同时，规划结合华南教育历史研学基地、南粤古驿道建设等重点落地项目，通过编制“多规合一”的实用性村庄规划，为东陂镇描绘出“山水人居、产村互动”的发展蓝图，从而实现粤北生态区乡村生态文化资源价值兑现的探索实践。

图10-58　东陂镇村庄规划优化提升范围

（二）规划主要内容

1. 认识本底：识别生态资源斑块与文化基因

（1）生态筑基，识别生态资源斑块。

以“三调”数据作为全域资源要素的基础底板，结合现状村庄建设情况、生态资源的种类以及地形地势对全域山体、水系、林地、耕地、田园、坑塘水面等生态资源进行空间类型划分，明确不同空间类型生态资源的数量、面积和空间位置（见图10-59）。

对生态资源要素通过指标构建的形式进行评价，从生态资源斑块的面积、数量、分布形态评价乡村生态资源的景观格局；从生态资源斑块的类型、与自然廊道和人工廊道的联系程度评价乡村生态资源的生态服务功能；从生态作用、可达性等方面评价乡村生态资源的社会服务功能，分类评价现状生态资源斑块的价值。将生态资源斑块功能价值评价结果与基于地形地貌条件得到的全域开发适宜性进行叠加分析，实现对乡村生态资源本底的精细识别与价值评价。

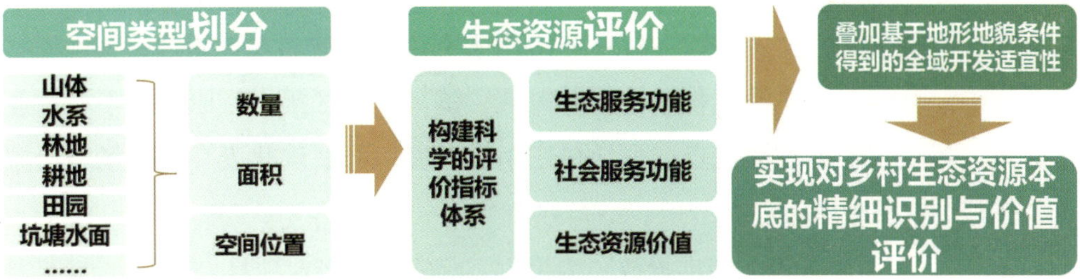

图10-59　生态资源评价

（2）寻本固源，梳理文化基因。

乡村文化资源主要包括物质文化遗产和非物质文化遗产两类。物质文化遗产主要包括历史遗迹和革命遗址，非物质文化遗产主要包括民俗活动、历史名人等。规划收集整合全域各级文物保护卷宗档案、测量资料、保护名录，确定村域物质文化遗产。东陂镇全域约有15公里古驿道，拥有中国传统村落1个、广东古村落2个以及省立文理学院旧址等历史文化遗产。

2. 聚焦保护：分类确定空间保护手段

（1）定量、定界落实刚性管控底线，明确禁建空间。

刚性管控村域空间，定量、定界落实生态保护红线、永久基本农田控制线、重点生态公益林控制线，保障生态环境及农业生产。

（2）分类、分级划定乡村历史文化保护线，管理限建空间。

规划划定传统村落、文物保护单位、不可移动文物、历史建筑保护范围界线，以行政村为单位制定乡村历史文化资源名录及保护要求，严格控制核心保护区范围内的建构筑物，不得进行破坏性活动。

（3）增存并举，弹性划定村庄建设用地边界线。

规模管控以“三调”建设用地与生态红线、永久基本农田保护线套合为框定基础，合理划定“三生”空间，重点考虑产业发展、公共服务设施和基础设施用地；引导产业沿轴带集聚发展，串联文化空间、自然资源；在用地布局优化上，规划按照定底图、摸底数、理需求、列台账、统规模、优边界的总体思路，弹性划定村庄建设用地边界线。

3. 资源利用：促进生态文化资源价值转化

（1）生态修复：实施山水林修复，延续优质生态空间。

保护延续东陂镇“阡陌连村山间绕，碧水林斑护村园”的山水林田大格局，规划落实生态修复项目，分类型制定相应的修复措施。

（2）腾笼换鸟：通过活化利用功能置换，优化建设用地结构与空间布局。

以“存量优化、减量规划”的思路，根据村庄发展定位及引导集聚发展的需求，梳理存量建设用地共148.29亩，提出优化整理措施，进行功能置换，梳理现状工业用地，对于污染企业逐步引导远期向县、镇工业园区集中，原址用于旅游业态建设，搬迁山中零散居民点，引导村庄集聚发展，开展现状废弃养殖场整治搬迁，整理为农林用地。

（3）筑巢引凤：以“精准投放”为手段，落实乡村产业项目。

以山水资源、多元文化为吸引，以绿道、古驿道等线性空间为纽带，将资源优势有效转化为产业经济优势。通过收集准确的产业项目用地红线，对重大项目进行排序，落实近期重要建设项目需求。对于有发展意向但未明确用地红线的产业发展项目，做好用地规模预留，远期通过点状形式落实用地，有效引导产业项目布局。结合村庄发展建设旅游业态配套设施，打造基础设施完善的营商环境和产业平台。

（三）规划创新

村庄规划层面的要素管控，要将各项管控要素落实到地块图斑，并传递到村域资源开发与村庄详细设计中，用于指导村庄的建设实施。规划在“一图一表一规则一库”的基本成果要求上，针对全域空间要素，尝试探索村庄规划分级分类管控模式。

1. 明确各类空间管控要素，刚弹结合开展要素管控

针对全域乡村生活、生态、生产三类空间，细化三类空间的管控对象、管控要点和管控要求。明确各类空间的管控要求，分为刚性管控和弹性管控两部分。提出明确的刚性定量、定界管控，刚性管控各类空间用地规模与边界，明确控制底线不突破。对空间项目落实和村庄风貌改善提出弹性指引和设计，提出准入机制及开发导向，对村内道路交通、公共服务设施、公共空间、项目策划等提出弹性管控。

2. 通过优化管控成果表达，确保规划成果看得懂、能落地、好监督

在落实“一图一表一规则一库”的规定性成果基础上，优化成果表达，增加自然村村庄建设总平面图，以自然村为单元，以点、线、面示意空间定位，以建筑颜色区分整治分类，以近期建设项目表清晰表达建设内容及要求。形成规范精准且通俗易懂的村庄规划成果，助力村庄建设管理，确保规划成果看得懂、能落地、好监督。

（四）工作成效

1. 提出资源保护和修复措施，实现资源资产的保值和增值

根据资源资产价值量及分布结构、土地开发及保护等要求，有效提出资源保护、修复、整治和开发工作，实现资源资产的保值和增值。通过衔接落实东陂河水体修复、矿石生态修复、裸地复绿、荒地复耕等生态修复工作，优化生物多样性保护网络，有效保护东陂镇的山水资源格局，有效提升生态景观价值（见图10-60）。通过落实历史文化资源空间保障，传承与活化东陂镇历史文化资源，焕发资源活力。

2. 搭建“生态+文化”全域旅游发展平台，实现镇区变景区

通过平台搭建，合理开发，把资源转化为资产，实现自然资源价值兑现。首先，建设“古驿道+滨水绿道”慢行系统串联特色景点，盘活闲置建设用地，提高用地价值，完善公共服务设施、旅游服务配套设施，搭建产业发展平台。其次，发挥连州地下河、香花仙岩山、冯达飞故居等资源优势，建立起一批“山水+文化”旅游项目品牌，以农业特色化、山水风景化、文化多元化促进全域旅游产业发展。

图10-60 东陂镇全域效果图

三、减量提质、探索留白，以乡镇国土空间规划联动编制——肇庆市怀集县下帅壮族瑶族乡竹六村村庄规划

（一）基础情况

1. 村庄概况

竹六村位于怀集县北部，是珠三角连接大西南、两省（区）（广东省、广西壮族自治区）三市的交界地，下辖7个自然村，总面积约1589公顷。2020年全村共671户，户籍人口2706人。竹六村作为粤港澳大湾区边缘欠发达地区具有少数民族（壮、瑶）文化及生态环境特色的村庄，村域内自然本底良好，山环水绕，层层梯田。拥有县级不可移动文物4处：兵营遗址3处、古民居1处；非物质文化遗产2项：春牛舞和壮狮舞。近年来，在国家、广东省少数民族政策及建设资金的大力支持下，竹六村的基础设施及人居环境整治成效得到了较大提升。

2. 主要矛盾和问题

一是民族政策支持、特色资源与村庄现状低效发展的矛盾。虽然竹六村享有多项民族政策支持，拥有独特的壮、瑶民族文化及单枞茶、砂糖橘两大较有特色的农业种植基地，但仍处于初始发展阶段，亟须大力高效融合政策优势与本地资源，从而助力特色产业（旅游）发展，带动村民就业。

二是产业发展空间需求与低效的建设用地的矛盾。现状户均建设用地447平方米，其中居住用地高达328平方米/户，远超出广东山区一户一宅150平方米以下的要求，用于设施配套及产业发展的建设用地仅为7.99公顷，且未预留产业发展用地。

三是风貌特色缺导控。人居环境及民房建设缺少有效导控，新房无特色，特色传统民居未得到有效保护和利用。

（二）规划主要内容

加强产业发展谋划和引导，减量提质、探索留白。统筹乡域发展规划，以总建设用地负增长为目标，预留产业发展建设用地指标空间，摸清底图底数，分层、按需编制减量提质村庄规划。

加强与县、乡镇国土空间规划的上下互动与衔接协调。乡镇国土空间规划联动村庄规划，以“三调”为基础，各行政村、自然村为基本单元，在乡国土空间规划中统筹所属5个行政村国土空间建设用地指标，落实、修正生态保护红线和永久基本农田的基础上，控制乡域建设用地总指标，针对竹六村实际发展情况，对建设用地实现减量提质。

实地摸查，在满足一户一宅民生建设用地指标诉求的基础上，留足产业发展空间需求。通过摸清规划期内村庄10～30岁适龄男性人数，根据村庄减量发展大趋势，预判新增分户数，按照一户一宅刚性需求，预留一定弹性宅基地指标，以户定宅（宅基地），以宅为主定建设用地，将现状户均居住用地面积（即一户一宅）从328平方米/户调整为160平方米/户，据此可减少宅基地面积约11.67公顷。

针对村庄现有民族政策支持与发展需求，在减少的宅基地用地指标中划定一定比例的弹性留白空间，面积约3.5公顷，开展符合乡村振兴产业条件的建设活动，刚性与弹性相结合，减少规划实施过程中的频繁调整，增加规划的可执行性。保证减一户多宅民生建设用地的量后，提乡村产业发展用地的量和质，为乡村发展预留产业建设用地弹性空间。

尊重自然地理格局，优化全域全要素用地空间布局，加强建设用地空间的精准落地。从乡域到村域进行地理空间分析，理清山水林田自然等要素，通过叠加生态基底、底线管控、各自然村村落格局，综合考虑自然生态格局、村庄建设控制、交通等设施配套以及产业发展空间布局等要素，保护延续乡村大地景观，划定历史文化保护线、地质灾害和洪涝灾害风险控制线，优化涵盖生态、生产、生活、交通和安全等全域全要素用地布局。

分级、分区精准落实全域全要素用地管控（见图10-61）。在村域层面，加强

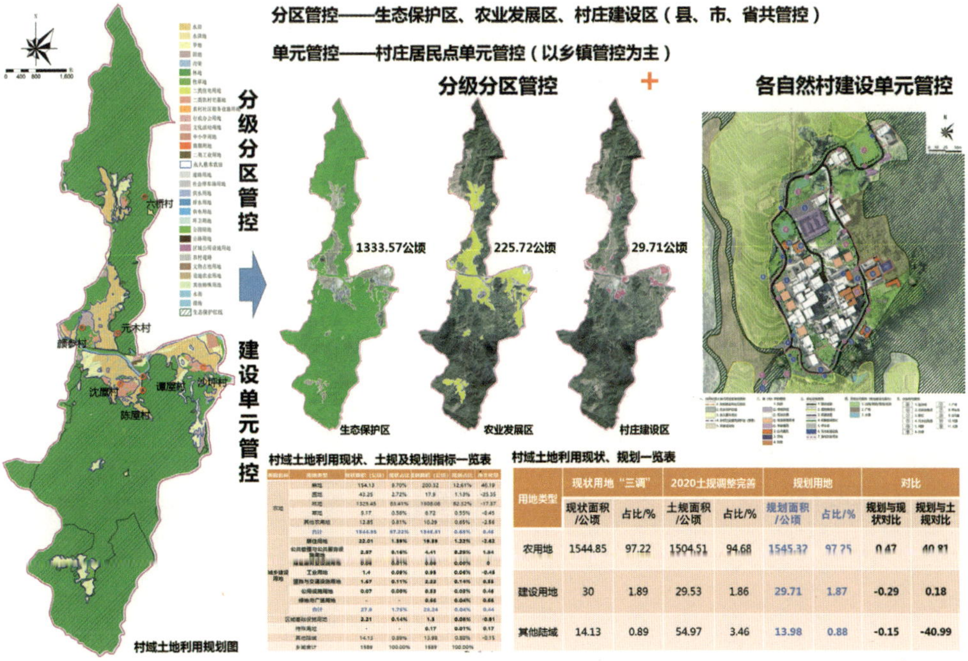

图10-61　分级、分区精准落实全域全要素用地管控情况

各类指标、管控线与县、乡镇国土空间规划的衔接协调。在充分尊重村民民生诉求的基础上，增强村庄最基层构成单位即自然村居民点空间用途的刚性管控和建设弹性导控，从根本和关键点上提高村庄规划空间管控的实操性。

充分挖掘优势发展条件，强化规划特色提升。竹六村所属的下帅壮族瑶族乡是广东省七个少数民族乡之一，享有多项民族政策支持，具有较为丰富的壮瑶历史文化底蕴和较突出的特色人文自然资源，有单枞茶和砂糖橘两大比较有特色的农业种植基地。规划通过协调交通区位、景观资源及发展形式三大要素，明确该村发展特色定位，通过建设行动提升茶海梯田、砂糖橘基地、瑶家牧场、滨河公园、下帅乡民族学校等多个特色节点，使村庄规划特色得以真正提升。

简明、优化表达成果形式，使村民、政府或社会投资清晰了解村庄规划内容并配合规划工作。分类、分级形成通俗易懂、各取所需的一套图，以各自然村为基本管控单元，形成自然村用地管控和建设导控“一张图”，图例通过设置用地管控线及建设导控两大分类，对应单元管控图纸，并辅以现状无人机拍照表达示意图，做到简单明了，易于村民理解；通过规划信息平台“一张图”形式，加强省、市、县、乡镇、村域层面的联动统筹，实施“五级”精确管理。

（三）工作成效

通过建设用地减量提质既保障了新增分户宅基地刚性民生需求，又通过用地留白预留了产业发展用地弹性空间。通过多次实地调研、入户摸查，乡镇沟通协调，按照以人（规划期内一定比例留村的适龄男性人数）定户，以预测户数定规划住宅用地规模，保障合理用地，通过产业建设用地留白保障乡村振兴项目用地需求。

竹六村村庄规划旨在优化用地布局、乡村国土空间有效管控，明确各部门职责及相互管理。在做好通盘考虑土地利用、产业发展、居民点布局、人居环境整治、生态保护和历史文化传承的同时，按照“管什么编什么”“编管结合、有序推进”，紧紧围绕人口、用地、产业和设施四个要素，从县（市）域、镇域和村域三个层次做好空间布局与土地资源要素管控，按需、分时、分类做好空间管控、项目策划和计划实施，形成部门联动、各司其职、有效管控、突出重点的平台插口村庄规划。

四、基于数据平台优化规划编制工作——新兴县东成镇片区村庄规划

（一）基础情况

1. 村庄概况

新兴县东成镇片区村庄规划包含布填村、都斛村、思本村、扶桂村、云河村、碧塘村6个连片村庄，位于新兴县东成镇中南部，江罗高速和省道113贯穿其中，交通便利，区位优良。总面积33.21平方公里，户籍人口12188人，总户数2677户。由于村庄现状人居环境、设施配套、产业结构、文化资源等相关因素的不足，以上6个村集体经济较为薄弱，村民收入有待进一步提高。

2. 主要矛盾和问题

村庄规划编制方式转变的问题。传统的村庄规划编制大多是以地方政府为核心的单边主导编制模式，是一种线型的不负责的参与，这个过程是单一的编制流程，是以政府（或建设单位）、规划师为主导的自上而下的规划编制模式。缺乏村民参与的传统规划结论不切实际，给后期的规划落地实施造成了一定的困难。

村庄规划如何创新成果表达的问题。规划成果表达缺乏联系性——在过去的村庄规划中，空间布局的规划占较大部分篇幅，设计图往往试图采用简单的空间布局来描述村庄建设远景和实施手段，更多体现的是现状和远景建设成果两个静态比较，缺乏实施计划性，缺乏实施过程中各类型村庄的有效引导，规划实施过程表达缺乏可读性，导致实施主体憧憬美好未来却又无从着手。

（二）规划创新

1. 平台引领、村民主体、镇村联动，共同参与村庄规划

坚持村民主体，让村民全流程参与规划编制；全力打造云浮市村庄规划编制信息平台，让村民看得见自己做的村庄规划。（见图10-62）

规划以信息平台为依托，明确政府与村集体工作边界，由镇政府组织领导、村委会和村民发挥主体作用，规划编制人员负责技术指导，建立“共谋、共建、共管、共评、共享”的村庄规划编制工作机制，主要特点可概括为“联动、节约、长效、谋篇”，具有较强的推广价值。

用平台——借助信息平台，有效节约规划编制成本。通过信息平台信息技术，实现数据有机整合，构建数据生态，大大降低镇、村各级村庄规划编制的沟通成本，提高工作效率；利用信息平台，实现线上审核规划成果，降低了审

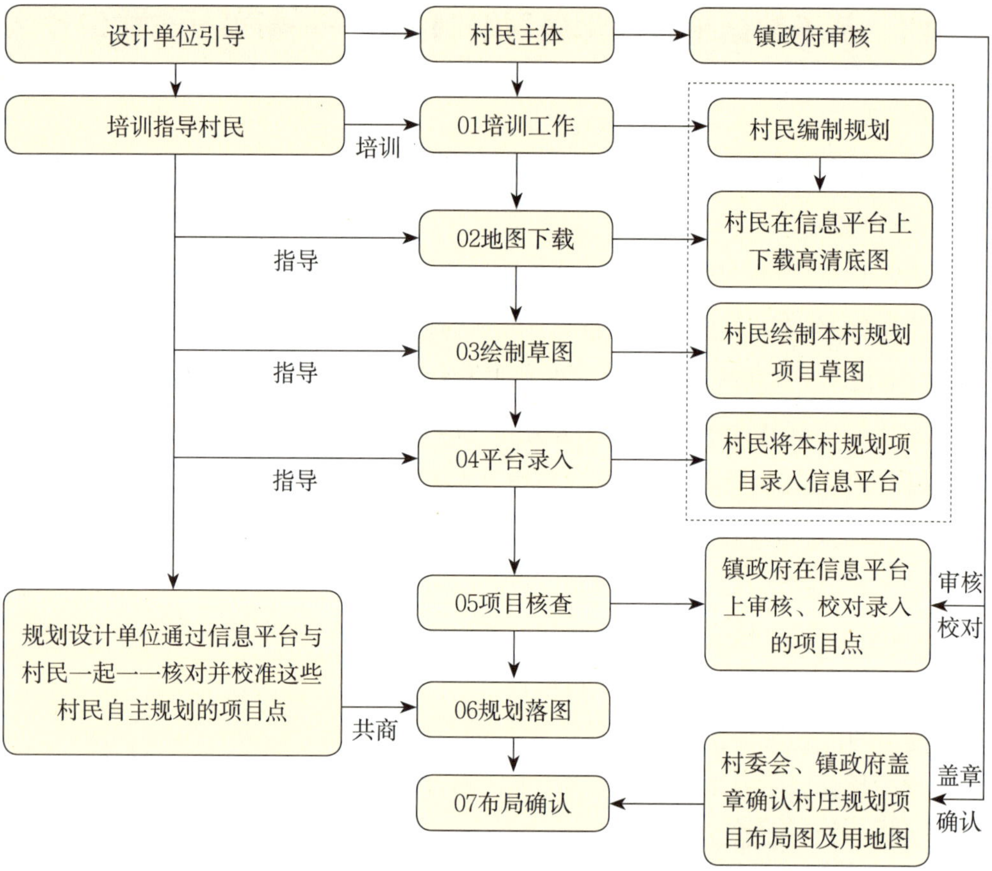

图10-62 村民自主编制规划

核成本；同时，本村庄规划成果简明扼要、规范严谨、通俗易懂，也节约了财政资金。

明标准——培养村民技能。各自然村在信息平台下载村庄的高清航拍图作为底图，采用统一的简明标识，用线表示道路、供水管、污水管等设施，用点表示垃圾池、公厕等设施，用方块表示文化室、球场、污水池等设计，在底图描绘并标注项目名称、位置、规模等，然后召开村民代表大会进行共评，形成简单、直观、易懂的规划草图和村庄规划建设项目汇总表。

强指导——增强村民意识。在规划编制过程中，跟进做好指导服务，镇党委、政府、规划师做好业务指导工作，明确乡村建设的生活垃圾、生活污水、公厕、村道拓宽等六大类项目绿色区，以及非必要的红色区，避免民意规划与当前政策脱节，及时解答、解决群众提出的困难和疑问。

多途径——鼓励村民参与。充分借助国庆、中秋等传统节日，通过微信群、村民小组会议等形式，充分听取外出乡贤、本地村民的意见建议，鼓励群众共同出谋划策、共商共议村庄规划。

2. 村庄规划从闭门造车到多方参与的改变

坚持开门编规划。以规划团队为枢纽，依托“三师”专业志愿者和广东省自然资源厅成立的专家指导组，加强对村庄规划编制的技术指导，引导熟悉当地情况的乡贤能人和投资乡村建设的企业参与规划编制。征集各方意见和了解村民意愿，调动村民积极性，从源头上保证了规划的可行性。

坚持村民主体地位。全面深入开展乡村调查和入户调研，利用信息平台导出的高清影像图，与村民共同编制村庄规划项目（见图10-63），并建立微信工作群，充分听取村民的诉求和意见。将编制完成的村庄规划总图、村庄建设项目布局图、管制规则在村庄公共场所粘贴公告。召开村民代表大会，征得村民代表的同意，尊重村民的意愿。做到全体参与、全面参与、全程参与，群众共同出谋划策、共商共议村庄规划，从“要我做”转变为“我要做”，改变村庄规划政府唱独角戏的现状。

图10-63 村民利用信息平台参与方案编制

3. 创新成果表达，分类编制，彰显特色

因行政村内各自然村发展存在差异，为详略得当地谋划村庄发展，在行政村分类的基础上，根据自然村的发展基础和实际发展情况，将自然村分为一类、二类、三类、四类，依类确定各自然村的规划重点和规划成果内容，确保村庄规划成果实用、好用。

一类自然村成果主要以“一公约”为主，制定实现人居环境整治相关规定并纳入村规民约，如低塘自然村。二类自然村成果主要以“一图一表一公约”为主，明确村庄建设边界，提出垃圾治理、卫生厕所、污水治理、公共设施、村道建设等整治项目并明确时序，如罗坑自然村、下料自然村、红新自然村、丹碟自然村、坩村自然村。三类自然村成果主要以“两图一表一公约”为主，在二类自然村成果上，制定厕所粪污治理项目、农房建设和改造、村容村貌提升和长效管护机制建设等相关措施，如布填自然村、扶桂自然村、新塘自然村、思本自然村。四类自然村成果主要以“三图两表一书一公约”为主，在三类自然村成果基础上，提出建设管控要求和特色风貌保护要求，如云河自然村、碧塘自然村（见图10-64）。

图10-64　试点片自然村分类

（三）工作成效

本规划激发了村庄上下参与村庄规划优化提升的热情，让村民进一步提高了对村庄规划重要性的认识，也提升了村庄规划编制能力，形成了多方参与村庄规划的强大合力，加快了乡村振兴建设步伐。

以信息平台作为规划的主要编制方式，充分发挥村委会和村民在村庄规划与建设中的主体和核心作用，提升村庄规划的空间响应能力，实现村民自主编制极具当地特色的村庄规划，形成村民看得懂的村庄规划成果，把村庄建设成为干净、整齐、和美的生态宜居美丽乡村。

第十一章 当前若干困惑的思与辨

村庄规划工作在我国已开展40多年，现已逐步形成《中华人民共和国城乡规划法》（简称《规划法》）、《村庄和集镇规划建设管理条例》（简称《管理条例》）、《村镇规划编制办法》（简称《村镇办法》）等规划编制管理体系，成为指导村庄开展建设活动的主要依据。2019年，《中共中央 国务院关于建立国土空间规划体系并监督实施的若干意见》（简称“18号文”）、《自然资源部办公厅关于加强村庄规划促进乡村振兴的通知》（简称“35号文”）也明确村庄规划是法定规划，是国土空间规划体系中乡村地区的详细规划，新时期各个部门赋予了村庄规划越来越多的责任，但由于过渡期各类政策尚待完善、原有政策惯性的延续，各省市在积极响应细化各自的村庄规划编制指引、推动各地村庄规划管理实践过程中存在诸多困惑，村庄规划也逐渐难堪重负。

第一节 ▸ 规划层级之思与辨

一、当前规划层级之困惑

（一）“总体规划+建设规划”与详细规划

现行《规划法》中虽未明确村庄规划属于总体规划或详细规划，但《管理条例》《村镇办法》中已明确村庄规划分为总体规划和建设规划。在实际规划管理中，虽然村庄建设规划编制要求与《城市规划编制办法》中的控制性详细规划、修建性详细规划的深度要求不完全一致，但它是乡村地区核发乡村建设规划许可证的依据，其功能类同于详细规划。35号文明确提出村庄规划是国土空间规划体系中乡村地区的详细规划，却未明确村庄规划所属的详细规划类别，导致在村庄规划内容和规划深度上都不好把握。

（二）当前村庄规划层级困惑的原因分析

以上困惑主要由两个方面原因导致。首先，目前各类文件虽将村庄规划定位为详细规划，但在内容上村庄规划任务包括“八统筹一明确”，既要管控建设空间的建设指标，还囊括了村域总体层面的统筹任务，覆盖全域全要素，导致在村庄规划实施过程中，规划内容超过详细规划范畴。如近期各省市村庄规划编制实践中，部分村庄规划内容包罗万象，被戏称是“小型国土空间规划”。其次，由于详细规划包括多种类别，村庄规划在编制过程中执行的标准不一，导致规划深度差异较大。控制性详细规划包括用地性质、公共设施配套、交通规划、市政设施、城市设计指导原则等建设空间中的内容，聚焦建设空间的建设指标管控；修建性详细规划重点关注建设空间内的建设工程，包括工程设计和经济预算；村庄建设规划主要对住宅和基础设施、生产配套设施作出具体安排；而村庄规划除了总体层面的管控要求，还要因地制宜提出村域基础设施和公共服务设施的选址、规模、标准等要求，提出住宅的规划设计要求。因此，各省市在规划实践中都存在理解差异，有些按照“村域规划+居民点建设规划”深度指引，如海南省、河南省、江苏省；有些按控制性详细规划深度指引，如上海市、浙江省；有些还包括村庄设计，如广西壮族自治区、河南省。现行详细规划与村庄规划内容深度对比见表11-1。

表11-1　现行详细规划与村庄规划内容深度对比

类别	规划内容与深度要求
控制性详细规划	确定规划范围内不同性质用地的界线，确定各类用地内适建、不适建或者有条件地允许建设的建筑类型 确定各地块建筑高度、建筑密度、容积率、绿地率等控制指标 确定公共设施配套要求、交通出入口方位、停车泊位、建筑后退红线距离等要求 提出各地块的建筑体量、体型、色彩等城市设计指导原则 根据交通需求分析，确定地块出入口位置、停车泊位、公共交通场站用地范围和站点位置、步行交通以及其他交通设施；规定各级道路的红线、断面、交叉口形式及渠化措施、控制点坐标和标高 根据规划建设容量，确定市政工程管线位置、管径和工程设施的用地界线，进行管线综合；确定地下空间开发利用具体要求 制定相应的土地使用与建筑管理规定

（续表）

类别	规划内容与深度要求
修建性详细规划	建设条件分析及综合技术经济论证 建筑、道路和绿地等的空间布局和景观规划设计，布置总平面图 对住宅、医院、学校和托幼等建筑进行日照分析 根据交通影响分析，提出交通组织方案和设计 市政工程管线规划设计和管线综合 竖向规划设计 估算工程量、拆迁量和总造价，分析投资效益
村庄建设规划	以村总体规划为依据，确定村庄的性质和发展方向，预测人口和用地规模、结构，进行用地布局，合理配置各项基础设施和主要公共建筑，安排主要建设项目的时间顺序，并具体落实近期建设项目
村庄规划	统筹村庄发展目标、统筹生态保护修复、统筹耕地和永久基本农田保护、统筹历史文化传承与保护、统筹基础设施和基本公共服务设施布局、统筹产业发展空间、统筹农村住房布局、统筹村庄安全和防灾减灾，明确规划近期实施项目 优化国土空间布局，落实生态保护红线和永久基本农田，划好历史文化保护线，明确生态、农业、农村住房、产业、基础设施和公共服务设施等各类用地布局 提出各类开发建设、修复整治等的管控和引导要求，因地制宜提出村域基础设施和公共服务设施的选址、规模、标准等要求，提出住宅的规划设计要求

二、详细规划之辨

（一）在国土空间规划体系内容中看村庄规划的层级

原乡镇总体规划不需明确镇区外的村庄用地布局，但乡镇国土空间规划需要统筹全域国土空间布局。市、县和乡镇国土空间规划要对上级国土空间规划要求进行细化落实，对本行政区域开发保护作出具体安排，侧重实施性，由省级政府根据当地实际，明确规划编制审批内容，各省要求不一。如安徽省要求县级规划应明确县域内村庄的分类与布局，统筹区域道路交通，明确乡镇、村层面社区生活圈等级和公共服务设施、公用设施配置标准，指导村庄规划落实永久基本农田、生态保护红线、历史文化保护线、洪涝灾害控制线等重要控制线，提出区域共建共享设施配套等方面的约束性和引导性要求。广东省要求在县、乡镇国土空间总体规划中划定村庄建设边界，明确村庄国土空间用途管制和建设管理要求。可见，村庄规划不能调整其上位规划传导下来的诸多管控底线，但可划定村庄建设边界，因此，对于村域的三大空间总体管控要素，村庄规划的调整权限较低。从这一层面看，在国土空间规划体系中村庄规划应有详细规划的深度，其作用及实用性才能体现。

（二）从村庄规划自身的内涵需求中辨析其规划层级

新时期村庄规划是“多规合一”实用性规划、详细规划、法定规划，通过对关键词的辨析可从另一个角度梳理出村庄规划的层级要求。第一，村庄规划是“多规合一”实用性规划。“多规合一”要求村庄规划要将村土地利用规划、村庄建设规划、村庄整治规划等规划融合，但不等于“村土地利用规划+村庄建设规划+村庄整治规划”，应综合其优势、去除其弊病，按照现有的法律框架和规划体系，以及“八统筹一明确”的全域全要素规划内容，显然不是村庄建设规划所能承担的；而实用性要求村庄规划不仅要面向自然资源部门针对空间用途管控，还要面向农业农村宅基地、产业，住建部门风貌和村民自身发展建设需要，让规划落地实施。这就意味着既要达到强化底线空间用途管控的要求，又要满足各部门、当地村民建设引导的实际需要。第二，在《规划法》中控制性详细规划、村庄建设规划是法定规划，但修建性详细规划不是法定规划，因此，村庄规划的法定内容和成果至少应该是控制性详细规划或者村庄建设规划的深度。

参考城镇控制性详细规划，村庄规划的成果可包括法定文件和技术文件。作为自然资源部门实施国土空间管制的法定规划，可形成前图后则的法定文件，精简表达，在村域层级落实乡镇层面的内容并进行细化，形成规划文本、一张类似控规图则的精简村域管控总图；但为满足“多规合一”的综合要素和各部门、村民主体多种类型的建设需求，应将这些内容纳入技术文件中，以满足多方实用性需求。综合性的村庄规划技术文件可分步编制、分步报批，先编制近期急需的人居环境整治等内容，后期逐步补充完善，并留好村庄规划与村庄设计的接口。

第二节 ▸ 规划覆盖之思与辨

一、当前规划覆盖之困惑

（一）村庄规划管理全覆盖和村庄规划全覆盖

我国村庄规划工作从20世纪80年代正式拉开序幕，以谋求通过村庄规划将治理下到基层。早在2015年，国家就开始谋求实现村庄农房建设都有规划管理，直到2021年中央一号文还提出“积极有序推进‘多规合一’实用性村庄规划编制，对有条件、有需求的村庄尽快实现村庄规划全覆盖”。从这些政策可知，国家主要强调规划管理的全覆盖，目的是使乡村地区在实际开发建设中有规可依。而在响应国家规划管理全覆盖的实际操作上，部分省份以推动村庄规划全覆盖来完成，如云南、河南、山东等省较早就已完成村庄规划全覆盖，后续湖南、海南、广东等省也已推进完成。显然各地对于政策要求的理解有所不同，部分省份根据实际需求，认为需要推进村庄规划全覆盖（见表11-2）。

表11-2 国家、部分省份关于村庄规划覆盖的政策

政策	村庄规划覆盖要求
《住房城乡建设部关于改革创新、全面有效推进乡村规划工作的指导意见》	到2020年，实现农房建设都有规划管理
《农村人居环境整治三年行动方案》	全面完成县域乡村建设规划编制或修编，推进实用性村庄规划编制实施，实现村庄规划管理基本覆盖
《住房城乡建设部关于进一步加强村庄建设规划工作的通知》	暂时没有条件编制建设规划的村庄，可以将县（市）域乡村建设规划、乡规划或镇规划作为村庄建设、整治和乡村建设规划许可的管理依据
《乡村振兴战略规划（2018—2022年）》	推动村庄规划管理全覆盖
《中共中央 国务院关于坚持农业农村优先发展做好“三农”工作的若干意见》	把加强规划管理作为乡村振兴的基础性工作，实现规划管理全覆盖
《中共中央 国务院关于全面推进乡村振兴加快农业农村现代化的意见》	积极有序推进“多规合一”实用性村庄规划编制，对有条件、有需求的村庄尽快实现村庄规划全覆盖
《河南省住房和城乡建设厅关于加强乡村建设规划许可管理工作的通知》	科学编制和完善乡村规划，提高规划的覆盖率，2018年底前全省要基本实现农村规划全覆盖
《山东省2016—2020年乡村规划工作方案》	到2020年，全省所有县（市）全面完成县（市）域乡村建设规划编制，全省达到村庄规划全覆盖

（二）部分省份推进规划全覆盖的原因

我国较早就开展了新农村建设和美丽乡村建设，发展至今已拓展到全面的乡村振兴战略实施，成为国家解决城乡发展不平衡问题与“三农”问题的重要决策，为乡村地区带来重大发展机遇。因此国家历年来均划拨大量专项资金投入新农村建设、美丽乡村建设、乡村振兴项目，各地方以美丽乡村建设规划、乡村振兴五年规划与村庄规划等规划编制作为建设基础，积极争取乡村振兴专项资金。加之在机构改革前，县、乡镇级国土空间规划重点面向的是建设空间，即使在国土空间规划体系建立初期，要求县、乡镇级国土空间规划覆盖全域全要素，但由

于尚未编制完成，编制“多规合一”的实用型村庄规划是近年来乡村地域实现法定规划管理全覆盖的唯一选择。因此，村庄规划在地方发展需求与高位政策要求下逐渐形成编制全覆盖的工作意识常态。如云南省推进完成131533个村庄规划编制工作，实现村庄规划全覆盖，为全省建设美丽乡村、提升人居环境和构建城镇村落一体化体系打好基础。广东省提出实施“千村示范、万村整治”工程的目标任务，要求在2027年底前，全省全部行政村达到美丽宜居村以上标准，提出十大任务和三类村庄的创建节奏（见图11-1）。而后来住房和城乡建设部虽然以推动县域乡村建设规划等大片区的乡村专项规划为基础，但其深度显然很难引导支撑美丽乡村的需求，因此部分省份确有其规划全覆盖的现实需求。

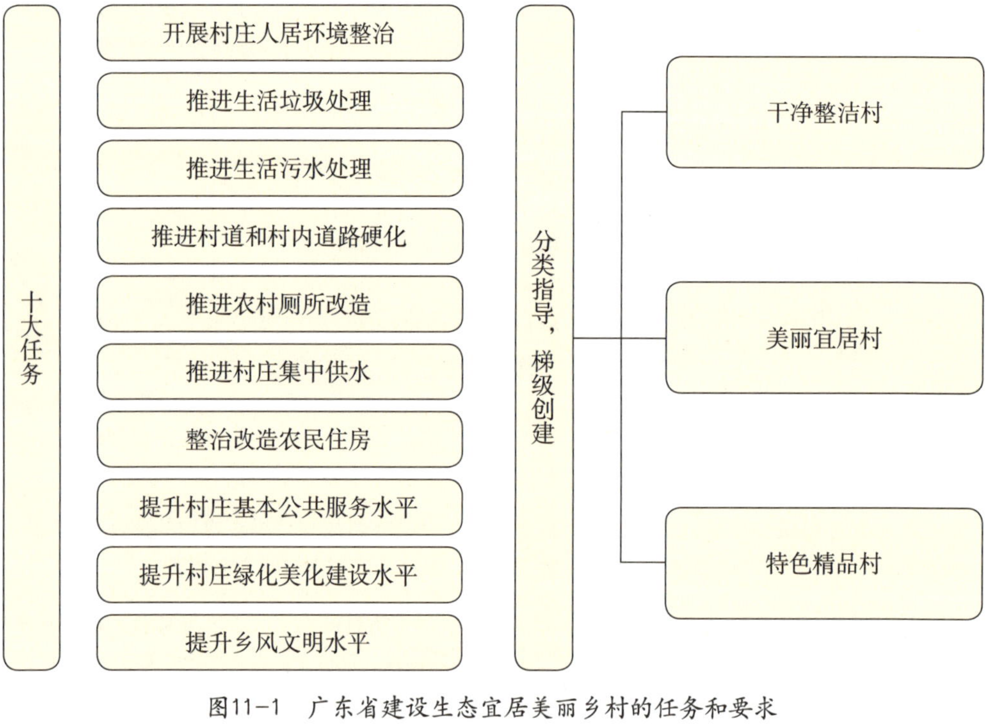

图11-1　广东省建设生态宜居美丽乡村的任务和要求

二、管理覆盖之辨

长期以来，国家政策文件多次提出要实现村庄规划管理全覆盖，而《自然资源部办公厅关于进一步做好村庄规划工作的意见》进一步提出“避免脱离实际追求村庄规划全覆盖”，在国土空间规划体系下，县、乡镇级国土空间规划管控已覆盖全域。因此乡村地区的村庄规划管理全覆盖，不等于村庄规划全覆盖，编制村庄规划应聚焦有条件有需求的村庄。未来部分乡村将随着城镇化的推进而消亡，部分村庄的规划管理，未必需要靠法定村庄规划覆盖。不建议将规划全覆盖与当地政府年终综合考评挂钩，避免地方政府对规划的实施产生应付心理，以及在高强度的编制要求下规划成果出现一个规划模板从头用到尾，无暇顾及创新性、针对性和实用性的普遍现象。

基于国土空间规划全域全要素覆盖的逻辑，村庄需要实现规划管理全覆盖，部分村庄可以通过国土空间规划体系的其他法定规划管理覆盖。如广东省通过三个类型的规划实现规划管理全覆盖：一是通过村庄规划覆盖城镇开发边界外有条件有需求的村庄；二是通过县、乡镇级国土空间规划覆盖城镇开发边界外村庄规划尚未覆盖的村庄；三是通过城镇详细规划覆盖开发边界内和紧挨着城镇开发边界的村庄。基于乡村建设行动的规划衔接需求，可结合全国美丽乡村建设的现实需求和工作步骤，开展精准人居环境整治专项规划编制，针对有需求有条件的村庄编制综合性村庄规划的远期目标，除搬迁撤并类村庄之外，逐步推动集聚提升类、特色保护类村庄达到综合性村庄规划的要求。

第三节 ▸ 空间响应之思与辨

一、当前空间响应之困惑

（一）空间紧缩背景下用地指标保障的落地困惑

为了更好地支撑乡村振兴，国家、各省针对乡村振兴战略工作出台了各类乡村用地指标的专项政策，优先保障农村住宅、一二三产业融合发展、现代农业产业园、农业农村重点项目等乡村振兴项目，如2020年中央一号文件指出，新编县乡级国土空间规划应安排不少于10%的建设用地指标，重点保障乡村产业发展用地。广东省要求在编制县、镇级国土空间规划和村庄规划时安排不少于10%的建设用地规模，用于保障农村农民住宅建设用地需求和满足乡村振兴发展建设需要。但事实上部分乡村地区生态保护红线、稳定耕地、永久基本农田较多，村庄的建设用地拓展已没有空间，且部分村庄人口逐步外流，乡村逐步衰败，空心村逐年增加，国家要求县级政府每年安排的用地保障指标流向何处往往是规划编制中存在的困惑，部分地区出现了“有规模无处放”的情况。国家、各省关于乡村地区用地保障的措施见表11-3。

表11-3　国家、各省关于乡村地区用地保障的措施

政策	用地保障情况
《自然资源部 农业农村部关于保障农村村民住宅建设合理用地的通知》	在年度全国土地利用计划中单列安排，原则上不低于新增建设用地计划指标的5%，专项保障农村农民住宅建设用地
《中共中央 国务院关于抓好“三农”领域重点工作确保如期实现全面小康的意见》	新编县乡级国土空间规划应安排不少于10%的建设用地指标，重点保障乡村产业发展用地。省级制定土地利用年度计划时，应安排至少5%新增建设用地指标保障乡村重点产业和项目用地
《浙江省自然资源厅 浙江省发展改革委 浙江省农业农村厅关于保障农村一二三产业融合发展用地促进乡村振兴的指导意见（征求意见稿）》	在县、乡镇级国土空间规划中原则上安排不少于10%的规划新增建设用地规模，重点支持农村一二三产业融合发展用地
《中共安徽省委农村工作领导小组关于盘活农村土地资源服务乡村振兴战略的政策措施》	新编乡镇国土空间规划和村庄规划，可以对暂时无法明确具体用途的地块留白，预留不超过5%的建设用地规模，用于暂时难以定点定位的零星分散农村公共公益设施、村民住宅、新产业新业态、乡村文旅设施、现代农业产业园及其他一二三产业融合发展等项目
《广东省自然资源厅 广东省农业农村厅关于印发保障农村村民住宅建设合理用地实施细则的通知》	各地在编制县、镇级国土空间规划和村庄规划时安排不少于10%的建设用地规模，用于保障农村农民住宅建设用地需求和满足乡村振兴发展建设需要
《广东省自然资源厅 广东省农业农村厅 广东省文化和旅游厅印发〈关于乡村振兴用地政策的补充意见（试行）〉的通知》	涉农市县各级每年安排不少于10%的用地指标，保障乡村振兴新增建设用地需求，优先保障现代农业产业园、农业园区和农业农村重点项目

（二）用地保障指标落地实施困境的原因分析

第一，对村庄发展趋势的研判不足，缺乏对村庄的合理引导。一方面，国土空间规划“三区三线”划定过程中，为保障我国粮食安全与生态环境保护，在广大乡村地区划定了大量的生态保护红线、永久基本农田，甚至出现部分村庄被限制性要素包围的现象；另一方面，在乡村发展总体趋势下，大部分年轻人到城里打工，其中先富起来的村民更是举家搬迁到城市，村里剩下的村民大多以老弱病残为主，部分空心村将逐步消失，但农村出身的居民拥有浓厚的家乡情怀与土地认知，即使一年只有不到一个月在农村，也要通过各种手段谋取一块甚至多块宅基地，使得我国乡村地区整体呈现出“人减地增”的状态，这可能需要一两代人

才能逐步消化。因此，部分村庄很难落实用地指标保障规模。

第二，各级政府缺乏细化专项指标使用相关规则办法和体系安排，基层不知道怎么做，也不敢去做。部分村庄的底图底数、资源禀赋尚未完全摸清，对于不同的产业、设施应当安置在县、乡镇、村哪一层级，什么区位，周边设施配套等逻辑尚未厘清。因此，在基础设施建设、产业入驻过程中，预留的弹性规模无法做到真正意义上的弹性使用；部分地区则是缺乏相关政策支持，导致相关项目难以落地。

第三，地方存在实际的困难和需求。一方面，由于城市发展理念的变化，近几年各地建设用地规模投放量逐年减少，使得地方政府更愿意把用地指标、规模投放到更容易确定发展目标的镇区、产业园等偏向于城市的乡村振兴空间；另一方面，村庄建设及村民宅基地建设，很多情况下因为当地用地局限性问题不得不占用部分耕地落实乡村振兴项目，需要实现占补平衡，由于很多地区村庄的经济困难，因此无法使用指标。

二、用地保障之辨

村庄规划的空间响应问题，归根结底是建设用地规模和指标分配处理机制问题。首先，要梳理清楚针对县、乡镇、村三个层级的产业体系构建和规模投放逻辑。产业集聚性高、经营性强、对产地区位优势不敏感、对交通优势敏感的乡村振兴产业，应当放置于县级农业工业园中进行集中管制，形成产业集聚优势和产业链覆盖。作为地区性乡村产业的终端，应当考虑集中供应规模。农产品集散、乡村旅游服务配套等中间流程产业，既需要一定的区位要素支持，同时也对基础设施建设情况有着较高的要求，应当放置于乡镇层面，作为乡村全域产业中转和全域旅游集散地，但由于这部分功能一般集中于镇区，建议直接使用城市建设用地规模。农业生产、养殖、农产品粗加工、乡村旅游目的地、民宿等最初级的乡村产业，对区位要求较为严格，同时也是农村产业发展的优势所在，这部分产业对建设用地规模需求较少，可以考虑通过点状供地、弹性供地、预留规模等形式，灵活利用土地规模，也更加适应农村地区的动态发展趋势。

其次，要建立产业准入负面清单机制，严格管控高污染、高能耗、规模需求高、与农业关联程度低的企业布局，严控这部分企业不能使用乡村地区的“双10%”规模指标进行建设，切实保障这部分规模用在农业、农村、农民这“三农”之中。

第四节 ▸ 管理边界之思与辨

一、管理边界之惑

（一）城镇开发边界外管制方式界定不清

18号文要求“在城镇开发边界外的建设，按照主导用途分区，实行‘详细规划+规划许可’和‘约束指标+分区准入’的管制方式。对以国家公园为主体的自然保护地、重要海域和海岛、重要水源地、文物等实行特殊保护制度。因地制宜制定用途管制制度，为地方管理和创新活动留有空间”。但对于“约束指标+分区准入”的管制方式缺乏明确规定，导致“详细规划+规划许可”和“约束指标+分区准入”的管控边界界定不清。部分省市在出台实施方案中，对此也不予明确，导致在规划管理实施中较难操作。

（二）管制方式界定不清的原因分析

我国现行《规划法》在城市、镇规划区内的建设是依据“控制性详细规划+建设用地规划许可证”管控，在乡、村庄规划区内的建设是依据“村庄规划+乡村建设规划许可证”管控，其管制手段主要针对建设空间中开展建设而制定，对城市、镇规划区外和乡、村庄规划区外的非建设用地长期缺乏管制，因此国土空间规划体系下实施两种管制模式还处在探索阶段，没有直接可套用的模式。

二、管理边界之辨

按现行法规明确边界内外管制方式与用地类型相对应，在村庄规划区内依靠乡村建设规划许可证进行管理。结合当前政策要求，在城镇开发边界外的乡村地区，“以‘三调’为基础划好村庄建设边界，明确建筑高度等空间形态管控要求”[①]，村庄建设边界的功能类似于村庄规划区。由此可推断，按照现行法规，结合村庄规划作为详细规划的定位，在村庄建设边界内应该按照“详细规划+规划

① 自然资源部办公厅. 自然资源部办公厅关于进一步做好村庄规划工作的意见[R]. 2020.

许可”实行，也有学者提出“在乡村地区同时划定生态空间、农业空间、建设空间，在建设空间内实行‘详细规划+规划许可’的管控方式，在生态空间和农业空间内采用‘约束指标+分区准入’的管制方式”①。

上海市针对“详细规划+规划许可”进行了细化，作了有益的探索，值得借鉴：对城市开发边界外的建设用地、国土空间规划中已划定蓝线的河道和水面与在2035年永久基本农田保护任务外有序实施林地建设、湿地生态修复的用地，实行“详细规划+规划许可+地类变更”的管制方式；对现状低效建设用地减量化或者未利用地转为农用地的，与按照空间准入清单，对设施农用地以及小型基础设施、公共服务设施、农村道路、河道等保障农业生产和农民生活的用地，实行“约束指标+分区准入+地类管理”的管制方式（见表11-4）。

表11-4　上海市城镇开发边界外的管制方式

用地类型	管制方式	管制方式类别
城市开发边界外的建设用地	办理建设项目规划许可	“详细规划+规划许可+地类变更”
国土空间规划中已划定蓝线的河道和水面	办理农用地转为未利用地手续并及时做好地类变更	
在2035年永久基本农田保护任务外有序实施林地建设、湿地生态修复的用地	按照相关规定实地调查及时变更地类	
现状低效建设用地减量化或者未利用地转变的农用地	办理整理复垦立项手续，经验收合格后办理新增耕地、林地等确认手续	“约束指标+分区准入+地类管理”
按照空间准入清单，对设施农用地以及小型基础设施、公共服务设施、农村道路、河道等保障农业生产和农民生活的用地	无须办理农用地转为建设用地审批手续，由乡镇政府向各区规划资源局和相关行业主管部门同步备案后，仍按照农用地管理	

行政村是乡村地区国土空间治理体系的基本单元，是实施乡村治理推进乡村振兴的基本空间，在国土空间规划法规体系构建的过渡期，新旧法规之间尚在衔接，村庄规划中重要的治理依据尚未明确。本章在理顺当前村庄规划管理困惑上作了初步尝试，有利于找到村庄规划不好用不适用的解决路径。村庄规划实践与理论如何同步发展、落实空间治理要求，满足乡村振兴需求，将是未来村庄规划需要关注的重点。

① 华乐. 国土空间规划体系下实用性村庄规划策略探讨[J]. 城乡规划，2021（1）.

第十二章 未来村庄规划的思考

目前全国各地都在如火如荼地开展村庄规划工作，但在推进“多规合一”实用性村庄规划“编制—管理—实施”中的技术方法仍需共同探讨。本章面向村庄规划工作，从整体思维下村庄规划管理方式的优化、新技术引入下村庄规划的编制技术革新、全域土地综合整治视角下村庄规划实施的路径、全生命周期下村庄规划动态管理的机制以及乡村善治激发村庄规划管理民主自治等方面展开了初步思考。

第一节 ▸ 整体思维下村庄规划管理方式优化

针对村庄规划与上位国土空间规划之间的衔接问题，《自然资源部办公厅关于进一步做好村庄规划工作的意见》提出“统筹城乡发展，有序推进村庄规划编制”。在县、乡镇级国土空间规划中，统筹城镇和乡村发展，合理优化村庄布局。结合县、乡镇级国土空间规划工作节奏，根据不同类型村庄发展需要，有序推进村庄规划编制。广东省提出坚持在国土空间开发保护整体格局中看农村，将全面优化提升村庄规划与国土空间规划体系的整体构建同谋划同推进，未来村庄规划应在整体思维下开展规划编制。

一、做细乡镇总体规划，推动“县—乡镇—村庄”规划体系治理

（一）分类推进，在镇域层面优化村庄发展类型

全国经过多轮的村庄规划编制工作，目前部分省份实现了规划管理全覆盖，随着国土空间规划体系构建，依托国土空间规划体系分类解决村庄规划编制问题逐步得到行业认可，集聚提升类等建设需求量大的村庄加快编制，城郊融合类的村庄可纳入城镇控制性详细规划统筹编制，搬迁撤并类的村庄原则上不单独编

制，以避免脱离实际追求村庄规划全覆盖。

换句话说，就是村庄的发展需要差异化发展。那么，究竟哪些村庄要发展、哪些要提升、哪些要兼并、哪些要城镇化、哪些会慢慢消失掉呢？这并不应由村庄规划编制工作本身去界定，而应在上层次空间范围内去统筹考虑并作出合理的安排，否则千篇一律相互竞争的局面难以避免。

（二）体系治理，细化乡镇国土空间规划

通过县域统筹、整镇推进、镇村并举整体优化乡村地区用地布局，盘活用好乡村地区可使用存量建设规模，以编制镇域国土空间规划为抓手，推进乡村空间的规划治理。

第一，以详细规划的深度编制镇域国土空间规划指导村庄规划编制。统筹考虑镇域发展需要和乡村建设需求，建立镇村土地资源要素按需腾挪、有序流动机制，并划定村庄建设边界，形成镇域全域全要素用途管制“一张图”。第二，将全域土地综合整治思路贯穿镇域国土空间规划编制全过程。在镇域内统筹拆旧复垦和城乡增减挂钩项目，对建设用地进行集中连片腾挪提质，一体化修复山水林田湖草沙，优化重构乡村农业、生态、城镇空间格局。第三，把乡镇作为城乡融合发展的重要切入点，因地制宜合理规划建设用地规模、结构和布局及配套公共服务设施、基础设施，有效保障农村产业融合发展用地需要。

二、加快推进省级规则制度制定，促进管理通则落地实施

《广东省村庄规划全面优化提升三年行动计划》提出，科学研判村庄发展趋势，结合县、乡镇级国土空间总体规划编制工作，依照乡村建设实际需要，分别按照重新编制、规划调整、通则管理、详规覆盖等四种方法，对现有村庄规划进行分类优化提升。但通则管理类如何开展管理，目前尚未进行实践探索。

目前，仅赣州市尝试探索村庄规划图则管理，提出在乡镇国土空间规划编制时，按行政村形成具体的村庄规划图则，成果形式包含简要说明、图纸和数据库，重点落实“五线、三指引”，为行政村的规划建设管理提供一份实用性手册。“五线”，即永久基本农田、生态保护红线、村庄建设边界、历史文化保护线、灾害风险控制线。通过“五线”的划定，明确全域空间管控的基本要求，引导乡村生产、生活等各类活动安全有序开展。“三指引”，即在乡镇国土空间规划中明确村庄建筑管控和风貌指引、公共和基础设施配套指引、国土综合整治与

生态修复指引，制定通则式的指引。

未来对于不需再编制村庄规划的村庄，应在省级层面出台村庄规划管理办法，制定通则管理类的工作指引。指导各地在镇域层面针对不需编制村庄规划的行政村，促使管理通则落地实施，满足农村基本的建设需求。

第二节 ▸ 新技术引入下村庄规划编制技术革新

近年来，随着农村经济发展、城镇化进程和农村人口流动加快，广东省的农村社会正在发生着深刻的变化，客观上要求基层治理方式及体制进行变革。《中共中央关于制定国民经济和社会发展第十四个五年规划和二〇三五年远景目标的建议》提出“加强数字社会、数字政府建设，提升公共服务、社会治理等数字化智能化水平”，要求基层治理向数字化转型，以高效能打造乡村治理新局面。

一、社会治理数字化的趋势

近年来，随着农村经济发展、城镇化进程和农村人口流动加快，广东省的农村社会正在发生着深刻的变化，传统基层治理面临挑战。一是村民参与治理程度低。由于农村的季节性流动特征，越来越多的村民处于长期外出务农的情况，更多的决策权掌握在基层干部手中，村民作为乡村治理的主体，对治理过程的参与程度较低，甚至处于无效的状态，这对乡村治理的发展造成极不利的影响。二是决策有失科学性。在传统的乡村治理决策中，主要是由上级部门或者基层干部制定，但大多数情况下，上级部门对基层工作的监管力度不足，基层干部的决策多借助以往管理的经验，决策缺乏科学的依据，长此以往难以满足乡村治理各项事务的要求。三是治理忽略时效性。基层干部将更多的精力投入乡镇党委政府安排的各种行政事务，缺乏村务治理主动意识，缺乏对村务的提前预判和事前控制。传统管理方式强调各司其职，上下级以及不同部门会建设各自的信息系统，并将其视为独有资源，这样每个部门就成为一个“信息孤岛”，部门与部门之间就形成了一道道信息壁垒，信息的独占与封锁对科学决策和行政效率的提升不利，基层政府治理能力和效率受到限制。

随着社会治理数字化的发展和需求的升级，需要基层社会治理运行机制适应时代选择进行不断创新，数字化技术为提升乡村治理水平和治理能力现代化提供了精准、高效的新路径。

（一）打破传统治理壁垒，实现全方位、多角度治理格局

数字乡村治理能够打破传统治理壁垒，实现全方位、多角度的乡村治理格局。数字信息技术特别是大数据、云计算运用到乡村治理中，将会颠覆传统乡村治理的一元化、垂直型管理模式。通过收集、整合、上传各方面数据资源，并融入公共数据库，基层干部凭借行政权力和资源优势成为治理的重要主体，其他社会组织、企事业单位和村民也会成为某个领域数据信息的制造者和拥有者。借助信息服务云平台、物联网、人工智能设备等先进科技，将更多村民纳入乡村治理体系，实现数据的公开与共享，填平政府与其他主体之间的信息鸿沟，为乡村治理体系从一元主体、封闭式管理方式转变为多元主体、开放式治理模式提供了现实机遇。

（二）快速整合数据分析，增强乡村治理的科学性和前瞻性

数字化技术能够快速、高效地对数据进行统计、整合、分析，从而深度挖掘数据的内在联系，呈现村务治理内在共性依据和个性表现，依据数据变化准确把握事态的发展动向。发展数字乡村，由依靠经验转向数据分析、由被动处理转向事前预测，提升了乡村治理的有效性。通过数据变化，能够实时反映事情发展的规律、趋势和方向，在能追溯事件产生的源头的同时，还能预判发展的路径和过程，针对可能存在的问题和风险，预先制定有针对性的防范和化解方案，更好地服务乡村事务。

（三）实时收集与高效处理，提升乡村治理时效性

大数据、云计算等现代技术对数据内容的实时收集、高效处理、快速传送，能够破除时效性问题。大数据涵盖各个层面的全样本数据，数据的变化可以实时反映事态的发展动向，有助于及时预判乡村治理中可能出现的风险和隐患。不仅如此，通过公共数据平台还能合理界定各部门间的权责界限，避免部门之间信息的抢夺、职能的交叉，提升乡村多元主体协同治理的效率。

二、村庄规划数字化的应对

（一）辅助全流程编制，实现“一张图”数据库管理

1. 手持GPS设备标注，提高数据准确性

传统村庄现状调研图纸标注存在标注位置不准确、标注信息混乱、标注内容有限、图纸易损坏、数据矢量化工作量大等问题。如采用手机作为手持全球定位系统（GPS）设备辅助标注，便可解决计算机ArcGIS软件现场标注不便携、无法现场精准定位、操作界面不友好等问题。

2. 无人机倾斜摄影，将村庄实景“装进电脑”

无人机倾斜摄影的实景三维建模先利用无人机对规划区域进行倾斜影像采集，再通过倾斜摄影测量技术进行初始三维建模，最后将传统方法与无人机倾斜摄影测量技术相结合，完成重点区域高精度建模。通过该技术可以获得规划村庄的高分正射影像数据及倾斜三维模型数据，将村庄实景“装进电脑”，实现村庄从宏观到微观的全景呈现，使村庄现状地形和风貌更加直观，提高规划的科学性和准确性。

3. 无人机全景影像，快速呈现村庄全景

在村庄规划编制中使用无人机全景影像，规划人员只需用无人机便可完成一键全景影像拍摄，借助软件可实现快速要素现状标注、一键网络分享等功能。这可以让基层干部和村民直观了解村庄现状建设情况，也能辅助规划人员掌握村庄全貌，为规划项目选址提供技术支撑。

（二）深化村民自治，构建村庄管理新秩序

以村规民约为总指导，构建村庄管理新秩序，重点采用“互联网+”的方式时刻约束、规范村民行为。村庄规划编制阶段，使用微信小程序公开收集村民意见，集中反映村民诉求，提升村民参与感；规划批准后，组织通过村务公开、信息公示等方式及时公布、公开，方便村民了解、查询、遵守规划及管控要求；规划实施阶段，村民使用微信小程序监督举报服务可实时反映、监督私搭乱建、违规建房、违法用地等行为，充分调动村民的积极性、主动性，增强村民自治的成就感；日常村务管理坚持以制度化、规范化、流程化为目标，落实到信息定期公开、党费公开、监督举报处理公示等具体村务，实现村级管理工作的透明化、制度化、规范化、高效化、精细化。

（三）构建基层数据库，提高乡村治理效率

将基层各项数据进行统一采集汇总，形成乡村基层数据库，为党建、脱贫攻坚、民政、土地流转、产业发展提供有力的数据支撑。

1. 描绘村庄规划“一张图”，统筹全域全要素

2013年12月12日至13日召开的中央城镇化工作会议提到，让居民望得见山、看得见水、记得住乡愁。只有在充分了解家乡历史、现状的前提下，才能规划更加美好的未来。村庄规划“一张图”以最新的“三调”调查成果为基础，整合基础地形、遥感影像、永久基本农田、农村土地确权、农房调查、给排水、农村道路、电路管网等现状数据，集成村庄规划、重要控制线、规划设计成果等规划数据，汇聚指标监测、近期重点项目、全域土地综合整治及生态修复、产业发展、监督举报等实施监督管理数据，形成坐标一致、边界吻合、上下贯通的“一张图”。

立足乡村二三维实景现状，描绘村庄规划三维仿真蓝图，通过二三维一体化综合呈现“望得见山、看得见水”的变化，统筹全域全要素，支持多维度、多层级的查询、展示、分析，辅助基层管理者决策村庄蓝图。此外，村民及社会公众可在微信小程序上随时查询村庄规划“一张图”（公众版），及时了解家乡生产、生活和生态变化。

2. 实现规划“多规合一”，统筹村庄发展目标

为落实上位规划要求，推动村庄精细化管理，确保村庄规划实施监测的全面性和针对性，围绕村域生态保护红线、永久基本农田、村庄建设边界、乡村历史文化保护线、灾害影响和安全防护范围线构建了重要管控线，围绕产业兴旺、生态宜居、乡风文明、治理有效、生活富裕、国土空间开发保护设定了重点监测约束性指标，利用监测、评估、预警模型，实现村庄规划实施的动态监测、定期评估和及时预警。

通过科学指引村庄近期实施的产业发展，道路交通设施、公用设施和公共服务设施建设，人居环境整治，历史文化保护等重点建设项目的布局，动态监测施工进度，综合提高村庄规划的实施、管理效率，为规划修改（调整）提供辅助决策。

3. 打造产业发展“一盘棋”，统筹产业发展布局

乡村振兴，产业兴旺是重点。结合产业兴旺工作内容，引入数字化治理，对分布于乡镇各村的一二三产业规模、具体位置、产值效益等情况进行空间化、可视化的呈现，并对数据进行同比、环比的挖掘分析，总结规律形成分析报告，指

引未来发展方向。

通过数字化产业治理，提升土地经营流转管理成效，构建农村电商平台，加快农村电商、乡村休闲旅游示范体系建设，支持一二三产业布局、企业空间分布、企业经营信息的可视化表达。利用大数据分析技术，辅助决策者明晰产业带动农民致富的规模效应情况，判断本乡村产业数量、类型、规模、产值是否达标，通过对比分析粮食种植区、蔬菜种植区、生态涵养区、户外康养拓展区等规划产业分区与本村现状产业差异，辅助决策者及时调整本村产业发展方向及产业布局，促进一二三产业融合发展，为农业强、农民富提供可持续的数字化保障。此外，还可以通过数字化规划产业的智能辅助选址，为不同类型产业的布局合理性提供数据支撑。

4. 构建“三位一体”保护新格局，统筹耕地和永久基本农田保护

数字赋能耕地保护。构建耕地数量、质量和生态“三位一体”保护新格局，统筹耕地和永久基本农田保护。以永久基本农田和永久基本农田储备区划定成果为数据基础，充分落实上位规划确定的耕地保有量，永久基本农田指标细化落实到图斑地块，确保图、数、实地相一致。利用地理信息系统（GIS）可视化技术管理村域耕地及永久基本农田分布、数量、质量、生态，防止耕地“非农化”“非粮化”，守住耕地红线。数字赋能耕地生态保护，开展“天上看、地上查、网上管”全方位动态监测管控，建设良好的耕地生态环境。

5. 算好生态环境“一本账”，统筹生态保护修复

统筹山水林田湖草沙、全域土地综合整治及生态修复业务数据，构建全域土地综合整治与生态修复“一本账”。动态监管农用地整理、建设用地整理、土地复垦及污染退化土地修复等项目的规划、立项、可行性研究、初步设计、工程施工、项目竣工、项目管护全周期。

6. 落实村民一户一宅，统筹农村住房布局

为严格落实“一户一宅”政策，结合农村居民点布局和建设用地管控要求，支持在线量测宅基地面积、辅助宅基地建设选址，管控宅基地用地并对闲置宅基地、一户多宅、面积超标宅基地、违规侵占耕地、未批先建等用地开展分析管理。利用三维仿真技术，结合当地特色建筑文化、历史建筑、传统风貌建筑和居民生活习惯，因地制宜推荐住宅的规划设计模型、建筑风格样式。

第三节 全域土地综合整治视角下村庄规划实施路径

全域土地综合整治是基于国土空间规划，以农用地整治、农村建设用地整治、乡村生态保护修复、乡村历史保护与风貌提升为主要内容，将山水林田湖草沙等全要素作为作用对象，以保护耕地、集约节约用地、改善乡村生态环境与风貌为核心目标的土地整治模式，具有全部门、全空间、全要素和全周期的特点[①]。统筹山水林田湖草沙的全域土地综合整治已成为贯彻习近平生态文明思想、实施乡村振兴战略的重要手段，是践行乡村振兴、推进城乡融合高质量发展的集成平台，是助力共同富裕的重要路径。土地是村庄最重要的生产要素和资源，因此，全域土地综合整治是村庄发展的关键，且通过村庄规划能够指导其有效利用土地资源，提高综合效益，改善村容村貌，完善基础设施，进而推动村庄经济的全面发展，实现美丽宜居乡村建设的预期发展目标。村庄发展与全域土地综合整治的关系见图12-1。

一、以全域整治实现镇域全域空间统筹优化

以乡村发展问题为导向，提出“以整治潜力评估为优化方向，以空间优化为实施策略，以全域土地综合整治为实施路径，以高质量发展为最终目标”的乡村全域统筹空间路径框架，在厘清全域土地综合整治与村庄全域空间优化的内在耦合关系（见图12-2）的基础上，推动全域土地整治实施方案和村庄规划协同编制，将整治项目中的整治任务、指标和布局要求落实到具体地块，纳入村庄规划中落实实施，实现镇域全域空间统筹优化。

（一）以整治潜力评估为优化方向

土地是乡村发展的基础也是空间约束。对土地整治潜力进行评估是村庄规划的科学前提，也是全域土地综合整治的重要过程。挖掘农用地、建设用地、未利用地和生态用地的整治潜力，计算潜力规模和筛选潜力空间，以摸清土地空间利

① 胡动刚，蒙萌，胡思颖，等.2010年以来从土地整治到全域整治的热点研究和阶段分析：基于耕地保护视角[J].华中农业大学学报，2021，40（6）：103-111.

图12-1　村庄发展与全域土地综合整治的关系

用底线。在此基础上，结合村庄现状条件和相关技术规程合理选取评价指标，构建乡村土地整治优化适宜性评价体系，明晰潜力空间的最佳优化方向，可以为村域今后的土地利用布局、产业项目落地和基础设施建设提供参考。

（二）以镇村统筹发展为实施策略

目前我国的村庄规划大多强调以行政村为单元编制，但实际上以自然聚落为基础形成的连片村庄之间彼此存在着纽带关系，这就需要我们从一体化发展视角去引导村庄整合发展，以最大限度发挥其连片发展效益；单个行政村资源的利用难以实现最大化效益，提出镇村连片村庄一体化发展的策略是必然趋势。一是

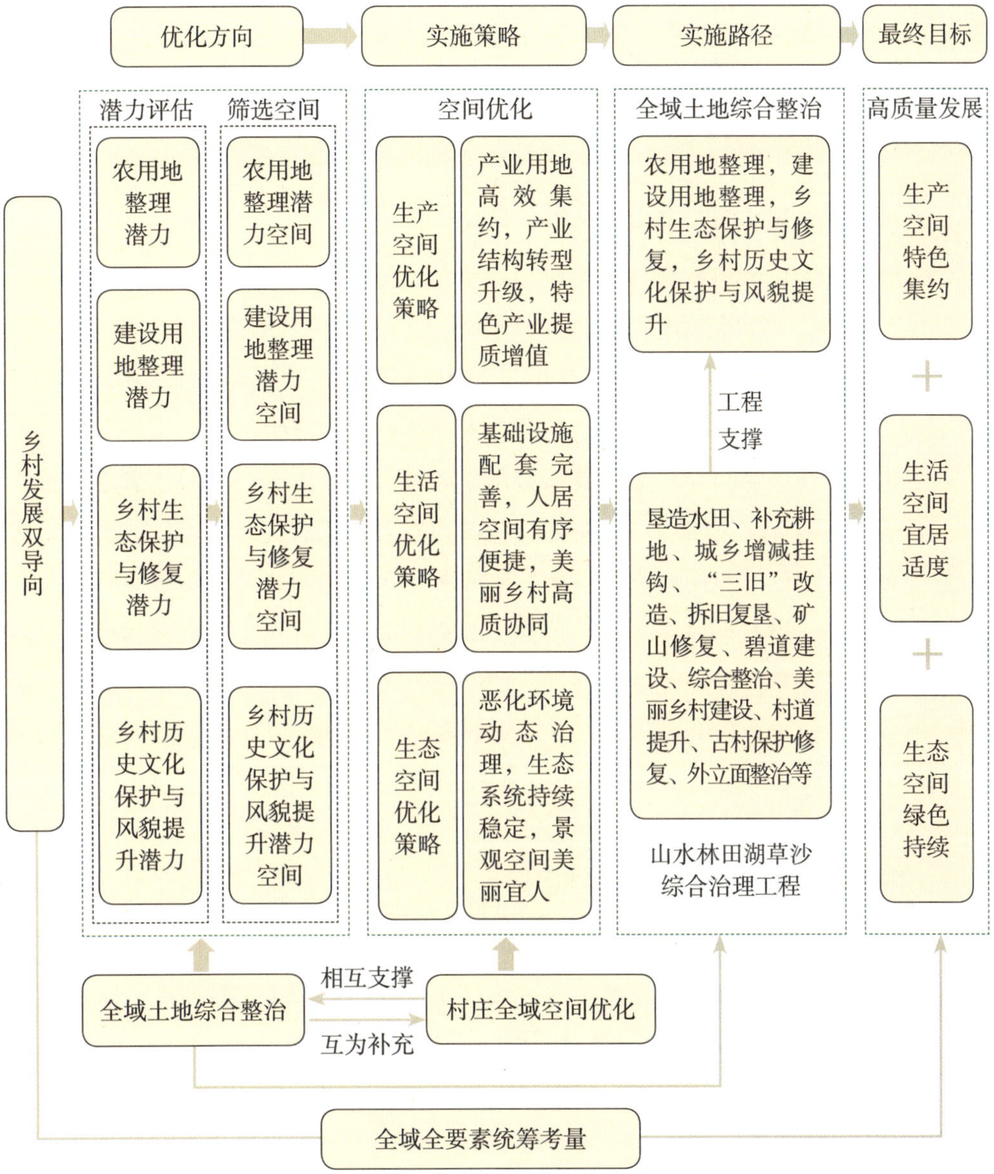

图12-2　全域土地综合整治与村庄全域空间优化的内在耦合关系

资源整合，产业联动。通过区域一体、资源整合，探索乡村振兴的长效机制，增强村庄发展的“造血”功能，实现资源、产业、空间的有效共享和调配。通过策划产业协同发展的主题，各村至少承担一个产业职能，在协同主题下差异化发展一二三产业，推动传统农业升级转型，发展生态旅游产业。二是设施统筹，共享共建。一方面，将设施进行分级分类施策，空间布局表现为小集中大分散，将片区级别的公共服务设施集中布局在乡村群中心，通过便捷的交通连接各个行政村，增加可达性，将村庄级别公共服务设施分散到各个自然村，提高村民的使用便利性；另一方面，提升设施能级，改变原来各村“单打独斗”各自配置零星旅游设施的现象，乡村群连片发展后可建设景点服务站等大型设施，提升乡村群的吸引力。

（三）以全域土地综合整治为实施路径

乡村空间优化必须依靠全域土地综合整治的工程来实现。以土地平整和土壤改良等土地工程、农房整治和道路建设等基建工程、景观绿化和卫生改善等环境工程、水体治理和矿山修复等生态工程作为支撑，推动农用地整理、建设用地整理和生态修复治理工作落地实施，从而实现对乡村山水林田湖草沙的全面系统治理。

另外，在筛选空间为村庄发展预留用地的基础上，结合村域发展需求，提出“三生”空间的优化策略。一是构建特色产业融合链条，促进产业结构转型升级和提质增效，对低效农用地、建设用地和未利用地等进行整治，结合乡村历史风貌保护与提升，提升乡村生产空间价值，为现代农业、绿色工业和乡村旅游业发展打好基础；二是通过功能更新、“三旧”改造等改善人居环境品质，合理安排设施建设、景观绿化等各项用地，优化乡村生活空间功能；三是通过对污染损毁土地进行生态整治，修复乡村生态空间格局，构建可持续发展的生态屏障。

（四）以镇村融合发展为最终目标

在全域土地综合整治背景下，乡村高质量发展的内涵不再囿于经济增长，而是转向全面均衡和动态持续发展。通过统筹考虑乡村全域全要素发展需求，以全域土地综合整治为手段推动全域空间优化，两者相互支撑、互为补充，共同为实现镇村统筹高质量发展的目标提供技术支持。相比于以政府“输血”为主，强调基础保障和“面子打造”为特征的乡村振兴1.0模式，高质量发展的乡村振兴是升级版，通过全域土地综合整治的全要素融入，强调绿色发展、品质发展、人与自然和谐共生可持续发展，以产业驱动、品质提升强化自身“造血”功能，兼顾乡村经营管理和体制机制创新，“人、地、钱”要素高度互通，机制全面完善，是乡村更具活力的发展模式。该模式要求建立围绕品质化发展的人居环境设施、产业交通设施、旅游发展设施等要素支撑体系，建立由政府主导、社会力量参与、村集体和村民积极行动的共同缔造机制，实现全民共享发展成果、生活富裕的目标。

二、以全域用途管控实现镇域与村域统筹管控

传统城乡规划体系下的村庄规划，更多的是从“点”来思考“域”的问题，关注村庄建设空间，对村庄居民点作出详细安排，在村庄居民点建设、村庄迁村并点等方面具有一定的指导意义，但对建设空间以外的农业、生态空间管控比较粗放[①]。村土地利用总体规划以“保护耕地和永久基本农田”为主导思想，强调自上而下的指标分配和边界管控，但其垂直分解的操作方式往往过于粗放、均质而忽视现状条件中的差异，且难以匹配地方的实际发展需求。可见，既有乡村地区规划均缺乏全域全要素空间布局的理论和技术支撑，存在管控遗漏缺失，未能有效实现乡村国土空间的全域用途管控[②]。国家推进全域国土空间用途管制的要求是一以贯之的。从2013年的《中共中央关于全面深化改革若干重大问题的决定》，到2015年的《生态文明体制改革总体方案》，再到2019年的《中共中央 国务院关于建立国土空间规划体系并监督实施的若干意见》，均强调统筹布局生态、农业、城镇等功能空间，健全用途管制。落实全域国土空间用途管制是空间治理的基础，国家治理体系和治理能力现代化可推动国土空间规划管控逻辑重塑。在此背景下，要求村庄规划必须从乡村国土空间全域格局出发，以提升生态系统功能、提高“三生”空间发展品质、提升土地资源利用效率为导向，以空间格局更优化、耕地保护更有效、资源利用更高效、生态环境更优美为目标，充分重视全域空间发展与治理需求，对自然资源要素作出精准管控，对城镇、农业和生态等各类分区进行细化，制定综合目标，界定分区范围，明确管制措施。

三、以分类引导策略精准落位保障村庄发展

在城镇化快速推进的背景下，城市、县城的各类要素高速集聚，对镇村发展造成巨大冲击，导致镇村的层级结构不断解构，期望的中心村带动服务基层村的功能难以实现，村庄普遍处于低水平的均质化发展阶段。总体来看，传统村庄规划表现出对新时代下村庄发展的不适应性，难以全面指导乡村地区的发展。在国土空间规划改革下，村庄规划需要重构村庄分类框架，科学识别村庄类型、把握

---

① 邓红蒂，袁弘，祁帆．基于自然生态空间用途管制实践的国土空间用途管制思考[J]．城市规划学刊，2020（1）：23-30.

② 张尚武，李京生，郭继青，等．乡村规划与乡村治理[J]．城市规划，2014，38（11）：23-28.

村庄发展特征，进而明确村庄发展策略，有助于形成更合理的乡村居业协同体，推动乡村振兴战略行稳致远。做好村庄分类工作有利于促进乡村振兴战略规划在村级层面的有效落地，有利于优化村庄空间实现分区管控，实现村庄主体功能定位，有效布局村庄发展、土地利用、基础建设、产业发展、生态环境保护等，促进乡村空间集约集聚发展和城乡地域统筹协调发展。因此，村庄规划应将村庄分类作为促进乡村振兴战略在村级层面有效落地的先导工作，并在精确分类的基础上，明确各类村庄功能定位，针对不同类型村庄提出可精准落位的村庄发展引导策略，从而实现乡村功能、结构和规模的总体控制，解决乡村发展的结构性问题。

四、以历史文化资源挖掘整合实现文化传承

从千村一面向特色村落转变，恢复地方的乡土记忆，要在以保护为前提的基础上，与市场需求相结合形成有利于村庄发展的策略。一是保护乡村的人文景观、历史遗产、传统风俗，挖掘传统农耕、山水与人居文化中所具有的丰富思想和内涵，实现乡土历史与文化的保护和传承；二是活化传统资源，提升村庄特色魅力，可以通过发展文化保护传承、民俗风情展示体验等依托历史人文资源的乡村旅游业加强传统文化建设，比如挖掘和保护广府文化、客家文化等特色民俗风情，保护历史遗存、文物古迹和特色风貌，展示建筑造型、服饰餐饮和风土人情等，推动传统文化向旅游产品转化，打造具有乡土特色的文化旅游。村庄规划应在全域土地综合整治中的乡村历史文化保护与风貌提升整治项目的基础上，深入挖掘历史文化资源，将“点—线—面”等不同的历史资源整合起来，明确规划建设任务，通过深入挖掘历史文化内涵，兼顾保护利用提升历史文化遗产的价值，让陈列在广阔大地上的遗产都活起来，打造具有地域特色、生态特色、文化特色的宜居宜业乡村，助推乡村振兴战略的深入实施。

五、以资金保障体系完善多元主体利益协调

构建“政府财政为引导、农民自筹为主体、社会资本为补充”的多渠道筹集方式，构建政府财政、社会资本、金融资本各有侧重、相互配合的资金保障体系。一是政府财政资金作为引导性资金优先保障公益性领域，侧重于撬动社会和金融资本；进一步完善村庄空间重构的财政扶持政策，将其纳入各级政府的民生工程或德政工程，加大乡村基本公共服务支出在财政支出中的比重，提升各

级政府的公共服务供给水平，同时，整合各种支持农业农村建设的优惠政策和项目资金，适时确定重点村和示范村，以点带面逐村开展村庄规划工作。二是充分发挥农民的主观能动性，综合采用城乡增减挂钩和拆旧复垦等土地政策自行筹集资金，重点建立乡村振兴和乡村治理的乡贤参与机制，搭建乡贤对接服务平台，鼓励和倡导乡贤等参与村庄建设的各方代表参与乡村治理。三是在竞争性领域引入市场化运作方式，坚持"谁投资，谁受益"的原则，广泛吸引各种社会资金投入；利用市场机制培育发展金融中介机构完善金融监管体系，吸引社会资本和私人资本规范有序地参与村庄建设，在有条件的地区探索互联网金融融资、信托基金融资、资产证券化融资等新型融资方式。

第四节 全生命周期下村庄规划动态管理机制

构建村庄规划全生命周期管理的模式，在传统规划、建设、管理等偏硬件功能的基础上，未来村庄规划应更加注重规划、建设、管理活动和运行与服务、维护与优化、升级与更新等更长周期乡村治理活动和过程的联动。

一、村庄规划评估

（一）现行规划评估机制

国家要求建立国土空间规划定期评估制度，并提出结合国民经济社会发展实际和规划定期评估结果，建立"一年一体检、五年一评估"规划实施体检评估机制，对国土空间规划进行动态调整完善。同时，《国土空间规划城市体检评估规程》明确了国土空间规划城市体检评估的定义、工作原则、工作组织、工作流程、时间安排、内容及要求。国土空间城市体检评估工作流程见图12-3。

（二）当前规划评估的技术方法

第一，多因子评估法。即采用评价表各因子重要性参数来评价其重要性，确定重要性指标，根据重要性指标划分等级，从而较为准确地评估村庄规划成果及规划实施情况（见图12-4）。一般认为，规划评估指标的选取要满足五点要求，即有数据支撑、具有一定的空间意义、有时间的延续性及动态性、可以操作、可以转化及解释。

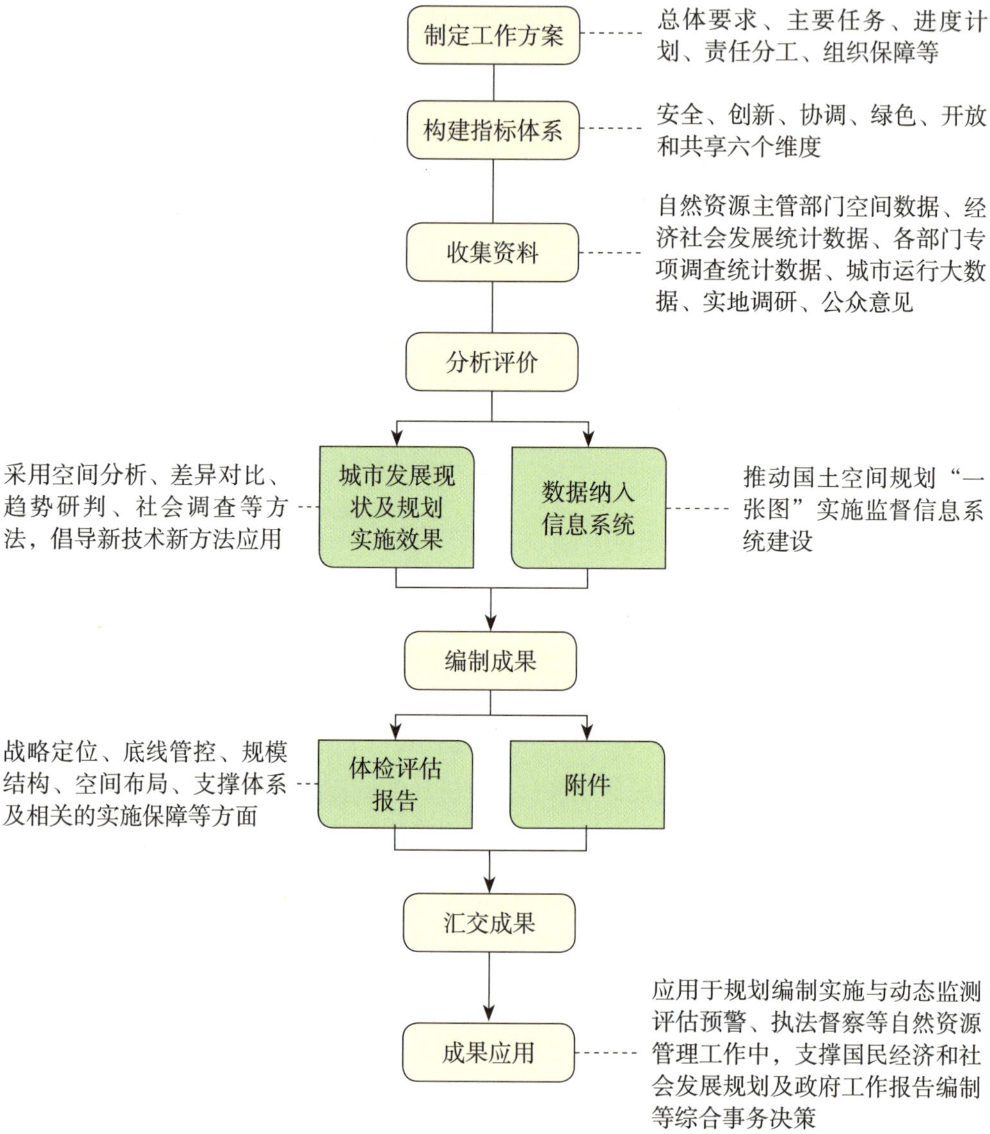

图12-3　国土空间城市体检评估工作流程

第二，德尔菲法。于1950年由雷德公司提出，这种方法主要通过正常的调查问卷形式进行评析，由统一的组织者散发正规的调查问卷进行集体调查，是一种反馈匿名函询法。在就所要预测的问题征得专家的意见之后，进行整理、归纳、统计，再匿名反馈给各专家，再次征求意见，再集中，再反馈，直至得到一致的意见。其过程可简单表示为：匿名征求专家意见—归纳、统计—匿名反馈—归纳、统计……若干轮后停止（见图12-5）。

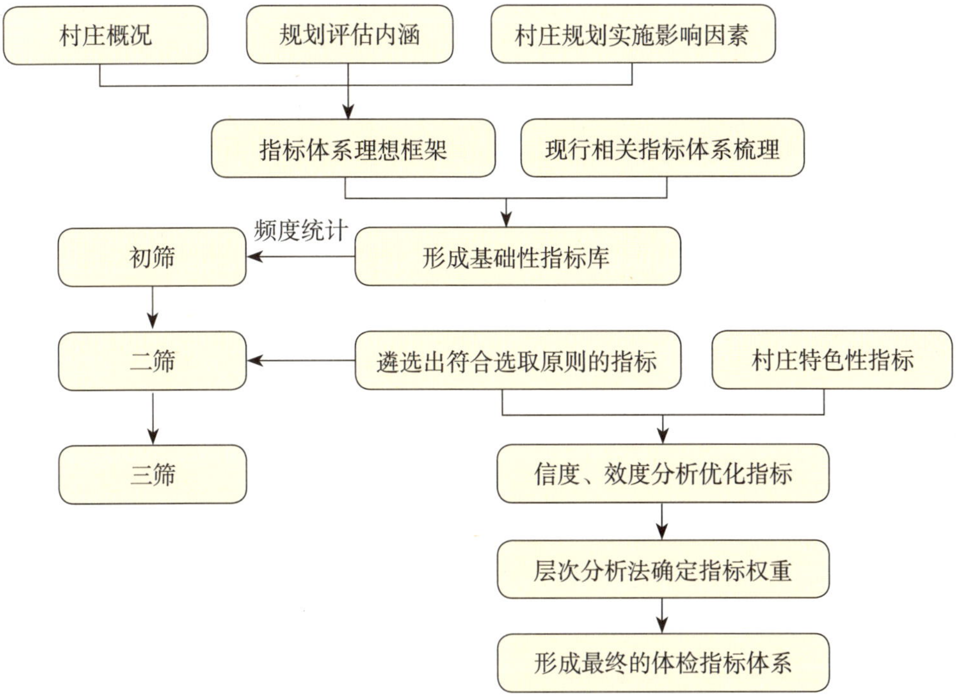

图12-4　多因子评估法实施框架

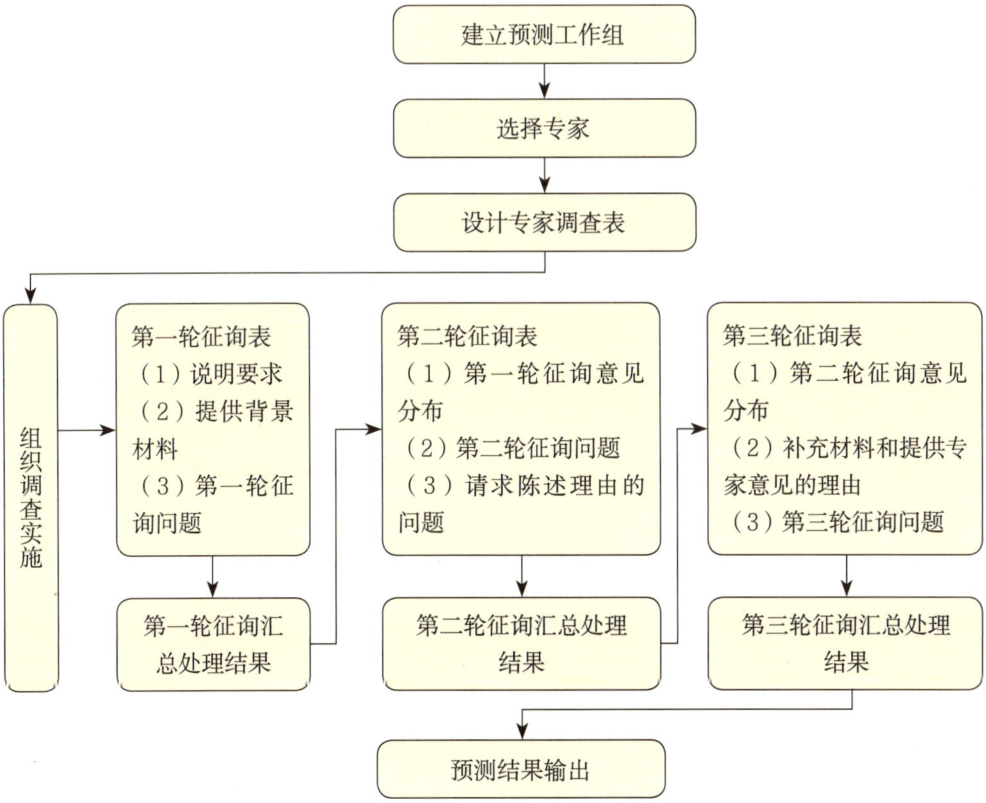

图12-5　德尔菲法实施框架

第三，公众参与法。公众参与广泛分布于规划编制的各个阶段，本部分仅探讨规划评估阶段。公众参与是指通过政府部门、开发行动负责单位与公众之间的双向交流，使公众能够参与到政府决策过程中并且有效防止和化解公民与政策决策机构、公民与公民之间的冲突，这是国外协调社会利益的重要手段。其形式分为申诉制度、问卷调查、社团参与、公开征求意见等，主要做法是通过征询群众对城市发展的满意程度以及对城市发展的建议，形成评析报告，并将采纳内容进行公示，然后作为下一步规划修改的依据。

（三）村庄规划评估优化提升路径

未来村庄规划评估可以从四个方面进行优化。第一，实施评估流程优化。细化各流程相关内容，强化规划评估与村庄特征的关联性。第二，实施评估内容优化。评估内容包括编制成果、实施成效、实施管理和社会评价四个方面。第三，实施评估技术方法优化。评估技术方法有编制成果科学性评估技术方法、实施成效评估技术方法、实施管理评估技术方法、社会影响评估技术方法。第四，实施评估结果分类优化。将村庄规划成果按照“符合规划，实施较好”“部分偏差，需进一步推进”“推进较慢，规划难落地”分类优化，“符合规划，实施较好”类，无须进行规划调整；“部分偏差，需进一步推进”类，需针对规划偏差部分根据规划实施实际情况出具调查报告，以支撑后续规划调整；“推进较慢，规划难落地”类，需出具必要性论证报告，以支撑后续规划重新编制。村庄规划评估流程优化见图12-6。

二、村庄规划调整机制

（一）现行规划调整机制

国土空间规划在传统规划功能的基础上，更加注重规划、建设、管理活动的运行与服务、维护与优化、升级与更新等更长周期的治理过程，对村庄规划编制也有着新的要求。作为国土空间规划体系中的详细规划，村庄规划原则上以5年为周期开展实施评估，评估后确需调整的，按法定程序进行调整。上位规划调整的，村庄规划可按法定程序同步更新。在不突破约束性指标和管控底线的前提下，鼓励各地探索村庄规划动态维护机制。

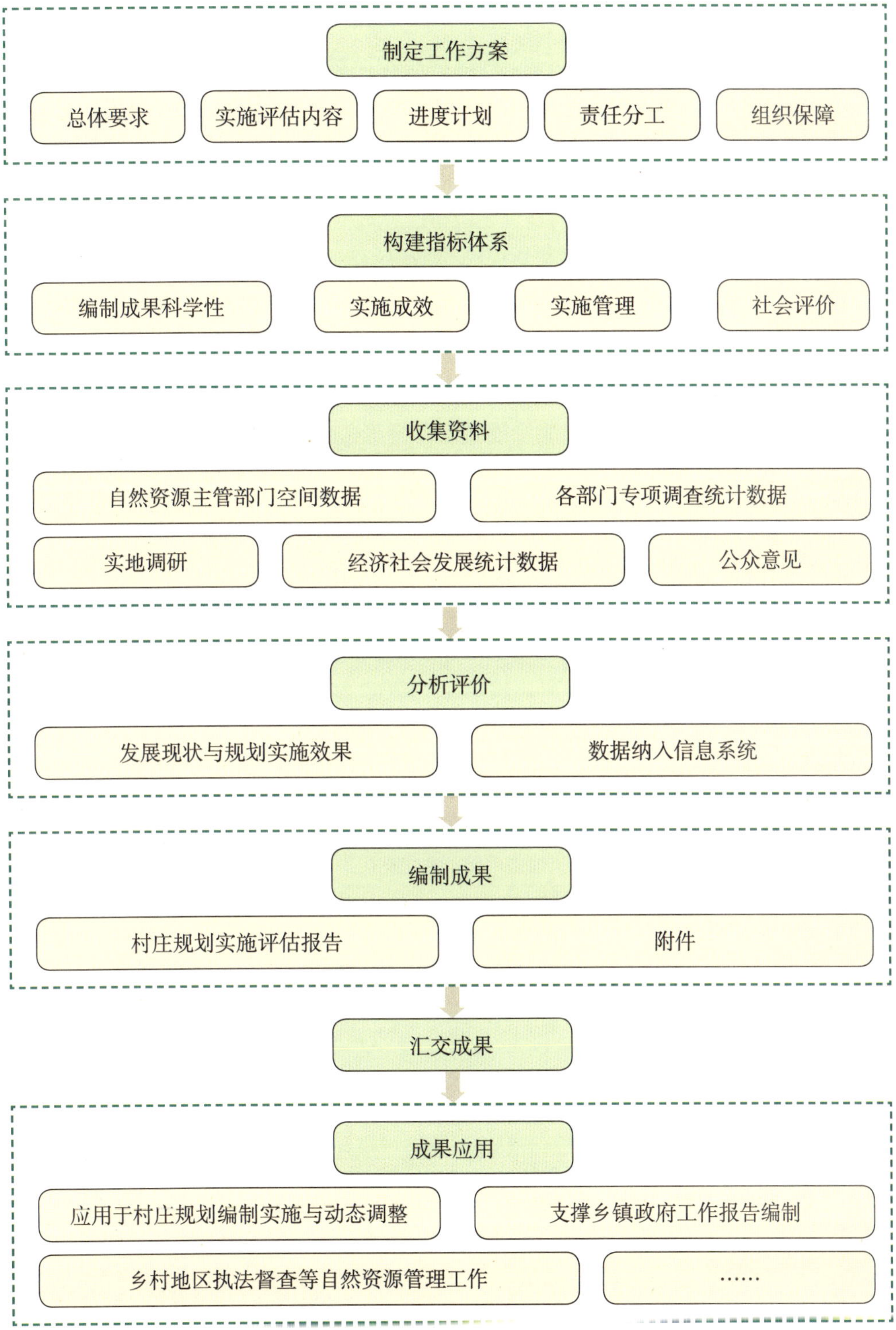

图12-6　村庄规划评估流程优化

（二）当前各地村庄规划动态调整技术方法探索

上海探索模式。上海市针对村庄规划印发了《上海市郊野单元村庄规划管理操作规程（试行）》，提出了村庄规划修改实施的基本原则、适用范围及修编流程（见表12-1）。在基本原则上，规划调整适用于经营性用地、农居点规划重大调整，根据相关规定对永久基本农田的布局进行优化和对建设用地规划条件进行较大幅度调整，提出同时满足不引发村域系统性定位、结构、布局变化的局部用地调整；不突破上位规划建设用地总规模、耕地和永久基本农田规模、公益性设施等刚性管控要求；调整方向符合乡村振兴相关政策导向（农民集中居住、公共服务和基础设施配套、乡村产业发展等）等情形，才可对郊野单元村庄规划进行调整。

表12-1 《上海市郊野单元村庄规划管理操作规程（试行）》规划修改适用范围

适用范围	具体内容
建设用地面积、边界、位置变化	农村集中归并点内农村宅基地用地面积增加或减少，以及相应的地块边界、位置调整
	经营性用地面积增加，或地块边界、位置调整
	在建设用地总规模不突破的前提下，新增公益性设施用地（小型设施除外）
	规划公益性设施的用地面积调整大于15%
	占用永久基本农田或报部储备地块并需要补划的建设用地边界、位置变化
	未落图建设用地指标落图
建设用地高度、容量变化	规划经营性用地地块容积率调整大于20%，或建筑面积增加大于1000平方米
	突破土地出让合同核定建筑面积的保留经营性用地改扩建
	农村集中归并点内农村宅基地、经营性用地调整后高度大于18米（崇明区除外）
用地性质变化	农村宅基地、公益性用地调整为经营性用地
	各类经营性用地之间用地性质调整，郊野单元村庄规划中明确兼容的除外
	经营性用地、公益性用地调整为农村宅基地
	非建设用地调整为建设用地
道路、水系变化	因支级红线道路或宽度大于8米的乡村道路的走向、线形调整，占用永久基本农田或报部储备地块并需要补划的
	因支级河道刚性蓝线走向、线形调整或规划弹性水面空间形态调整，占用永久基本农田或报部储备地块并需要补划的
农林用地变化	永久基本农田或报部储备地块的布局优化调整

浙江探索模式。浙江省提出村庄规划的动态调整有规划修改和规划局部调整两种情形。第一，规划修改。包括上位国土空间规划发生变更，提出修改规划要求的；行政区划调整确需修改规划的；因国务院、省、市、县人民政府批准重大建设工程确需修改规划的；经评估确需修改规划的；村庄规划的审批机关认为应当修改规划的其他情形。第二，规划局部调整。包括村庄规划在不突破原规划约束性指标、各类空间控制线和分区管制等要求和必选内容及基础上，增加可选内容，进行分步编制的；村庄规划在不突破原规划约束性指标、各类空间控制线和分区管制等要求的调整。

（三）村庄规划调整机制优化路径

不同时期、不同编制情况的村庄规划，存在的问题类型、等级、涉及的限制性要素等均不相同。根据村庄规划调整范围，结合当前各地村庄规划调整分类办法及分类依据，未来村庄规划应进行分类分期动态调整，优先关注重点地区，分两类不同情况进行规划调整，合理优化村庄规划调整实施路径，达到优化村庄规划实用性的目的。

第一，规划调整分期实施。不是所有村庄都需要即刻调整村庄规划，要针对村庄现行规划的可用性及其发展的紧迫性需求，综合考虑村庄资源禀赋，建立村庄发展工作台账，结合县、乡镇级国土空间规划编制工作，有条件、有需求的优先进行村庄规划调整。

第二，规划分类调整。建议分为规划修改、局部调整、技术修正等三个不同流程进行调整：规划修改类针对的应该是村庄结构发生较大调整，上位规划发生变更，涉及基本农田、生态保护红线，涉及重点建设项目等情况，对村庄规划调整较大，应当在进行规划评估后，按原编制、审批流程进行规划修改审批上报备案；局部调整类主要针对村内土地用途置换、基础设施和公共服务设施点位调整、实施拆旧复垦及增减挂钩等项目情况，村庄格局未发生改变，这种情况下应当简化修改流程，考虑下放审批权力至区（县）乡村规划编制委员会或区（县）级城乡规划（国土空间规划）委员会，按照广东省相关政策实施经验，在确保调整后的村庄规划可以有效衔接上位规划的基础上，可以不再逐级上报省厅备案；技术修正类主要针对因地形图、土地权属、建设现状等信息错漏需要更正，以及因道路交通、市政、水利等工程实施等客观因素需对规划控制线或地块边界进行微调等情形，建议采用技术修正、动态更新的形式，无须重新审批，以数据更新包的形式纳入国土空间规划“一张图”进行管理（见图12-7）。

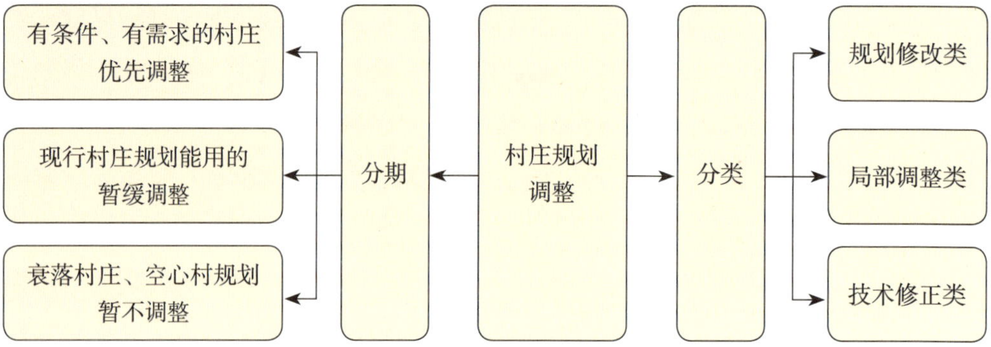

图12-7　村庄规划分类分期动态调整机制

第五节 乡村善治激发村庄规划管理民主自治

一、党建引领下的村庄规划管理

（一）实施文化引领，推动乡村文化体系建设

1. 加强农村思想道德建设

以社会主义核心价值观为引领，结合农村实际，采取符合农村自身特点的有效方式，加强对中国梦、爱国主义、集体主义、社会主义的宣传教育，不断加强农村思想文化阵地建设。深入挖掘岭南文化、客家文化、潮汕文化等人文资源，推进理想信念、职业道德、家庭美德、个人品德建设。推进诚信建设，强化农民的社会责任意识、规则意识、集体意识、主人翁意识。

2. 传承发展提升农村优秀传统文化

加强对传统村落和古村落的保护开发，让其既传承历史文化、凝结乡愁眷恋，又跟上时代节拍、融入现代生活，实现在原有文化根脉上的新生。重点打造一批特色文化名村，努力形成一村一品、一村一景、一村一风、一村一韵的乡村文化产业发展新格局。

3. 着力构建乡村公共文化服务体系

以开展服务惠民活动为依托，按照相关建设标准和要求，大力整合乡村建设各类资源，着力推进村级综合服务中心建设，积极推进党建、就业、社保、教育、卫生、民政、文体、法律等服务，切实提升乡村公共文化服务水平。

4. 定期邀请业内专家或技术单位进行培训授课

邀请村庄规划相关技术单位进行授课，从乡村产业、村庄布局、耕地与生态红线保护、风貌管控等方面，就村庄规划如何挖掘文化特色资源、合理利用土地政策等内容进行深入浅出的培训。并以实际的优秀案例，分享如何围绕“地方经验、党建学习、乡村振兴、基层治理”等四个党建核心功能，探索“党建引领+特色农业+乡村旅游”的产业发展新路径，开展村庄规划建设。通过党建培训引领乡村旅游，加大党建文化旅游整合力度，树立“广东基层治理示范村”“特色品牌村”等形象，打造有特色的美丽乡村。

（二）打牢农村基层基础，健全乡村治理体系

1. 加强基层党组织建设

选优配强村党组织书记，发挥带头人的引领作用。定期选派第一书记到贫困村、软弱涣散村和集体经济薄弱村党组织，提升农村基层党组织组织力。加强监督执纪，严厉整治惠农补贴、集体资产管理、土地征收等领域侵害农民利益的不正之风和腐败问题。

2. 提升乡村德治水平

强化道德教化作用，深入挖掘和宣传本县模范乡村人物，发挥其激励和模范作用，引导农民群众向上向善、孝老爱亲、重义守信、勤俭持家。建立道德激励约束机制，引导农民自我管理、自我教育、自我服务、自我提高，并通过司法途径着力调解村与村之间、邻里之间、家庭之间的关系，实现家庭和睦、邻里和谐。广泛开展寻找最美乡村教师、医生、“村官”、家庭等活动，宣传他们的典型事迹，弘扬真善美，传播正能量。

3. 加强农村法治建设

大力推进农村社会治安防控体系建设，推动社会治安防控力量下沉。深入开展扫黑除恶专项斗争，严厉打击农村黑恶势力、宗族恶势力，严厉打击黄赌毒盗拐骗等违法犯罪。增强基层干部法治观念、法治为民意识，将政府涉农各项工作纳入法治化轨道。加大农村普法力度，提高农民法治素养，引导广大农民增强尊法学法守法用法意识。健全农村公共法律服务体系，加强对农民的法律援助和司法救助。

4. 提升村民法治理念

制作通俗易懂、图文并茂的村庄规划成果“村民版”，向办事群众分发并给予讲解，利用政府部门办事大厅宣传栏和电子显示屏滚动播放宣传海报内容。还可派出熟悉村庄规划政策的同志，深入辖区内各镇村，指导各镇村海报张贴工作，并同步组织村庄规划政策讲解和法治宣传，提升村民法治理念。

二、多元治理体系下的村庄规划管理

（一）党建为先，提升乡村治理领导力

努力构建党组织领导的自治、法治、德治相结合的基层治理新格局，提高乡村治理水平和能力。一是队伍建设年轻化。结合换届契机，选优配强党组织书记，选好“领头雁”，配强村“两委”干部队伍，着力打造一支懂农业、爱农村、爱农民的“三农”工作队伍，推动村级人才和组织振兴。二是工作落实实干化。充分发挥村组干部带头，党员群众、致富能手、退役军人和村内能人巧匠积极参与的作用，运用好村内能人巧匠，坚持尊重原始自然风貌原则，持续开展人居环境综合整治，推进污水处理，垃圾治理，农房、村庄道路和公共空间改造提升，改善村庄村容村貌。三是了解民情群众化。成立由镇党委书记、镇长任指挥长，镇领导班子为成员的工作领导机构，下设项目建设专班、产业发展专班、乡风文明专班、“三变改革”专班、资料收集专班等多个工作专班，实行“镇党委书记、镇长包片”，建立“班子成员＋镇干部＋村干部”负责每天深入村庄指导建设的机制。

（二）村民自治，提升乡村治理内生力

1. 创新民主机制，推进乡村协商民主治理

社会主义民主政治的建设，必须着眼于实效，着眼于调动基层群众的积极性。要从基层的需要着手，致力于运行机制的完善。正是基于这种认识，一些地方就结合农村的实际情况，建立了村民代表会议制度。这一创新既体现了基层民主的原则，保证了村民行使当家作主的权利，又切实可行，便于操作，提高了民主议事的质量。1998年制定的《中华人民共和国村民委员会组织法》以法律的形式确认了这一制度，在之后的村民自治实践中，通过村民代表（早期的村民代表主要是村民小组组长和农村党员）的参与，逐步启发、培养、增强村民的民主意识，为后来以“海选”为基本形式的直接民主打下坚实的基础。

村级治理的权力体系结构中，村党组织领导下的村民会议和村民代表会议是农民直接行使民主权利的基本形式。随着行政村规模不断扩大，村民会议越来越难以组织，如何结合基层实际，探索一种既符合《中华人民共和国村民委员会组织法》所规定的民主制原则，又便于操作的村民会议组织形式，已成为推进村民自治亟须解决的问题。做实村民代表会议制度，落实村民代表参与村级治理的权利，已成为新时期实现农村基层民主的重要机制。

探寻村级民主的有效路径是村域公共权力回归本位的关键。农村基层治理理论由选举民主到参与民主再到协商民主的发展，反映了农民民主观念的不断更新和政治要求的不断提升。

2. 完善村民代表制度，提高农民政治参与效能

村民代表会议为普通群众搭建了参政议政的平台，为实行农村基层民主提供了便于操作的组织形式，提供了民主意识培养和实践的场所，有利于农民群众民主素质的提高，有利于增进农村干部决策的民主性和科学性。随着基层民主政治的不断发展，新型城镇化加速，直接选举仅仅只能是农民政治参与的基本形式，在多元利益的驱动下，农民对民主决策、民主管理、民主监督提出了更高的要求，借助有效的形式让农民参与基层治理成为时代的呼唤。在行政村规模扩大、村民会议难以组织的前提下，通过做实村民代表会议制度，充分保障农民的民主参与权利成为新时期农村治理的重要内容。

通过民主实践引导村干部及农民群众更新观念。传统观念影响下的农村基层治理仍存在一些方面观念意识的缺陷。如一些村干部缺乏民主意识，“家长制”“经验式”管理意识较强，习惯于独断专行，即使近年来农村民主氛围增强，涉及村内重大事务的决策也多是村支“两委”干部讨论通过，很少召开大会专题议事。不少村民缺乏参与意识，尽管对自身选票的作用已有所认识，但在村内事务管理中“事不关己，高高挂起”的观念却仍然盛行，都希望别人参与村级事务治理，自己坐享其成。应通过村民代表会议让更多村民通过制度化的形式参与到村级治理中来，提高民主治理能力，增强民主参与实效。同时，也可通过村民代表会议让村干部们关注普通群众的利益诉求，减少基层矛盾。

完善村民代表会议运行机制，规范村级治理。实行民主自治和直接民主有一个发展过程，村民代表会议应该进一步健全议事工作制度，明确权利和义务，调动基层群众参与民主治理的积极性，使村民代表能真正代表村民行使当家作主的权利，实现村民的自我管理、自我教育、自我服务。要规范村务公开，增强村委会工作的透明度，强化农村干部的民主意识和公仆意识，增强干部的责任感和廉政勤政意识，密切干群关系，提高村委会的凝聚力，为广大农民群众通过村民代表会议参与基层治理创造条件。

加强和创新基层社会治理，坚持村民主体地位，充分发挥群众的主体作用，努力推动构建全民共建共享的乡村治理新体系。如推行积分制管理。印发相关文件，以户为单位颁发乡村振兴乡风文明诚信证和制定一户一积分表，推行文明诚信积分制管理，并在村规民约中约定，村民凭诚信证到社区和乡镇办理事务。建立积分超市，每月围绕遵纪守法、环境卫生、文明守信、优良家风和热爱公益五个方面开展积分评比，村民凭借积分到乡风文明积分超市兑换生活用品，激发群众参与乡村振兴的内生动力。

（三）乡贤参与，提升乡村治理推动力

1. 党建引领下的基层干部型乡贤组织建设

传统中国乡村的治理在很大程度上依靠乡贤，由于基层社会自治化程度不断提高，乡贤在乡村治理中发挥着举足轻重的作用。所以，建立新乡贤组织是重中之重。乡贤组织的基础是本土乡贤，他们是完全在村乡贤，长期生活在乡村，具备一定的专业才能和道德素质，想要为村民服务。例如，大山西村建立了党建引领下的基层干部型乡贤组织，成立了自己的乡贤参事会，制定村规民约，在基层治理中发挥积极作用。乡贤参事会的成员主要包括本村的老党员、老干部、企业家、道德模范等，其中最主要的力量是村干部和党员干部。

村干部和党员干部是乡贤队伍中的“当家人”，发挥着重要的引领作用。多个企业家联合组成了商会，为村庄的建设提供经济上的帮助。乡贤参事会在乡村治理中不是替代党组织和村委会，要同时发挥乡贤参事会、党组织、村委会的作用，三者相互联结、相互促进。党组织的重要成员也是乡贤参事会的核心成员，能够更好地组织和实施各项工作，发挥党组织的政治核心作用、村委会的社会服务作用，以及乡贤参事会在政治、经济、文化、社会等方面的协助作用的最大效果，将党组织、村委会、乡贤参事会拧成一股绳，团结各方力量，致力于乡村治理。

2. 家文化影响下基层干部型乡贤组织的管理

构建“党建+家文化”的基层治理模式之下，对村庄进行系统的管理，凝聚各方力量，致力于建设美丽乡村，走出一条独具特色的治村之路。以村党组织作为“当家人”，将主要的家庭骨干分成四个角色，党员队伍、乡贤组织、在职党员干部、务工新村民小组相互合作，致力于更好地进行乡村治理。家文化是我国优秀的乡土文化典型，家庭是社会最基本的细胞，国家制度、组织结构、道德观念都是以家庭作为建设的基础和根据。正所谓“家和万事兴”，从小家到大家，都要以和为贵。在村庄治理中融入家文化，凝聚人心，整合力量，协调各方冲突。激发村民参与管理的热情，使每个人都有获得感和归属感，建立具有特色的治理模式。在家文化的影响之下，乡贤组织在协调“家庭成员”的关系方面发挥重要的作用，处理村内各个成员的矛盾，处理各种人际关系，保证村内的决定能够落实到每一个村民。针对有异议或者不配合的村民，乡贤组织联系与之相关的人员做思想上的工作，保证每一项措施都能够落实。

附录一
国土空间规划体系构建以来广东省村庄规划大事记

2019年

4月24日，广东省自然资源厅在广州召开村庄规划编制工作推进会，推进全省村庄规划应编尽编。

5月8日，广东省自然资源厅印发《广东省自然资源厅关于加快村庄规划编制工作的通知》，要求做好机构改革工作中村庄规划的工作衔接，分步分期推进村庄规划编制。

5月28日，广东省自然资源厅副厅长余云州带队赴湛江、阳江、云浮等粤西、粤北地区，开展村庄规划编制工作调研。

5月29日，广东省自然资源厅印发《广东省村庄规划编制基本技术指南（试行）》，广东省率先在全国形成村庄规划标准。

7月16日，广东省自然资源厅在广州举办全省村庄规划编制培训会，面向全市村庄规划管理、设计人员开展“多规合一”实用性村庄规划编制培训工作。

7月22日，广东省城市规划协会主办的国土空间规划背景下村庄规划编制技术培训班在广州召开。

9月3日，广东省自然资源厅印发《广东省自然资源厅办公室关于村庄规划有关问题回应意见及注意事项的函》，指导各地解决村庄规划编制过程中遇到的问题。

12月底，广东省全省需编制村庄规划的 16885 个行政村全部完成村庄规划编制，应编尽编率达100%，顺利完成了中央巡视关于我省乡村建设缺乏规划的问题整改，村庄规划编制工作走在全国前列。

2020年

1月，广东省自然资源厅开展村庄规划调研，由朱江总规划师带队，分赴全省各地指导开展村庄规划编制工作。

1月6日，广东省自然资源厅印发《广东省落实村庄规划加强地质灾害防治工作指引》，强化村庄规划编制中的地质灾害防治要求。

3月27日，广东省自然资源厅印发《广东省村庄规划优化提升试点工作方案》《广东省村庄规划评估工作方案》，要求理清当前村庄规划存在的问题，并探索新时期“多规合一”实用性村庄规划编制方法。

5月11—12日，广东省自然资源厅副厅长余云州带队调研村庄规划优化提升试点和南粤古驿道保护利用等工作。

6月30日，广东省自然资源厅公布第一批村庄规划优化提升试点名单，总计62个，覆盖全省21个地市。

8月9日，《广东省人民政府关于全面推进农房管控和乡村风貌提升的指导意见》印发，要求坚持先规划后建设，尊重农民合理意愿，体现地域和农村特色，鼓励村民集中建房，形成相对集中、集约高效的村庄用地建设布局。

8月21日，广东省自然资源厅召开了全省村庄规划优化提升试点部署动员暨视频培训会，随后在28日印发了培训会议的主要精神和培训材料。

9月13日、21日、24日、28日，时任省长马兴瑞、常委叶贞琴、时任副省长许瑞生、时任副省长覃伟中分别带队到湛江、东莞、潮州、韶关，组织召开粤西、珠三角、粤东、粤北4个片区农房管控和乡村风貌提升现场推进会，省领导的现场讲话对村庄规划提出要求。

10月21—22日，广东省自然资源厅副处长陈别带队赴云浮市调研村庄规划优化提升和华南研学规划建设工作。

10月26—27日，广东省自然资源厅陈别副处长带队赴深圳市、东莞市调研村庄规划优化提升试点工作。

10月29日，广东省国土空间规划协会和广东省规划师建筑师工程师志愿者协会在广州召开广东省村庄规划优化提升编制技术宣贯座谈会。

11月4日，《广东省自然资源厅 广东省农业农村厅关于疏堵结合坚决遏制农村新增乱占耕地建房行为的通知》印发，提出村民住宅建设同时满足五种情况[①]可视作符合村庄规划，在加强遏制乱占耕地建房的同时，也为过渡期村民合理建房需要提供了政策路径。

11月19—20日，广东省自然资源厅副处长陈别带队赴汕头市调研村庄规划优化提升试点工作。

12月4日，村庄规划优化提升试点工作阶段总结会议召开。

12月17—18日，广东省自然资源厅副厅长余云州带队赴连州市调研华南研学基地规划建设和村庄规划优化提升试点工作。

2021年

2月18日，《广东省住房和城乡建设厅 广东省自然资源厅关于印发〈广东省乡村风貌修复提升指引（试行）〉的通知》提出对村庄整体格局、大地景观等开展风貌指引。

3月18日，《广东省自然资源厅关于村庄规划优化提升试点工作情况的通报》对广东省村庄规划优化提升工作作了经验总结。

5月21日，《广东省自然资源厅 广东省农业农村厅关于印发〈广东省村庄规划全面优化提升三年行动计划〉的通知》提出，坚持在国土空间开发保护整体格局中看农村，将全面优化提升村庄规划与国土空间规划体系的整体构建同谋划同推进，结合县、乡镇级国土空间总体规划编制工作，依照乡村建设实际需要，分别按照重新编制、规划调整、通则管理、详规覆盖等四种方法，对现有村庄规划进行分类优化提升。

8月20日，《广东省自然资源厅关于明确过渡期内村庄规划有关政策的通知》明确了过渡期规划衔接、底图底数、规划指标等方面的问题。

10月11日，《广东省自然资源厅关于开展村庄规划优化提升分片对口服务指导的通知》将全省承担重要乡村振兴任务的240个村庄作为全省村庄规划优化提升重点服务村，成立对口服务指导组，分片对村庄规划的编制、调整、审批、备案等环节提供政策、技术咨询和指导。

---

① 五种情况指不占用生态保护红线和永久基本农田，新申请的宅基地位置与现状建设用地范围相连成片，新审批的建设用地规模总量不超过建设用地现状总面积的5%，承诺新批准的建设用地在乡镇国土空间规划中落实建设用地规模，避开地质灾害隐患点。

2022年

3月29日，《广东省自然资源厅关于分步分类推进村庄规划优化提升工作的通知》印发，进一步细化过渡期村庄规划分步分类优化提升的方式。

8月30日，《广东省自然资源厅关于进一步落实好村庄规划支持乡村振兴重点政策的通知》印发，将部分重要政策进行重点强调，要求各地及时组织学习传达和宣传贯彻，确保充分发挥政策效用。

11月3日，《广东省自然资源厅关于印发〈广东省乡村振兴用地政策指引〉的通知》发布，用以指导各地自然资源主管部门规范实施乡村振兴用地政策，同时提供其他行业主管部门参考。

附录二
专家学者论点集锦及优秀案例

第一节 专家论点

一、国土空间规划背景下客家文化村落价值重塑研究——以韶关市浈江区大村规划建设实践为例①

（一）前言

过去村庄规划编制大多以政府为主导，村民参与度不高，资源要素挖掘不到位，特别是对乡村文化的关注不够。新时期，在国土空间规划背景下，村庄规划建设需要创新规划编制和建设落地的方法，以历史为基底，以资源为导向，以协同为支撑，统筹乡村资源，搭建工作“底图”，擘画发展“蓝图”，实现村庄可持续发展。

（二）研究逻辑

1. 突出价值，线性串联融合发展

过去村庄规划对文化重视不够，导致文化资源不显，特色聚集不够，可塑价值不高。村庄规划编制应注重挖掘村庄历史文化，做好分类整理和价值评估，要结合城乡融合、文旅融合等社会发展需求进行合理化的传承利用。

首先，规划要加强设计思维引入，抓住能集中体现文化价值的重要节点、片段场景进行场所营造。其次，要做好村落全生命周期的发展规划，也即从更大更长远的范围进行策划谋划。

2. 盘活资源，少干预“低冲击”发展

面对荒山、田头、水塘、溪流、老房、古树、古码头、古桥、古道等历史资

① 作者朱雪梅，广东工业大学建筑与城市规划学院，教授。

源，规划设计应科学合理、实事求是。首先，因地制宜，因势而为，审慎节制和巧妙利用“低冲击”开发建设，保证显山露水，山清水秀。其次，要充分尊重历史和文化古迹，做到空间全覆盖、要素全囊括，根据实际情况，对土地利用规划和“三调”数据不合理的地方进行优化完善，为盘活资源提供可能性。

3. 以农为主，创新机制振兴乡村

发挥文化资源强大的衍生能力，在场所营造和盘活资源的基础上，搭建联动互补的协同平台，政府牵头，以村民为主体，联合企业、高校、科研机构及有志之士多方参与，激活乡村自我“造血”能力，共同助力乡村全面高质量发展，引领和优化产业布局，形成多元共生的发展机制，促进乡村振兴。

（三）韶关市浈江区大村村庄规划实践

1. 规划编制

对村庄规划总体布局进行综合考虑，统筹安排，创新刚弹相结合的管控机制，形成农田连片、村庄集聚、资源整合、产业成链的村庄可持续发展空间结构。

首先，落实国土空间规划要求。对照“三调”数据，对价值独特场地反复进行方案调整比对，实事求是地对用地性质进行最少干预的点状微调。

其次，对照价值评估，分类归纳岭南大学、东吴大学等抗战办学史料和大村客家古村落历史文化资源等遗产位置，用古驿道、校道、碧道等线性空间，将碎片化、分散的校舍遗迹和村庄文化资源串联起来。

最后，加强对地形地貌的研究，充分利用生态资源，采取少干预、“低冲击”规划方式。变废为宝，利用好散落在乡间田野的废弃砖石、铁轨、枕木以及残垣断墙等，盘活村庄老旧建筑，营造特色的环境节点。

2. 建设成效

目前，大村已修缮了古道、古桥、古陂、古井、风水塘，以及邓氏、夏氏、沈氏等客家古祠堂、古民居，保护了古树名木。在旧址处复建了怀士堂、东吴大学校门、商业古街、运动场、100米跑道、水车景观等。利用闲置的破旧砖房建设了玉清书舍、四姑医务室、岭大岁月、东吴时光和照壁等；新建大村饭堂、纪念广场、标志柱、大村驿站和小舞台等配套设施和景观节点，极大地提升了村庄环境品质和公共服务能力，客家乡土风貌得到有效传承。

（四）结语

尽管村庄规划建设是一个极为复杂的系统工程，但挖掘利用好历史文化价值进行整体谋划规划，将会事半功倍，效果突出。这就要求村庄规划者深化调研，摸清家底，掌握主动，实事求是，突出特色，谋划长远。这样才能在国土空间规划背景下，科学合理地进行村庄规划，将“规划即法”落到实处，有效控制“三区三线”，发挥好国土空间用途的管制作用。

二、地域文化视域下村庄规划路径浅探——以潮汕平原地区村庄规划实践为例①

（一）潮汕文化与潮汕传统村落

1. 潮汕文化的起源

潮汕文化起源于古越、成型于秦汉、发展于唐宋、昌盛于明清、创新于现代，是古越文化、中原文化和海外文化共同孕育发展的文化。在潮汕传统村落中，潮汕文化主要体现在精耕细作、宗族凝聚、尊儒重教、务实从商、包容并蓄五个方面。统筹保护潮汕传统村落文化，深入挖掘乡村历史文化资源，在村庄规划中制定相关保护措施，是推进潮汕地区乡村振兴的重要举措。

2. 潮汕文化特质在潮汕传统村落中的空间体现

潮汕文化特质对空间的塑造作用主要表现在以下五个方面。一是空间的组织体现出明显的宗族属性，一个村落往往由同根同源的人构成。二是空间的秩序体现出等级分明的儒家思想，村落空间主次有序，具有极强的向心性。三是公共空间的功能以服务传统祭礼为主，宗祠与风水池之间常有面积宽广、用于祭礼活动的空地。四是注重空间高效利用，村落建筑多紧凑密布，街巷肌理清晰。五是新的空间语言具有“新”“老”融合特征，村内的产业用地与新村建筑形式因文化包容性有了新的空间语言。

（二）潮汕地区村庄规划中的潮汕文化保护实践

1. 汕头市金平区沟南村

沟南村位于广东省汕头市金平区月浦街道，村域面积约1平方公里，以许氏宗族为主。沟南村已有900多年的历史，拥有丰富的人文资源。

通过梳理沟南村空间特征与传统文化的关系，规划提出“通过恢复空间活

---

① 作者沈陆澄、陈中。沈陆澄，汕头技师学院副院长，教授级高级工程师。陈中，汕头市城市规划设计研究院国土空间规划研究室主任，城乡规划高级工程师。

力，活化古村与民居”的总体思路，以村民活动与日常行为需求为切入点，尊重文化习俗的空间选择，制定空间方案与行动计划。

基于保持古村整体风貌完整、提升古村活力、推动传统民居的保护与更新，规划对沟南村提出空间格局保护，以潮汕传统文化推动乡村旅游发展，提出以观赏潮汕传统村落、传统民居，领略潮汕传统文化，参与潮汕传统习俗活动为核心的旅游主要项目，推动沟南村形成名村效应，促进古村活化利用。

2. 汕头市澄海区程洋冈村

程洋冈村隶属广东省汕头市澄海区莲下镇，村域面积为3.07平方公里，现状包含10个村小组。

程洋冈古村村庄规划协调古村与新村的关系，保护与发展同步。程洋冈古村是历史文化名村价值与特色集中的区域，应予以重点保护。规划未来将逐步疏解与保护相冲突的相关功能，适度疏解人口，降低古村内的发展压力，并为未来遗产展示利用打好基础。规划将发展建设用地布局在古村以外，形成新村组团及产业发展组团，增加村庄整体活力。

（三）潮汕地区村庄规划中的潮汕文化保护经验总结

1. 山水格局——潮汕传统村落的文化底图

潮汕传统村落村庄规划从全域视角出发，优先梳理村落发展与山水格局间的关系，通过建设控制地带及环境协调区管控要求的控制，确保村落发展新增建设用地、建设行为不破坏村落与山水间的“图”“底”关系。

2. 空间秩序——潮汕传统村落的文化根基

在潮汕传统村落村庄规划中，涉及具体建设空间的规划时，一是围绕宗祠组织公共空间，提升村落核心地区的场所活力；二是将古村落划入核心保护范围，重点保护和控制建筑布局、建筑风貌、街巷肌理；三是在村落核心公共空间组织传统节庆活动，将潮汕文化中非物质空间的元素融入空间设计中。

3. 精致利用——潮汕传统村落的文化明珠

精耕细作是潮汕地区典型的农业生产特色，其中的木雕、石雕、工夫茶、潮菜更是潮汕文化中的亮眼明珠。在潮汕传统村落的活化过程中，这些明珠在规划中多作为整个村落保护修缮与活化的点睛之笔，是串起整条游览线路的众多节点。

4. 活化更新——潮汕传统村落的文化提升

潮汕传统古村活化与更新应是传统村落村庄规划中文化保护的重中之重，可以通过将部分展示、文娱、服务功能注入重要传统建筑或公共空间中，注入新时期新的文化内涵、文化符号，以点带面推动传统村落中传统文化与新时期文化的共融，发挥潮汕文化中包容并蓄的特质，最终实现传统村落的文化提升。

三、乡村振兴的“多规合一”思维：统筹、实施与治理——来自对广州市村庄规划实践的思考①

（一）引言

广州市近年通过多轮村庄规划的探索，在乡村振兴及规划编制工作中取得了一定的成效与创新，但是，村庄规划实施仍面临着一些难点。为破解村庄发展不平衡不充分问题，有必要剖析现有村庄规划编制与实施上的不足及面临的重难点，进一步总结提炼已有的实践案例，为推进乡村振兴的“多规合一”工作提供经验借鉴。

（二）国土空间规划体系下的村庄规划实施

1.“全域型+实施型”规划编制思路

为促进村庄规划的有效传导、落地实施及可持续发展，村庄规划需要探索“从城乡分离到城乡融合，从发展愿景到规划实施，从政府主导到乡村治理”的转变，主要思路包括：①全域统筹，落实上位国土空间规划；②制定面向实操的详细规划；③通过多元治理、多规协同，破解村庄规划现行问题。“全域型+实施型”村庄规划框架见附图1。

附图1 “全域型+实施型”村庄规划框架

① 作者许险峰、许宏福。许险峰，广州市城市规划勘测设计研究院总经理，教授级高级工程师。许宏福，广州市城市规划勘测设计研究院规划设计一所总规划师，高级工程师。

2. “统筹+实施+治理”协同的实施路径

“统筹+实施+治理”协同的实施路径：一是基于国土空间规划的全域统筹，从重建设空间转向全域全要素，作出空间落位安排；二是统筹解决“业、地、民、资”的落地实施，促进从战略引导到落地实施；三是加强实施促进多主体协商共治制度，推动政府、村民、专家、规划师等多元主体参与。

（三）新时期广州市村庄规划的创新实践

目前，广州市全面开展了基于国土空间规划体系的村庄规划探索，取得了良好的成效，其中具有代表性的是在规划体系中增加乡村群（乡村单元）的统筹，同时在实施中加强特色村庄保护、乡村治理的探索。

1. 乡村群的统筹发展：以增城区瓜岭村为例

为破解传统村庄规划编制“各自为政”的困境，广州市村庄规划采取乡村群（乡村单元）规划模式，选取2～5个具有一定关联性、互补性的乡村，进行统一规划。如以增城区瓜岭村、田心村、三安村、上基村等多个村庄（见附图2）为代表，编制了“区域一体、多规合一”的乡村群规划。

附图2　广州市增城区瓜岭村乡村群

乡村群的发展模式，一是依托自然资源禀赋，通过资源整合，实现产业联动；通过“多规合一”，实现土地提效；通过设施统筹，实现共享共建（见附图3）。二是按照“调查—策划—规划—项目库”实施路径，构建乡村发展单元，逐步实现乡村地区功能再造。三是采用“土地整治+”的多政策组合方式，通过全域土地综合整治，助推乡村振兴（见附图4）。

2. 岭南村落的保护规划：以黄埔区莲塘村为例

广州市一直重点关注岭南村落的保护与规划，比较有代表性的是黄埔区莲塘村保护规划。该规划以“保护+治理+开发”为理念，将历史文化保护、美丽乡村建设、现代运营管理等有机融合。

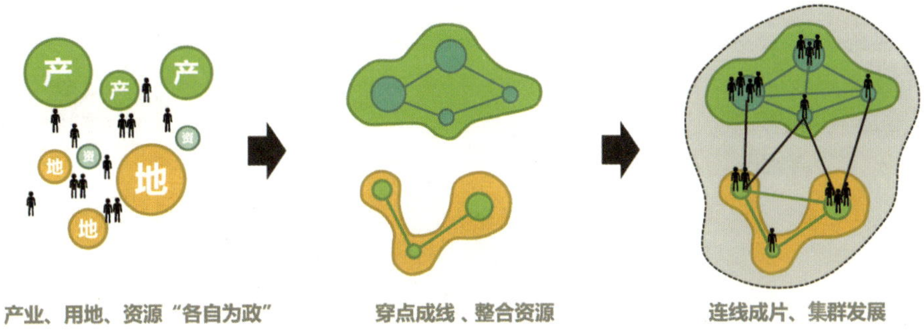

附图3　广州市乡村群的集群发展

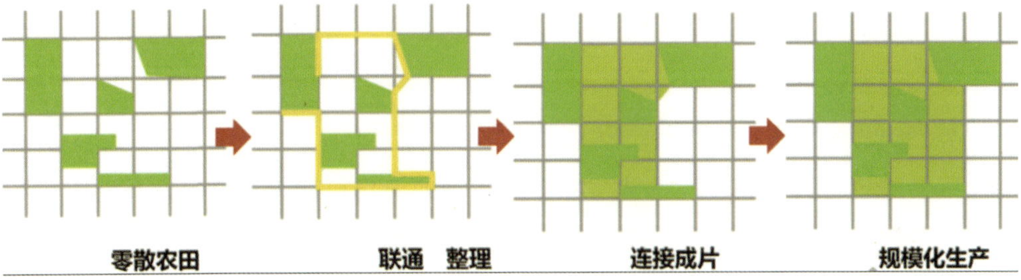

附图4　全域土地综合整治

一是加强古村落保护。在原有各项规划的基础上，启动了《广东省历史文化名村莲塘村保护规划》，落实黄埔区十类古遗存的摸查，确定多时期多片段的保护要素（见附图5）。

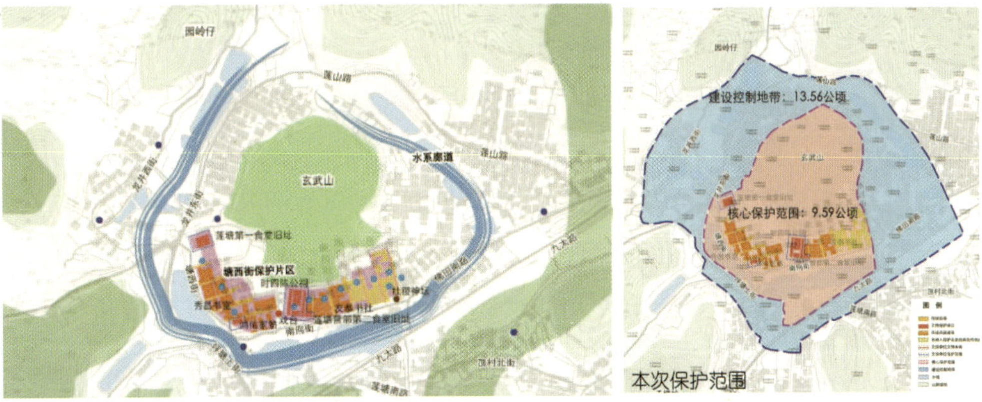

附图5　莲塘村的特色文化资源与保护范围规划

二是可持续发展与多方参与模式。通过村庄保护与文化创意相结合，利用传统风貌建筑，充分采用多样形式开展公众参与等工作，促进多方协同共治，形成地区认同感与文化影响力（见附图6）。

附图6　莲塘村的文化资源活化利用与活动组织

三是增加历史保护模块。在村庄规划编制必要内容的基础上，增加了历史保护与文化传承的相关模块内容，并进一步形成可操作式的近期建设行动。

3. 乡村治理的机制创新：以从化区米埗村为例

广州市结合自身实际，探索建立多级联动的协作机制，细分村庄规划管理与乡村基层治理工作界面，并充分调动规划技术力量参与，保障规划实施。比较有代表性的是从化区米埗村村庄规划。该规划运用了多方协同治理、治理平台建设以及报建协管员配置、表决制度制定等方式，以保障规划实施。

一是“贤、民、委、企”协同治理。通过成立米埗乡村群联合协商会、米埗民宿集群小镇管委会和以民宿为主的农民专业合作社等组织，推动米埗村闲置土地资源利用。

二是细分完善乡村基层治理新方式。通过探索“乡村规划师（专业技术人员）+乡村规划联络员（基层管理人员）”的分类配置形式，建立试点乡村报建协管员制度，推动民主议事厅建设，推行村民议事机制和表决制度等工作，实现乡村基层治理能力的有效提升。

三是探索建设协同治理云平台。充分利用线上“仁里集”电子平台，连接村、镇、区三级办事服务网络平台，建立网上农村民主法治议事大厅，用村民看得懂的形式，让村民参与村庄建设和管理。

（四）结语

乡村振兴的“多规合一”思维，本质上是以村庄规划为统领，通过全域统筹，推动城乡融合，通过加强产业策划引入、土地资源精准供给以及资金保障等措施，实现规划的落地、好用与管用，最后再通过强化村民主体地位、建立驻村规划师制度，逐步推行多方参与的乡村治理方式，推动乡村可持续发展。近年来，广州市结合国土空间规划的编制工作，因地制宜开展了村庄规划实践，有力推动了城乡协同发展与高质量发展，为我们探索“多规合一”的实用性村庄规划提供了很好的借鉴意义。

四、未来村庄规划编制——行动规划理念指导下的村庄规划编制务实之路①

过去的村庄规划编制，更倾向于“蓝图”绘制，完成规划编制任务，对于指导村庄建设和长远发展存在较大不足。未来的村庄是全民幸福、经济振兴的重要扶持对象，需要更有可操作性、更能指导村庄长远发展的规划作为指导，让村庄规划能够真正行动起来，从“蓝图”变成现实。本文基于《深汕特别合作区农村居民点规划》和小漠、鹅埠两大组团十余个村庄规划编制工作的积累总结，坚持行动规划理念，探索村庄规划编制的务实之路。

（一）因地制宜响应，突出村庄特色

村庄规划作为指导村庄发展的重要纲领性文件，其编制需要充分调研了解和基于长远发展的考虑，因地制宜，寻求村庄发展的合理路径，从而进行规划设计上的合理响应，重点突出村庄特色，而不应该千篇一律地搞农业副产品制造、搞农家乐、搞大规模开发。

1. 村庄的发展需要在上层次空间内统筹考虑和安排

村庄的发展需要差异化。村庄的发展方向不应由村庄规划编制工作本身去界定，而应该在上层次空间范围内去统筹考虑并作出合理的安排。

以深汕村庄规划为例。深汕村庄规划通过对农村居民点的详细调研摸底，构建村庄发展的合理框架体系。根据不同空间功能的差异化管控要求，将深汕特别合作区农村居民点划分为保护开发类村庄、提升发展类村庄、迁建合并类村庄、城镇转换类村庄四种类型（见附图7），并提出相应的规划指引，为后续开展的村庄规划编制奠定了良好的上位指导基础。

① 作者邝瑞景，深圳市蕾奥规划设计咨询股份有限公司顾问咨询二部经理，高级规划师。

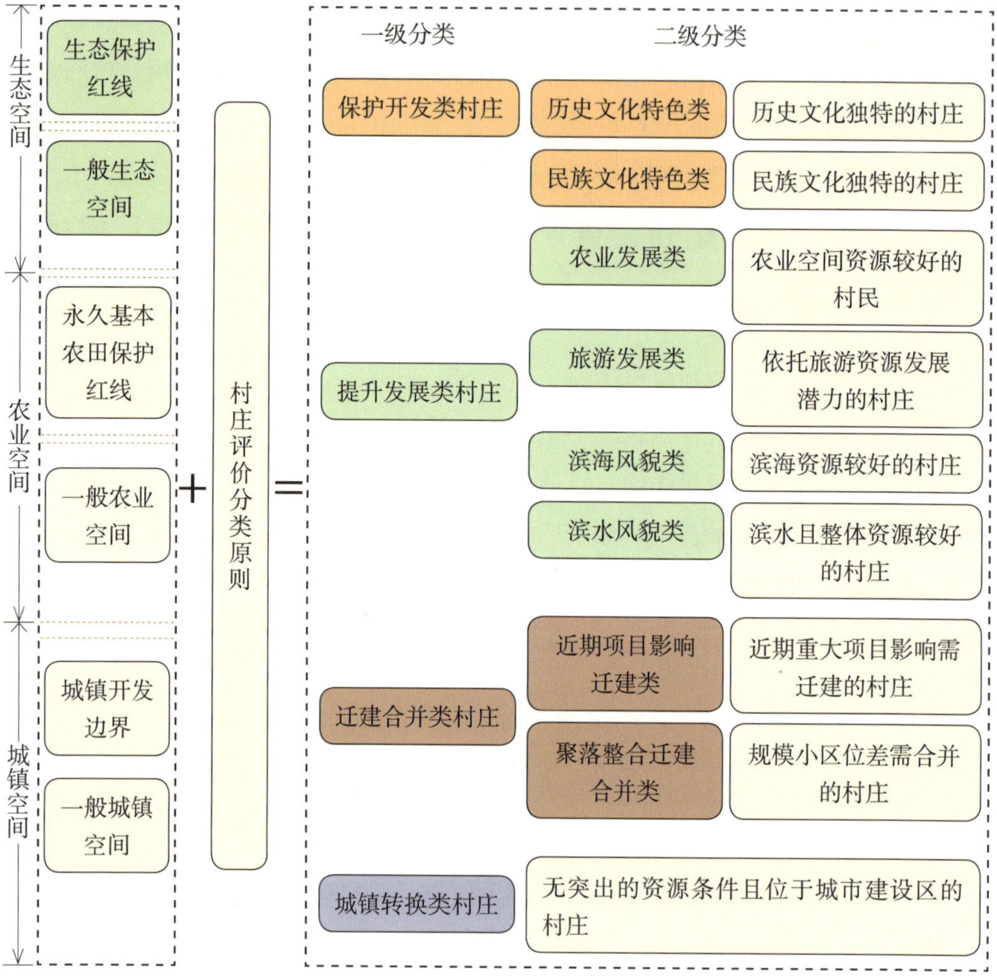

附图7 《深汕特别合作区农村居民点规划》的农村居民点规划分类

2. 基于详细摸底和深入探讨的规划设计的响应

由于村庄规划编制费用相对低下，导致过去的村庄规划编制难以投入较多的人手和精力。要为村庄谋出路、献计策，是需要进行详细摸底和深入讨论的，然后才能提出相对合理和长远的规划设计。

红罗村位于深汕特别合作区的核心先行启动区，作为深汕特别合作区唯一的少数民族聚居村寨，其区位提升为今后的文旅开发价值带来了很多的想象空间。红罗村村庄规划基于山下山上产业联动发展的思路，结合现状自然资源，通过村民访谈、文献资料查阅、国内案例研究等多种方式并行，重塑畲族传统建筑形态及特色生活空间场所，构建高识别性的特色少数民族村寨。

3. 为村庄发展的未来不确定性预留一定的弹性

在国土空间规划落地的总体要求下，建设规模相对较小的村庄，其十分有限的规划建设用地要全部落到用地红线上，其实并不完全符合实际需求。应该为村庄发展的未来不确定性留有一定的弹性，待具体项目需求明确时再落到用地红线上。

以红罗村为例。由于红罗村的文旅发展还处于策划阶段，对空间利用的思路和需求尚不明确，因此村庄规划在保护生态环境的前提下预留足够的发展空间，划定了若干项目用地（见附图8和附图9），并落地5%的弹性用地调整空间。

附图8　山上产业核心布局

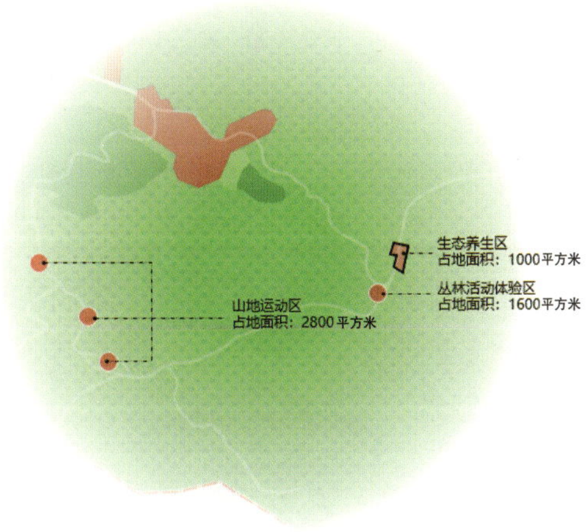

附图9　山上资源核心布局

（二）紧抓项目机遇，注重落地实施

在村庄规划编制过程中，需要高度关注有项目机遇的村庄，紧抓项目资源，注重项目落地实施，同时也不能被项目牵着鼻子走，需要在建立合理的发展定位和目标、保障规划刚性内容的基础上，与可行性较强的项目协商推进。

1. 协助符合规划意图的意向项目的落地

以南香村为例。在村庄规划编制过程中，南香村与“520艺术现场”项目进行深入对接，通过租赁的方式，将几十栋老旧住房进行整体改造提升，打造为艺术家工作室、文创工坊等艺术空间，如今已成功吸引了一批艺术家入驻进行创作（见附图10）。

2. 充分利用政府专项功能提升村庄竞争力

以红罗村为例。村庄规划方案积极对接村村通道路、“三清三拆三整治”等项目，针对性开展村庄的主要公共空间重点整治，对不同的村庄建筑进行了差异化的立面处理，实现村庄展示界面的整洁统一（见附图11）。同时，规划积极对接市场开发资源，提出具有可操作性的“文化+生态+休闲”综合开发模式。

附图10　南香村文旅新业态交流会现场图

附图11　红罗村环境综合整治实景图

（三）优化成果表达，服务村庄自治

村民是乡村振兴的主体，村庄规划也主要服务于村民。因此，在村庄规划编制过程中，需要深入村庄居民点，了解村民的诉求和意愿，带动村民参与的积极性，为村民的美好生活追求努力。同时，村庄规划应该摒弃外行人看不懂的情况，调整行文模式，简化成果表达，让村民听得懂、看得懂，让村民理解。只有村民了解自己村庄未来发展的方向和思路，才能够增强村庄凝聚力，使村民积极参与村庄自治。

五、面向管理的实用性村庄规划探讨[①]

（一）村庄规划的时代背景

当前中国乡村有四个特点：第一，在产权特征方面，是集体土地加私有住房，而且是以存量为主、增量为辅；第二，在社会关系方面，是村庄空心化、老龄化、原子化和利益分化，而且城乡关联大于村内关联；第三，在治理模式方面，古代是宗法自治，当代是人情加上少量法律；第四，在区域环境方面，面临着工业化、城市化、信息化、现代化的多重冲击，呈现区域发展的差异化和类型多样化。

（二）实用性村庄规划的三大改进

1. 规划内容：面向需求、解决问题

对一般村庄来说，要简化内容，加强村庄规划的实用性，要着重面向村民改善人居环境、政府对全域用地管控、村域土地整治和现代农业发展这四大需求，形成自上而下、自下而上、建管并重、关注村民改善人居环境需求、整合政府管理需求的规划编制管理体系。

在重点地区，要突出功能复合、连片编制的需要，包括城市近郊地区、风景名胜区、农业产业园区、田园综合体，体现全域全要素的特点，注重“三产”融合的规划思路，形成相对综合全面的规划内容，成果上综合总体规划、详细规划、景观设计、农房设计等。

2. 规划深度：面向实施、简便灵活

一是图则管理。主要针对新批的宅基地和农村集体经营性建设用地，具体项

① 作者陈鹏，中国城市规划设计研究院村镇规划研究所所长，教授级高级城市规划师。

目可以弹性管理，或者设置负面清单。新批的宅基地，可以参照城市控规管理模式形成相应的控制要求。

二是通则管理。重视法定文本的书写，对设施农业、农产品加工、仓储等生产用房设施及化肥、农具存放点等不同类型用地，明确管控要求，按照各地通则规定进行管理。

三是备案管理。对农民在现状宅基地上进行改造、修缮的农房，进行备案管理；对在现状宅基地上翻建的，采用地方推荐标准图集的，进行备案管理；对单独设计的，进行规划许可管理；对改造后进行商业经营活动的，进行备案管理。

四是成果表达。规划最终要面向农户，所以在成果表达上面还是要尽量简明化和形象化，要让农民看得懂。要形成规范化的规划成果公示、简明化的成果表达、形象化的成果表达，形成面向村民的规划成果。

3. 规划方式：面向村民、协商合作

党的十九大报告明确提出要打造共建共治共享的社会治理格局，《农村人居环境整治三年行动方案》也明确提出要“建立政府、村集体、村民等各方共谋、共建、共管、共评、共享机制”，每一个村庄规划相关的主体，角色都要发生适当的转变：政府要从以前的立项目、出资金更多地转变为出机制、促保障；规划团队要从以前的出方案、搞建设更多地转变为听意见、来参谋；村民要从以前的“要我干”转变为“我要干”；总体组织方式要从以前的选点转变为各自申报、以奖代补、逐步筛选。

其中，村民的转变是一个渐进的过程：第一个阶段是通过专家组织发动，村民认同这个事情；第二个阶段是随着加强沟通协作，村民逐渐地自发参与；第三个阶段是专家撤走了之后，实现由村民主导的村庄永续发展。

此外，有条件的地区应积极引导规划师下乡服务，让规划师参与乡镇规划建设管理。以北京市为例，截至2020年底全市共形成301个责任规划师团队，服务318个街道、乡镇和片区，覆盖率达到95%以上。从近两年所取得的成效来看，下乡规划师作为沟通政府与基层群众的桥梁，作为乡镇地区“权力”机构的“能力”补充，在规划指导、技术咨询、政策宣讲、乡村治理等方面发挥了重要作用。

第二节 学者论点

一、新发展理念下粤港澳大湾区外圈层村庄规划策略的探索①

（一）项目概况

以粤港澳大湾区外圈层为重点，剖析粤港澳大湾区外圈层地区符合乡村发展实际的村庄规划内容与策略，加速融入湾区发展大局，让湾区与外圈层地区互补共赢，促进未来湾区核心区与湾区外圈层人民生活质量提升、生活空间共同体验、共同迈向高质量发展。

（二）提升要点

1. 富有成色：以小城镇规划为抓手，建立“小城镇—乡村”的规划传导机制

一是应对乡村振兴产业融合，探索通过小城镇辐射带动周边乡村地区发展的供给侧深化改革发展路径；二是加强与市、县、乡镇级国土空间规划的衔接，严格落实“三区三线”划定规则与规模，并对相关重点项目予以用地保障。

2. 辨识本色：以脱贫攻坚和乡村振兴衔接为契机，明晰产业发展方向

湾区外圈层地区往往以城乡混杂的形态为主，村庄的功能应区别于城市主导功能，以都市现代农业和乡村旅游为主导产业方向，积极构建现代农业产业体系、生产体系、经营体系，鼓励打造一批集生态、教育、文化、休闲、观光功能于一体的现代农业公园、现代农业产业园、田园综合体等农业功能区，率先实现农村一二三产业融合发展。

3. 彰显特色：以单元型详细规划为载体，凸显乡土资源特色

基于市场服务的需求变化，部分地区国土空间规划编制还会以郊野单元、分区单元等形式出现。这类规划应以深入挖掘自然文化资源禀赋、促进优势资源变资产为要点。

① 作者徐敏，广东省城乡规划设计研究院有限责任公司城市发展研究中心高级工程师。

二、广东省面向实施的村庄规划“留白”机制探索[①]

自国家建立国土空间规划体系以来，国家层面、广东省层面都提出了要在规划中探索规划“留白”制度。规划留白不是简单的空间预留，应是一套完善的用地弹性管理的机制。对在操作层面的村庄规划而言，规划留白是统筹各类型规划矛盾、实现规划弹性管理、落实乡村产业振兴的需要的重要抓手。

从村庄自身的发展和建设来看，应对不同实施情形，其规划留白主要分为三种形式：指标留白、功能留白和空间留白（见附图12）。指标留白方面，建议采用“统留统管统用”的方式，由县级规划统一预留指标专项用于乡村建设，通过计划管理的方式实施；功能留白方面，鼓励土地混合使用和建筑复合利用，并留有市场调整的空间；空间留白方面，一般不单独使用，可结合指标留白和调整型功能留白来使用（见附表1）。

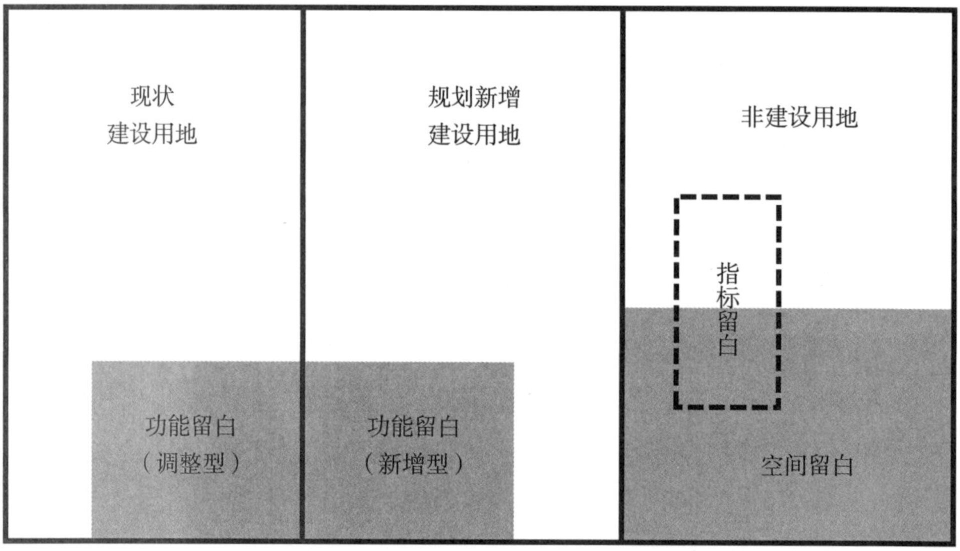

附图12　村庄规划三种留白方式示意图

附表1　规划留白的实现方式

规划留白方式	特点	属性
指标留白	预留一定比例机动指标（规模指标）暂不落地，待需要时再落地实施，体现指标弹性	有规模无空间

① 作者杨杰，广州地量行城乡规划有限公司总工程师，国土高级工程师。

（续表）

规划留白方式	特点	属性
功能留白	用地落实到地块，但未确定具体功能，体现功能弹性（可划分为新增型和调整型两类）	有规模有空间
空间留白	划定明确的留白区域，为新增重大事件、重大功能项目建设预留空间，为现有产业调整升级或危旧住房修缮、易地重建等预留空间，体现空间弹性	无规模有空间

规划留白的启动机制包括准入条件和启用程序两方面，不同的留白应遵循不同的程序。随着规划的实施，规划留白也可以进行动态调整和管理，包括留白的退出和调整。规划留白也应建立定期的实施评估机制，找出成效、问题并提出改善的建议（见附表2）。

附表2　规划留白的实施路径

规划留白类型	实施路径	实施需求
指标留白	有建设需求的村庄每年申报建设计划，由县级评估后统筹专项指标的下达与管理	指标预留可采用“一刀切”的方式或“统留统管统用”的方式
功能留白	鼓励土地混合使用和建筑复合利用，留有功能调整的空间，由市场决定留白地块最佳的使用性质和功能比例	可对新增建设用地进行留白（新增型留白），也可对需腾退转型的低效存量用地进行留白
空间留白	“指标留白+空间留白”或“调整型功能留白+空间留白”	空间留白并不是一类可单独实施的留白，在实施时一般结合指标留白或调整型功能留白来使用

村庄规划留白和点状供地是实施乡村振兴项目两个非常重要的抓手，要重点对两者的适用范围、用地实施进行协调（见附图13），确保做到精准供地、节约

①适用范围的衔接。对于零星分散的乡村文旅设施及农村新产业新业态用地，规划留白与点状供地是可以完全衔接、共同作用的

②用地实施的衔接。村庄规划允许预留不超过5%的新增建设用地指标，而预留的城乡建设用地要优先于保障点状供地项目建设，即点状供地项目是有启动指标留白的优先权的

附图13　规划留白与点状供地的衔接

集约土地资源，助力乡村振兴项目的落地。

三、镇域经济高质量发展导向下的村庄规划统筹——以清远市浸潭镇为例①

（一）项目概况

浸潭镇镇域村庄规划统筹在充分研究各村庄的区位条件、资源禀赋的基础上，衔接在编国土空间规划，以高质量发展目标为导向，着重从空间统筹、产业统筹、治理统筹三个维度解析如何实现村庄规划统筹，促进镇域经济高质量发展。

（二）主要内容

1. 空间统筹

一是摸查发展本底，构建镇域发展空间格局，形成具有特色的山水旅游风貌。二是协调多规矛盾，整合各类规划内容，划定镇域“三区三线”管控范围，理清限制空间、划定发展边界，着力构建协同融合的乡村空间管控体系。三是分析要素流动，搭建镇域分级路网体系，通过密度函数进行可视化操作研判浸潭镇的现状交通情况及预测未来交通量，构建镇域分级路网体系。

2. 产业统筹

一是统筹镇域村庄发展定位，建立镇域发展潜力评价体系，划分综合服务型、农旅型、文旅型、农业型四种村庄发展职能。二是挖掘镇域优质资源，以“一域一带”的发展模式促进产业品牌和村庄建设，推动农文旅融合发展。三是预测镇域圩镇发展潜力，完善基础设施短板，强化综合服务水平。

3. 治理统筹

一是完善镇域服务中心设施规划，落实分级配套。二是建立涉农资金整合机制，充分利用相关政策和专项资金，按照项目类型、建设时序等建立建设项目库，保障项目落地。三是推动镇域数字化基础建设，开展乡村治理和服务创新。

---

① 作者冶国枢、曹哲铭、王彩华。冶国枢，广东城建达设计院有限公司城乡规划助理工程师。曹哲铭，广东城建达设计院有限公司城乡规划高级工程师。王彩华，广东省建科建筑设计院有限公司风景园林助理工程师。

四、国土空间规划背景下村庄规划全过程公众参与研究①

随着我国乡村建设工作的逐步推动，公众参与已成为村庄规划中的重要内容，是实现村民自治的重要理念。注重公众参与、构建有效的公众参与体系，对村庄规划工作有重大的意义。目前，在相关法律法规、编制指南的指导下，村庄规划中村民参与的重要性逐渐凸显出来，各地的村庄规划也都将公众参与纳入村庄规划的工作内容中。

本文以问题为导向，借鉴发达国家或地区的经验，结合广东省村庄规划实践经验，从村庄规划工作的全过程角度，构建决策、编制、实施村庄规划全过程公众参与体系。规划决策阶段通过搭建信息化平台、召开村庄规划宣传动员大会、座谈调研等方式，充分听取村民诉求，确保村民的知情权、参与权。规划编制阶段的方案比选阶段，通过设置公众议事环节、召开方案村民评议大会等方式，提高公众参与度。规划实施阶段，通过编制村民版成果、村庄管理委员会和村庄监督委员会协助实施管理监督的方式，推进村庄建设实施。村庄规划全过程公众参与体系见附图14。

现阶段村庄规划应该重视规划决策、编制和实施全过程的公众参与，并就不同地区的特征选择有针对性的公众参与程序和形式。在规划实践过程中，各方角色应该保持客观、中立，力求在各个利益群体中寻求最优的平衡，以此提高村庄规划编制和实施的科学性和可操作性。

五、国土空间规划改革下的村庄规划编制实践浅析——以河源市东源县灯塔镇梨园村等4个村优化提升试点规划（2020—2035）编制为例②

基于新型城镇化的发展背景，机构改革下的国土空间规划体系对村庄规划编制有着重大影响，以下内容总结了编制思路与方法及村庄规划编制要点，以提高村庄规划的有效性，促进农村的可持续发展。

第一是结合各层面现状情况分析，总结诉求（见附图15）。从现状村庄各方面进行剖析，总结出规划诉求为试点区域产业发展与农村住房需求矛盾突出，迫

① 作者林盛鑫、黄琴情。林盛鑫，广州地量行城乡规划有限公司国土助理工程师。黄琴情，广州地量行城乡规划有限公司城市规划工程师。

② 作者李恩宇，广州地量行城乡规划有限公司风景园林高级工程师。

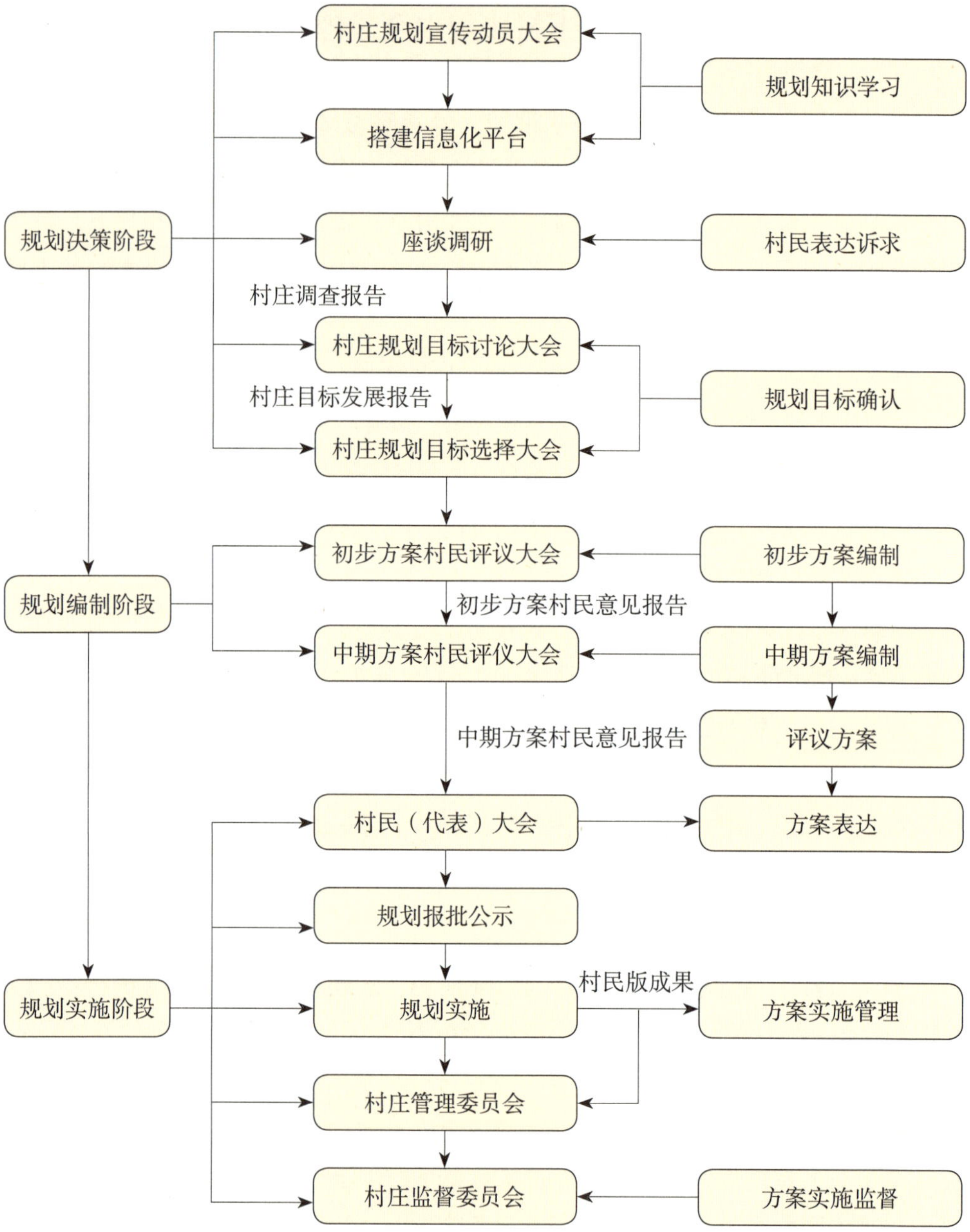

附图14　村庄规划全过程公众参与体系

附图15　基于现状的问题分析

切希望通过村庄规划优化提升。

第二是根据诉求问题要点构架功能结构，制定规划重点方向。从交通、生态环境、耕地和永久基本农田保护、产业发展、农村宅基地和农房建设、配套设施等六个方面入手，根据调研和上位规划的诉求列出需求台账，形成规划功能结构。

第三是明确产业发展思路，“强一优二引三”，开展关联式产业体系构建。以第一产业为基础，强化基础产业，引入特色农业；以第二产业优化改造为辅助，优化现状工业，发展特色农产品加工；以第三产业融合为形式，打造“农业+景观+旅游”，发展民宿、电商、商服、餐饮等。

第四是统筹开发利用，强化全域全要素的国土空间管控。根据各片区的开发潜力和发展需求，统筹和平衡试点片区人口资源环境条件和社会经济发展、人居环境整治要求，落实村庄各项约束性和预期性指标控制和定期监管。

第三节 ▸ 优秀案例

一、化州市鉴江街道东方红村村庄规划

（一）规划思路和做法

1. 坚持存量思维，做实空间响应方式

规划充分衔接“三调”最新数据做实底图底数，并通过增存统筹考虑优化建设用地规模。一是用好增量规模，即省厅支持规模；二是盘活存量用地，对现状低效、闲置的存量建设用地和现行土规中还未批未建的剩余建设用地进行腾挪。同时，结合梳理建立的用地台账，按重要次序明确近远期用地布局安排计划。

2. 坚持城乡融合，创新城郊村发展模式

产业上，做优一产（农业品牌化），做活二产（城区产业溢出与农业产业链延伸结合），做美三产（农业休闲化、农村景观化），建立一二三产业融合、城乡互补的发展模式（见附图16）。农房建设上，建立逐步引导村民集中居住、农房集约建设的农村住宅建设路径。

3. 坚持规划、设计一体化，凝聚村民参与

坚持规划、设计一体化，引导农房分类整治，细化道路、水塘、开敞空间等建设指引，形成“小桥—流水—人家”共生共荣、“水道—绿道—古驿道”相映成趣的乡土空间序列（见附图17）。

附图16　城郊村发展模式图

附图17　村庄规划节点图

4. 活用政策组合，强化规划落地性

利用宅基地相关政策盘活闲置农房资源，利用“留白”机制预留宅基地建设弹性空间，活用用地保障政策保障规划实施落地。

（二）规划实施成效

规划明确了村庄建设范围及其建设管控要求，保障村庄绿道建设落地，成果受村民、村委、投资企业的认可度高，并助力进驻东方红村的产业项目落地。

二、惠东县多祝镇明溪村村庄规划

（一）规划经验和做法

1. 规划思路运用刚弹结合的思维方式

采用“落管控、安居、乐业、提质、留乡愁”的规划思路并落实到规划的编制当中。在管控方面，主要落实上位规划确定的不可突破的红线范围和用地规模；在安居方面，主要采用“微”更新的规划方式；在乐业方面，挖掘和延伸村庄现有的产业基础；在提质方面，主要从现有的人居环境改善方面着手，提升村内现有的基础和公共服务设施；在留乡愁方面，选取村庄风貌保存完整的片区，保存现有的历史建筑和历史遗迹，留住村民的乡村记忆（见附图18）。

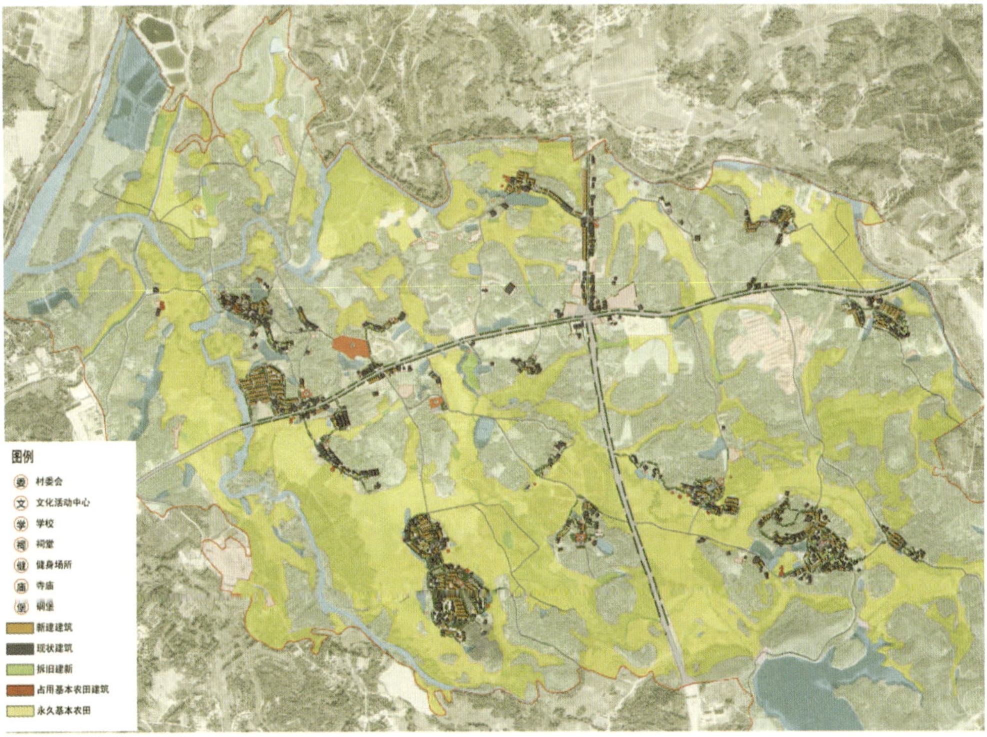

附图18　明溪村村庄规划总平面图

2. 充分尊重并运用农村地籍调查数据库的基础数据

在翔实的现状摸排调研的基础上，与现有的该村地籍调查数据库进行对比分析，摸清每户宅基地的基本情况，并和该村书记一一核实，为规划人口的预测打下坚实的基础（见附图19）。

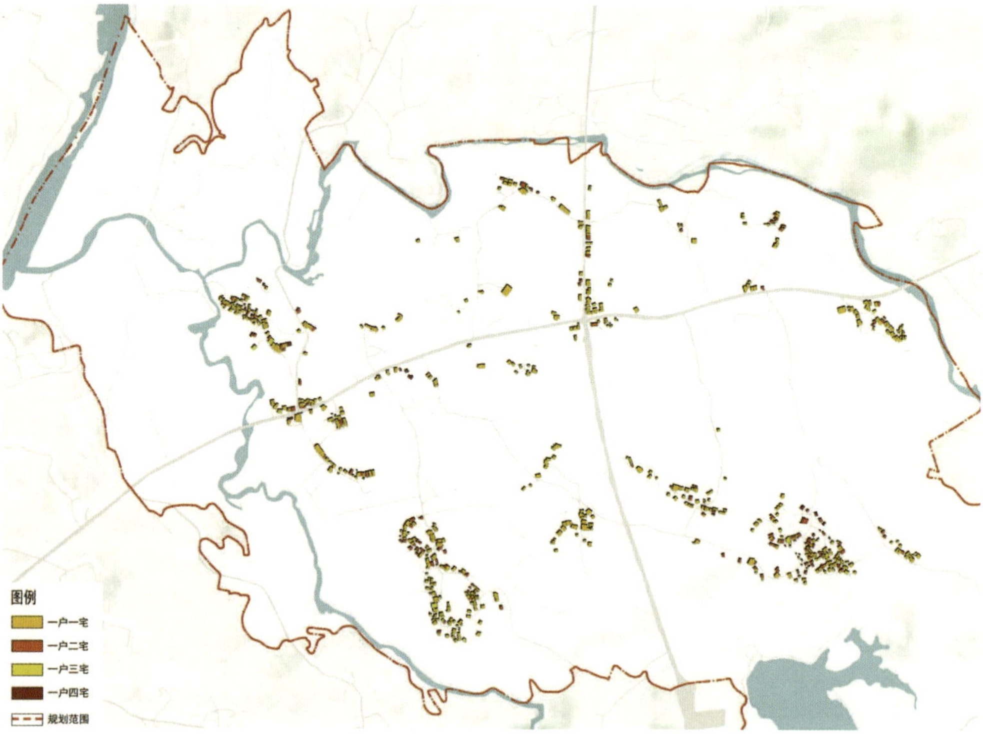

附图19 明溪村宅基地基本情况

3. 充分激活村内的空闲地、闲置地等存量资源

一方面，与村民协商，通过合理的腾退政策对一户多宅中的老旧宅基地进行腾退，主要用于村内有需求的村民，充分挖掘激活村内的存量宅基地；另一方面，规划的新增宅基地主要选址在村庄内的空闲地和边角地，确保不占用生态保护红线和永久基本农田，最大可能保障村民的合理用地需求。

（二）规划实施成效

多次就规划成果对村民进行宣贯讲解，引导村民建房按照规划要求进行，并指导该村文化活动中心的落位，充分彰显规划的严肃性，也改变了村民以往对规划的不尊重。

三、梅江区西阳镇笙竹村村庄规划

（一）基础情况

笙竹村位于梅州市梅江区西阳镇东南部。主要道路为县道X950，北接省道S333、南至丰顺县大龙华镇，距离梅州城区约20公里，距离西阳镇区约10公里。

（二）规划主要内容

1. 立足实际，做实村庄规划底图底数

以“‘三调’+基数转换”为手段，衔接国土空间规划。与控制线和现行土地规划进行叠加分析，解决矛盾冲突问题，提出不同的解决方案。对于土地规划有规模但无建设计划的用地进行规模腾挪，对于现状已建设但无土地规划规模的用地重新落实规模。

2. 重点梳理村庄产业需求台账，推进乡村产业社区建设

通过与政府、企业、村民的充分沟通，规划重点梳理了民宿及相关配套的产业类项目共14项，促进村庄的可持续发展。

3. 多管齐下，落实项目建设用地需求

一是通过挖潜存量用地，盘活可用空间。通过搬迁水库移民、活化利用闲置用地、复垦清退等方式腾挪用地规模。目前，已盘活存量建设用地面积2.05公顷，除了填补“三调”现状无规模建设用地外，剩余城乡建设用地规模0.75公顷。

二是争取预留城乡建设用地规模。通过与土地主管部门多次沟通，争取预留城乡建设用地规模1.8公顷。

4. 挖掘特色资源，打造魅力村庄

通过打造“1+1+1+1+3”“吃住养游文动”闭环产业链，即一条吃住行游购娱链条、一条溯溪寻潭观瀑游线、一个山居民宿产业集群（云端溪谷）、一条国际古驿道徒步环线和三条峡谷休闲徒步环线，打造梅州市独具特色的乡村旅游路线。

四、狮山镇莲塘村村庄规划

（一）基础情况

莲塘村位于狮山镇博爱湖片区西南侧，濒临北江，乡村聚落形态保存完整。但片区周边城镇发展迅猛，村庄现状城乡风貌混杂，用地斑块破碎。

（二）规划主要内容

1. 创新性提出农村农业空间重点规划范围

衔接上位规划、专项规划，识别村域范围内各类城镇建设空间。以乡村产业振兴、人居环境整治提升等方面作为规划侧重点，对村民人居环境进行整治提升，补齐公共服务设施。农村农业空间重点规划范围见附图20。

附图20 农村农业空间重点规划范围

2. 发展策略

（1）碧水环绕，延续自然与人文交融的空间特色，塑造古村魅力风貌。

（2）古为今用，创新活化各类文化资源，打造佛山特色文化名片。

（3）产村一体，全力推进乡村产业振兴，依托生态园和工业园，推动乡村产业高质量发展。

3. **振兴产业**

（1）产业发展思路。

城乡融合：打破城乡分割和村庄边界，衔接全镇产业主题，统筹确定村庄产业发展方向。

连片统筹：统筹连片村庄农业农村各项土地利用活动，挖掘片区产业发展优势，引导产业集中发展。

“三产”联动：以村级工业园改造提升为抓手，通过拆除重建、综合整治、复垦复绿等多种方式盘活空间。

（2）产业选择。

莲塘村产业以“主题休闲旅游+都市农业观光+新型产业”为主（见附图21）。

附图21　莲塘村产业分区规划图

（三）实施路径

对莲塘村近期建设项目进行分级分类，共5大类35个子项目（见附图22）。

	基础设施提升（17项）	
	项目名称	子项内容
1	冯家新村基础设施建设工程	路面修复、停车位划分、绿化提升、围墙建设
2	冯家旧村环境整治工程	道路修复、护栏提升、绿化提升、挡土墙、党建文化元素、宣传栏
3	大一基础设施建设工程	路面平整、绿化提升、停车位划分、党建文化要素
4	大二基础设施建设工程	路面平整、绿化提升、停车位划分、党建文化元素
5	大三基础设施建设工程	平整路面、绿化提升、停车位划分、党建文化元素
6	蔼里环境整治工程	休闲道建设、池塘改造
7	蔼北新村厕所改造	
8	谢家村停车场	
9	沙二旧村基础设施建设工程	池塘清淤、修建挡土墙、增设护栏
10	沙三新村基础设施工程	道路硬化、绿化提升
11	沙浦林区道路工程	道路硬底化
12	沙浦片农田设施改造工程	新建灌溉渠、修建机耕路
13	新建道路（沙一至沙三）	
14	环村道路路灯工程	
15	垃圾收集房及公厕建设工程	
16	三线整治工程	
17	新建绿道（蔼南至莲塘）	

	公共服务设施（7项）	
	项目名称	子项内容
18	文化室（沙一、沙三）	
19	沙一小型足球场	
20	沙三新村活动设施工程	提升篮球场、羽毛场，新增健身设施
21	沙浦新村康乐设施配套工程	
22	沙二党建广场建设工程	广场硬底化、儿童游乐设施、健身设施、庭院灯
23	大岗社活动空间提升工程	活动设施更新、绿化改造、地面清洁
24	冯家文化广场	

人居环境整治（6项）

25 田头塘整治工程
26 隔岗村前鱼塘提升工程
27 沙浦村前鱼塘提升工程
28 蔼南旧村绿化提升
29 新增宅基地
30 新建农民公寓

历史文化保护（3项）

31 龙舟赛道建设
32 沙浦古村活化改造工程（池塘改造）
33 沙浦古村活化改造工程（古屋修缮）

产业项目（2项）

34 文化产业改造项目
35 生态农业旅游

附图22　莲塘村近期建设项目

五、龙门县地派镇大坑村村庄规划

（一）规划经验和做法

大坑村村庄规划见附图23。村庄规划前期调研保证做到入户调研，对村庄宅基地现状情况摸查登记细致，同时，结合龙门县宅基地制度改革相关政策文件，

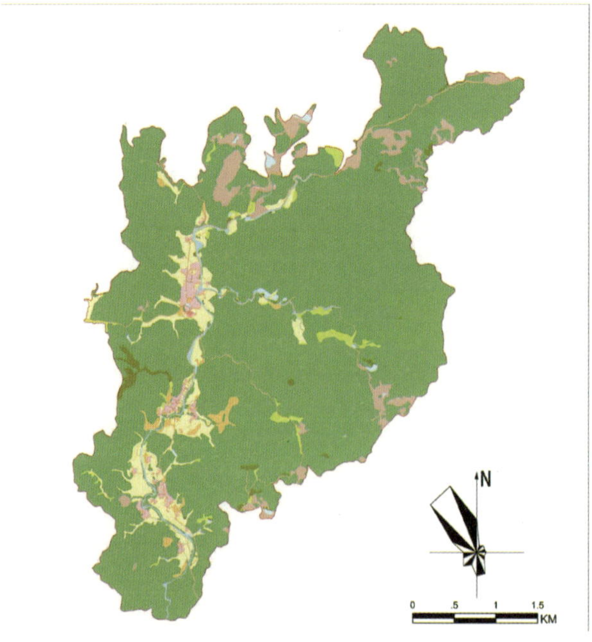

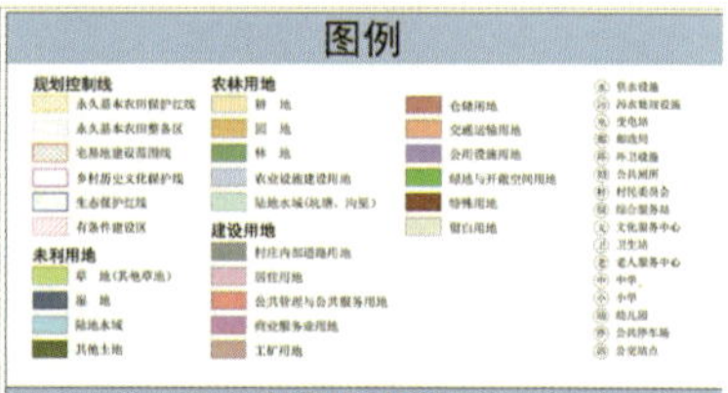

规划目标表

指标	规划基期年	规划目标年	变化量	属性
耕地保有量（公顷）	91.97	91.97	0.00	约束性
永久基本农田保护面积（公顷）	92.00	92.00	0.00	约束性
生态保护红线面积（公顷）	63.40	63.40	0.00	约束性
建设用地总规模（公顷）	114.39	115.40	1.01	预期性
村庄建设用地规模（公顷）	22.21	23.22	1.01	约束性
公共服务设施用地（公顷）	0.00	0.98	0.98	预期性
基础设施用地（公顷）	0.51	0.62	0.00	预期性
户均宅基地（平方米）	342.93	284.85	-58.08	预期性
人均村庄建设用地（平方米）	102.65	90.91	-11.73	预期性

土地利用结构调整表

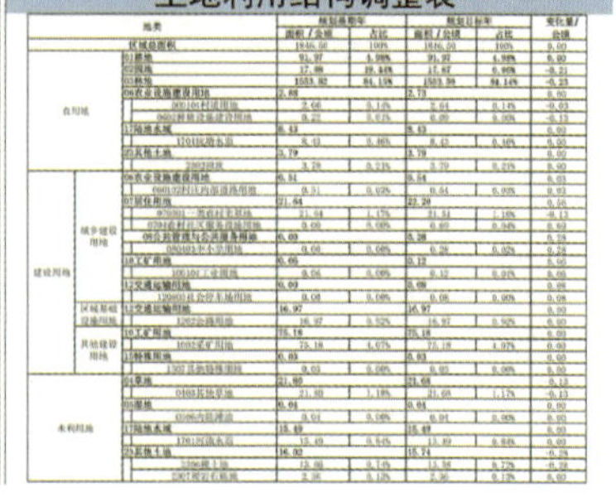

附图23　大坑村村庄规划总平面图及相关数据

对村庄现状进行梳理，统计村庄可腾退宅基地规模。对宅基地现状的梳理摸查，能够为乡镇有序推进村庄闲置宅基地腾退、再利用提供工作方向。

村庄规划成果坚持通俗易懂的表达方式，在不违反相关技术标准的条件下，将原村庄规划专业术语的表达替换为更通俗的文字表达，做到村庄规划成果能够让村民看懂。

（二）规划成果的特点、亮点

村庄规划的成果编制充分结合龙门县农村宅基地制度改革试点工作，以落实农村一户一宅，保证户有所居，同时合理控制村庄建设用地规模为第一原则。

通过一套编制技术方法及图纸表达方式，采用多张图纸与统计表格结合，以循序渐进、通俗易懂的方式展现，能够以简单的表述让乡镇领导及村民清楚村庄规划落实一户一宅的技术方法。大坑村以部分自然村现状房屋拆改留分析见附图24。

（三）规划实施成效

惠州市龙门县村庄规划成果目前由于上位规划因素，尚未被评审和审查入库。结合宅基地改革工作需要，县主管部门和所在乡镇能够以现阶段成果作为过渡期内农村建房审批的参考依据，对于《广东省自然资源厅 广东省农业农村厅关于疏堵结合坚决遏制农村新增乱占耕地建房行为的通知》提出的满足条件的农村建房审批情况，可参照村庄规划初步成果有序地进行审批活动，解决农村地区建房需求，缓解政府工作压力。

新连围、毛围、赤泥塘、贞祥派、新塘村小组现状房屋拆改留分析表

房屋编号	村小组	户主姓名	房屋结构	占地面积/平方米	规划措施	备注
01	新连围	刘应华	砼	145.60	规划保留	
02		潘桂香	砖	47.16	近期拆除	一户多宅，旧房退出
03		刘镜京	砼	60.23	规划保留	
04		刘万养	砼	150.73	规划保留	
05		刘桂森	砖	49.37	近期拆除	一户多宅，旧房退出
06		刘纪明	混	65.80	规划保留	
07		刘灶强	砖	27.23	近期拆除	一户多宅，旧房退出
08		刘满强	砼	105.30	规划保留	
09		刘稳文	砼	75.66	规划保留	
10		刘样京	砖	56.42	远期改建	
11		刘灶强	砼	130.47	规划保留	
12		刘木京	砖	47.29	远期改建	
13		刘松英	砖	43.88	远期改建	
14		潘桂香	砖	34.79	远期改建	
15		刘创明	砖	55.45	近期拆除	房屋破旧，失去居住功能
16		刘志强	混	57.44	规划保留	
17	毛围	刘燕钊	砼	39.39	规划保留	
18	新连围	刘应华	砼	37.32	规划保留	
19		刘灶英	混	51.06	规划保留	
20		罗小珍	砼	89.60	规划保留	
21		刘桂森	砼	88.13	规划保留	
22		刘水勤	砼	27.44	规划保留	
23		刘海澄	砖	54.58	近期拆除	一户多宅，旧房退出
24		刘水勤	砼	65.80	规划保留	
25		刘保文	砖	72.22	远期改建	
26		刘木京	砖	51.63	远期改建	
27		刘创明	砖	52.02	远期改建	
28	毛围	刘昔文	砼	112.76	规划保留	
29	新连围	刘镜京	砖	98.70	近期拆除	一户多宅，旧房退出
30		刘渭京	砖	101.63	远期改建	
31		刘应文	砼	104.44	规划保留	
32	毛围	刘见文	砼	96.12	规划保留	
33		刘见文	砼	33.14	规划保留	
34		刘见文	砖	40.12	近期拆除	一户多宅，旧房退出
35		刘灶养	砖	41.20	近期拆除	房屋破旧，失去居住功能
36	/	黄惠云	砼	76.23	规划保留	
37	毛围	刘桧京	砼	103.39	规划保留	
38		刘子京	砼	97.37	规划保留	
39		刘彭京	砼	90.86	规划保留	
40		刘活京	砼	81.44	规划保留	
41		刘志强	砼	77.38	规划保留	
42		刘乱京	砼	93.09	规划保留	
43		刘桧京	砖	36.30	近期拆除	房屋破旧，失去居住功能
44		刘勇明	砖	46.39	近期拆除	
45		刘给京	砖	68.21	远期改建	
46		刘勇坚	砼	104.86	规划保留	
47		刘卓文	砼	122.31	规划保留	
48	新塘	刘剑峰	砼	201.39	规划保留	
49		刘宋泉	砼	110.73	规划保留	
50		黄彩银	砖	80.57	远期改建	
51	毛围	刘海澄	砖	115.58	近期拆除	一户多宅，旧房退出
52	/	/	混	153.07	规划保留	
53	/	刘栋华 刘宝华	砼	117.99	规划保留	
54	赤泥塘	刘响文	砼	95.41	规划保留	
55	毛围	刘朴文	砼	107.7	规划保留	
56		刘兴文	砼	114.26	规划保留	
57	新塘	刘叶银	砼	96.86	规划保留	
58		刘智轩	砼	108.16	规划保留	
59	赤泥塘	刘托文	砼	157.38	规划保留	
60		刘新平	砼	87.74	规划保留	
61	毛围	刘海棉	砼	127.46	规划保留	
62		刘海澄	混	86.34	规划保留	
63		刘海辉	砖	71.41	远期改建	
64		刘俊华	砼	100.42	规划保留	
65	新塘	刘勇斌	砼	141.97	规划保留	
66	毛围	刘汉生	砼	127.58	规划保留	
67	新塘	刘向明	砖	132.59	近期拆除	一户多宅，旧房退出
68		刘向明	砼	109.63	规划保留	
69		刘润京	砖	47.99	远期改建	
70	毛围	刘杰京	砼	99.80	规划保留	
71		刘志京	砼	84.30	规划保留	
72	贞祥派	刘景芬	混	86.62	规划保留	
73	/	刘国华	砼	124.81	规划保留	
74	/	刘小文	砼	60.22	规划保留	
75	/	刘业京	砖	113.70	近期拆除	
76	赤泥塘	刘首文	砖	237.23	近期拆除	一户多宅，旧房退出
77		刘首文	砼	144.32	规划保留	
78	贞祥派	陈桥仙	混	104.05	规划保留	
79		刘志强	砼	120.29	规划保留	
80	赤泥塘	刘安文	砼	110.63	规划保留	
81		刘嘉平	砼	108.95	规划保留	
82		刘桥京	砼	106.55	规划保留	
83		刘哲京	砼	189.82	规划保留	
84	/	刘细文	砼	146.93	规划保留	
85	赤泥塘	刘吕平	混	58.36	远期改建	
86	新塘	黄玉友	砖	67.54	远期改建	
87	赤泥塘	刘剑楼	砼	53.83	规划保留	
88		刘炯文	砼	116.44	规划保留	
89	贞祥派	刘秀英	混	108.26	规划保留	
90		刘瑞彝	混	131.46	规划保留	
91		刘志坑	混	102.83	规划保留	
92		刘东海	砼	51.07	规划保留	
93		刘志龙	砖	139.11	远期改建	
94		刘石火	混	167.47	规划保留	
95		刘锦苏	砼	107.52	规划保留	
96		廖润娣	砼	82.47	规划保留	
97		刘水泉	混	86.72	规划保留	
98	/	刘武华	混	57.01	远期改建	
99	贞祥派	刘济明	混	91.83	规划保留	
100		刘永光	砼	86.27	规划保留	
101		刘湛光	砼	54.39	规划保留	
102	毛围	刘展仪	砼	58.93	规划保留	
103	贞祥派	刘镜坤	砖	51.35	近期拆除	房屋破旧，失去居住功能
104	/	刘鉴芬	砼	57.96	规划保留	
105	毛围	刘卫琼	砖	129.78	远期拆除	子女已建房，远期拆除
106	/	/	砼	118.49	规划保留	
107	毛围	刘炳红	砼	135.59	规划保留	
108		刘炳森	砼	136.44	规划保留	

图24　大坑村部分自然村现状房屋拆改留分析

附录三
新时期广东省村庄规划政策文件目录

（1）《广东省自然资源厅关于加快村庄规划编制工作的通知》（粤自然资规划函〔2019〕1499号）；

（2）《广东省自然资源厅关于印发〈广东省村庄规划编制基本技术指南（试行）〉的通知》（粤自然资规划函〔2019〕1786号）；

（3）《广东省自然资源厅关于印发〈广东省落实村庄规划加强地质灾害防治工作指引〉的通知》（粤自然资发〔2020〕1号）；

（4）《广东省自然资源厅办公室关于村庄规划有关问题回应意见及注意事项的函》（粤自然资规划〔2019〕734号）

（5）《广东省自然资源厅关于印发〈广东省村庄规划优化提升试点工作方案〉〈广东省村庄规划评估工作方案〉的通知》（粤自然资规划〔2020〕436号）；

（6）《广东省自然资源厅关于公布村庄规划优化提升试点名单（第一批）的通知》（粤自然资规划〔2020〕1417号）；

（7）《广东省自然资源厅关于印发全省村庄规划优化提升试点工作动员部署暨培训会议主要精神和培训材料的通知》（2020年8月）；

（8）《广东省自然资源厅　广东省农业农村厅关于印发〈广东省村庄规划全面优化提升三年行动计划〉的通知》（粤自然资函〔2021〕436号）；

（9）《广东省自然资源厅 广东省农业农村厅关于〈疏堵结合坚决遏制农村新增乱占耕地建房行为〉的通知》（粤自然资发〔2020〕24号）

（10）《广东省自然资源厅关于明确过渡期内村庄规划有关政策的通知》（粤自然资规划〔2021〕1804号）；

（11）《广东省自然资源厅关于印发〈广东省乡村振兴用地政策指引〉的通知》（粤自然资函〔2022〕1144号）；

（12）《广东省自然资源厅 广东省农业农村厅关于加强和改进设施农业用地管理的通知》（粤自然资规字〔2020〕7号）

（13）《广东省自然资源厅关于明确全域土地综合整治试点永久基本农田调

整有关事项的通知》（粤自然资函〔2020〕329号）

（14）《广东省自然资源厅 广东省农业农村厅关于印发保障农村村民住宅建设合理用地实施细则的通知》（粤自然资发〔2020〕29号）

（15）《广东省农业农村厅 广东省自然资源厅关于〈规范农村宅基地审批管理〉的通知》（粤农农规〔2020〕3号）

（16）《广东省自然资源厅 广东省农业农村厅关于印发贯彻落实省委省政府工作部署实施乡村振兴战略若干用地政策措施（试行）的通知》（粤自然资规字〔2019〕1号）

（17）《广东省自然资源厅关于实施点状供地助力乡村产业振兴的通知》（粤自然资规字〔2019〕7号）

（18）《广东省自然资源厅 广东省农业农村厅 广东省文化和旅游厅印发〈关于乡村振兴用地政策的补充意见（试行）〉的通知》（粤自然资规字〔2019〕2025号）

（19）《广东省自然资源厅关于继续深化若干规划用地改革事项的通知》（粤自然资函〔2020〕552 号）

（20）《广东省人民政府关于印发广东省全面推进拆旧复垦促进美丽乡村建设工作方案（试行）的通知》（粤府函〔2018〕19号）；

（21）《广东省人民政府关于实施广东省全面推进拆旧复垦促进美丽乡村建设工作方案（试行）的补充通知》（粤府函〔2019〕389号）；

（22）《广东省自然资源厅 广东省住房和城乡建设厅 广东省文化和旅游厅关于在拆旧复垦工作中加强乡村传统文化景观保护的紧急通知》（粤自然资函〔2019〕2005号）；

（23）《广东省人民政府关于全面推进农房管控和乡村风貌提升的指导意见》（粤府〔2020〕43号）；

（24）《广东省住房和城乡建设厅 广东省自然资源厅关于印发〈广东省乡村风貌修复提升指引（试行）〉的通知》（粤建村〔2021〕32号）。

附录四
国内外村庄规划经验简述

本附录针对欧洲、亚洲和国内发达地区的村庄规划，从其发展历程、关注重点、规划体系、规划特色等方面作了梳理。其中包括英国、德国的村庄规划，日本“一村一品”规划，韩国的“新村”运动，以及国内上海的郊野单元规划和浙江的“千万工程”，并从中得到启示与借鉴。

第一节 英国的村庄规划

一、发展历程

（一）土地保护时期的村庄规划

英国的城市规划体系最早始于1848年《公共卫生法》，其核心是面对工业革命背景下快速城市化带来的基础设施建设严重滞后，进而引发的公共卫生问题。英国政府提出的《公共卫生法》（1848年、1872年和1875年3部）、《清洁空气法案》等相关法案，被学界普遍认为是现代城市规划的开端。

英国最早的《城乡规划法》始于1947年，该法律明确提出了要遏制城市发展对乡村土地的侵蚀。基于这一指导思想，英国通过划定城镇与村庄边界，建立统一的规划体制，实行土地开发权国有化和规划许可制度，解决当时土地利用过程中的矛盾与问题。

20世纪40年代，由于第二次世界大战期间持续性的粮食短缺问题，英国政府提出工业人口再分布计划和乡村地区的土地使用计划，认为乡村地区应当聚焦于农业发展，限制或禁止乡村地区建设，这一时期乡村发展几乎陷入停摆状态，仅作为农业空间履行其基本职责。

（二）第二次世界大战重建时期的村庄规划

第二次世界大战后，随着规划成为国家干预战后重建的重要手段，为土地使用和所有开发权赋予了普适性的法定程序，所有的开发建设项目都需要通过规划许可审批，获得批准后方可实施。这一时期的法定程序虽然从一定程度上构建了英国的空间规划体系，然而，由于其过于注重“土地保护”，依旧沿用乡村地区限制发展的整体思路，大量乡村地区的规划申请被驳回，违背了乡村社区居民的利益需求，也不利于国家的整体发展。

（三）2004年规划改革时期的村庄规划

2004年，英国政府颁布《规划和强制征购法》，实行规划改革，首次明确空间规划体系的建立，将土地利用和开发政策与各部门中对空间发展可能产生影响的各项政策协调整合起来，形成多主体、多部门合作的空间规划体系。

（四）2011年规划改革时期的村庄规划

针对2008年的金融危机，为摆脱经济衰退、市场低迷的现状，2011年英国政府通过了《2011年地方主义法》，通过简约的国家规划政策框架取代原有的一系列规划政策公报。

2011年规划改革的核心举措是规划权力的下放。随着越来越多的规划权力下放到地方规划当局和邻里社区，对于特定类型的小规模开发项目，邻里社区具备规划直接批准的权限，无须再向地方规划部门申请开发项目的规划许可，既激发了地方当局、基层的规划自主性，又减轻了上层政府的行政负担（见附图25）。

二、规划体系

（一）规划法规体系

英国作为现代城市规划的起源地，规划体系的建立与其完善严密的城乡规划立法体系是相辅相成的。自1947年第一部《城乡规划法》颁布以来，历经70余年的不断修改完善，形成了以《城乡规划法》《规划和强制征购法》《规划法》《2011年地方主义法》为核心的规划立法体系（见附图26）[①]。

---

① 李经纬，田莉.价值取向与制度变迁下英国规划法律体系的演进、特征和启示[J].国际城市规划，2022，37（2）:97-103.

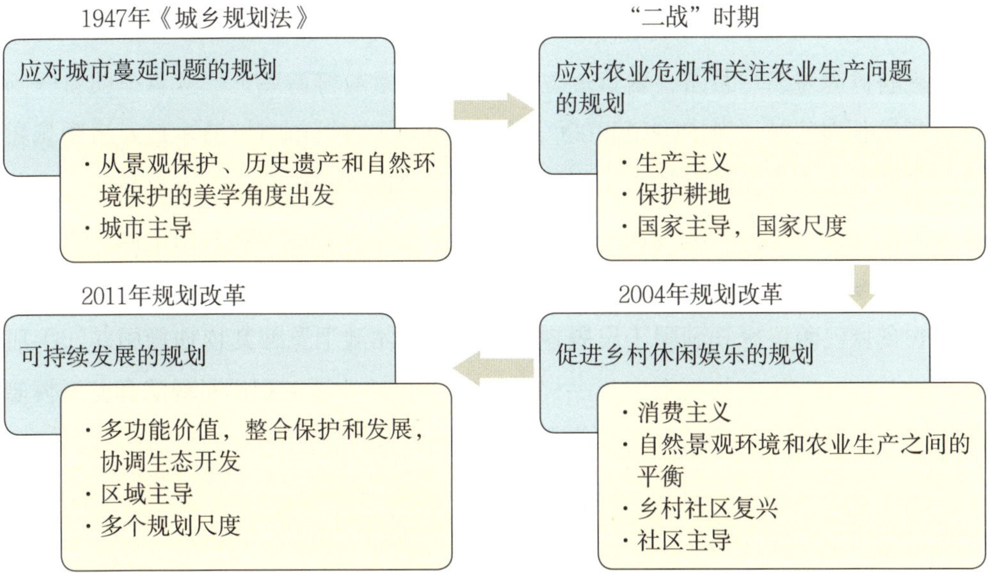

附图25　四个时期英国村庄规划的关注重点

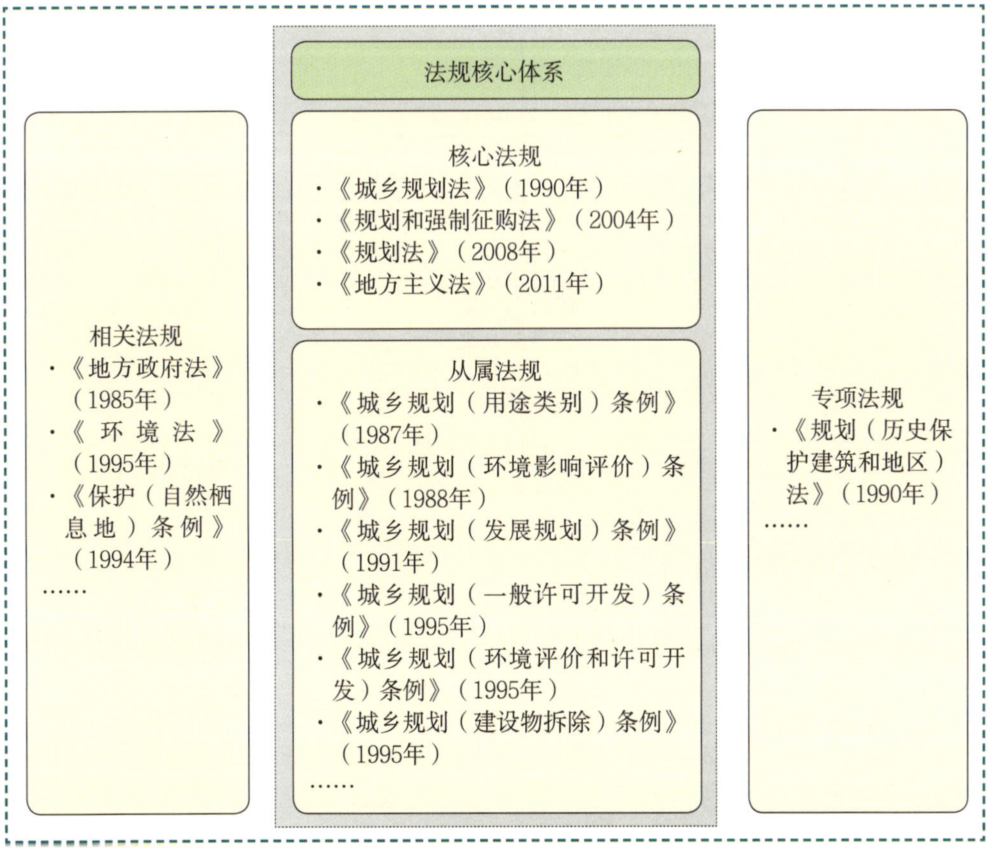

附图26　英国规划立法体系[①]

① 李经纬，田莉.价值取向与制度变迁下英国规划法律体系的演进、特征和启示[J].国际城市规划，2022，37（2）:97-103.

（二）规划编制体系

英国相对完善的规划体系可以分为三个时期。首先是1990年版《城乡规划法》编制后形成的规划体系，分为国家、区域/郡、地方三个层级，其中只有伦敦及其他六个大都市区（爱丁堡、格拉斯哥、利兹、曼彻斯特、伯明翰、布里斯托）单独编制大都市区规划，其他非都市区编制区域/郡级规划，地方层级规划分为结构规划、地方规划、单一发展规划等各类主体规划及补充规划指引；2004年规划改革后，区域空间规划取代结构规划成为法定规划，地区层级仅有发展规划文件这一主体法定规划；2016年规划改革后，英国政府进一步简化规划体系，区域层面仅保留大都市区规划，地方层级形成“发展规划文件—社区规划”两个层级法定规划（见附图27）[①]。

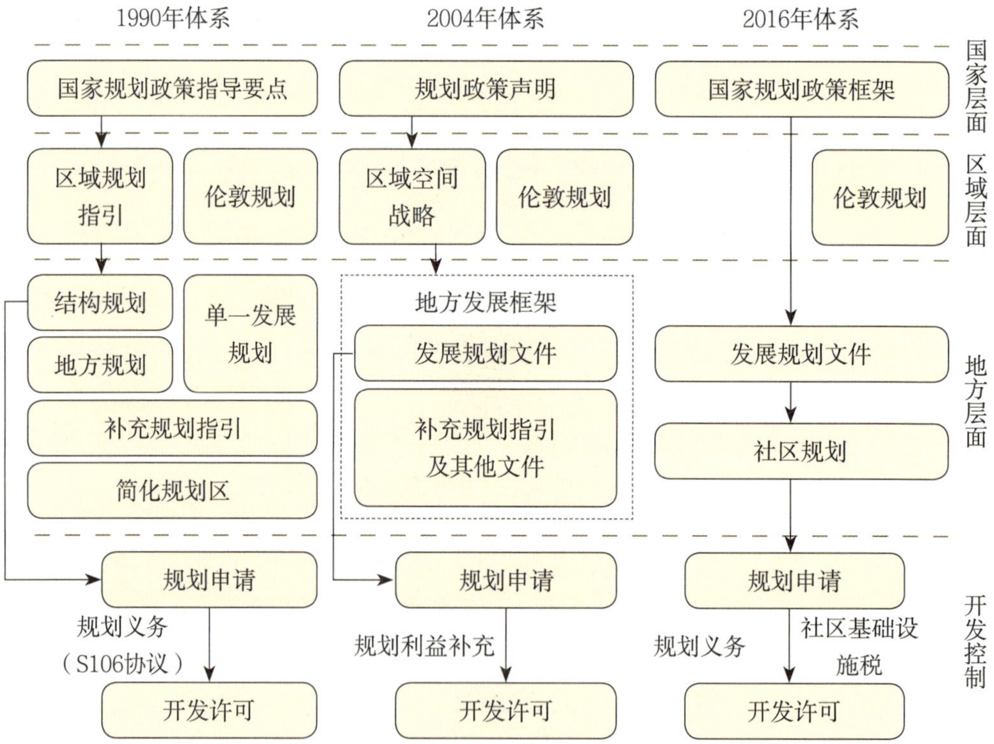

附图27 英国规划体系演变[②]

① 汪越，谭纵波.英国近现代规划体系发展历程回顾及启示：基于土地开发权视角[J].国际城市规划，2019，34（2）:94-100，135.

② 同上。

三、规划特色

（一）指导型规划体系

英国的规划体系属于指导型规划体系，地方拥有很大程度的“自由裁量权”。指导型规划体系一般以判例法和以往案例作为决策和政策制定的基础，因此英国的村庄规划往往没有详细的规划图纸，取而代之的是发展示意图，这就决定了英国规划体系难以明确具体的发展控制内容，而是阐述发展的政策和目标，具体实施方案留给规划实施管理阶层决定[①]。

2011年对空间规划体系进行改革后，目前英国地方村庄规划由各地方行政区组织编制。地方村庄规划的编制要求体现和强调对改革后的空间规划政策框架的指导内容以及其他相关政策的解读与运用。村庄规划的编制程序是统一的，但具体的方法和目标却各有区别，这体现了空间规划的统一性和多样化的结合。

（二）公众参与模式

在英国，居民参与村庄规划设计已成为农村区域规划制定和实施的基本模式。因为只有当地居民才知道他们真正需要什么。如林奇菲尔德地区2010乡村规划，针对辖区内6个村的村庄规划，在规划编制过程中组织了4次公众参与工作，充分体现了当地居民的诉求。

第一次公众参与工作开展于规划筹备阶段，规划团队举办一系列展览，发放调查问卷，征求发展意愿以及村民们对本地区存在的主要问题的意见，依次决定初步的规划框架。第二次公众参与工作是将规划初步磋商内容进行公示，由居民投票表示赞同或反对，对于村民认为重要的内容，采取张贴“帖子”的方法进行讨论。第三次公众参与工作采取聘请外部专业机构讲解的模式，开展公开讨论会，将村庄规划方案及相关政策进行公示，讨论相关内容，会后形成公众参与报告。第四次公众参与工作是将规划最终成果方案反馈给社区，讨论后最终通过。

经过4轮公众参与工作，村民基本上参与了规划的全阶段全流程，在专业团队的辅助下有效表达了自身的诉求与建议，充分发挥村民团体在村庄规划编制过程中的主观能动性，保障村庄规划内容更加贴合村民的实际需求。

---

① 于立.控制型规划和指导型规划及未来规划体系的发展趋势：以荷兰与英国为例[J].国际城市规划，2011，26（5）：56-65.

（三）英国的乡村土地保护措施

20世纪70年代出现的“逆城市化”现象，导致大批城市居民迁入乡村，对乡村的土地资源、环境保护等方面带来了严重的负面影响。为解决这一问题，英国政府提出“绿化带”“国家公园”“杰出的自然景观区”三种机制来保障乡村土地资源及生态环境的有效保护。

英国规划体系中的绿化带并非我们传统观念上的绿地、灌木丛、树林等绿化景观资源，而是泛指农业用地和农村土地，设置的核心目的是防止城市用地蔓延侵蚀乡村土地。根据相关政策文件要求，绿化带内严格控制新项目的开发，如果是乡村聚落内的插入式新建建筑，则需要规划部门审批管理，确保这部分建筑不会给现有乡村特征、景观和环境带来负面影响。

国家公园体系最早建立于1949年颁布的《国家公园与乡村通达法》，设立目的主要是保护乡村地区的景观及土地性质，同时为大众提供享受美丽乡村和自然景观的机会。每个国家公园单独设有管理局，其行政管理职能独立于地方政府，在其辖区内享有规划及开展社会经济发展工作的权利，其上级机构为中央领导的国家公园管理局。国家公园内用地管控较绿化带更加严格，除必要性的基础设施、无法避免的公众项目在保障对周边环境影响较小的情况下允许建设外，其他建设项目严格意义上不允许进行建设。

杰出的自然景观地区是国家公园的附加概念，是其中非常杰出、具有地方特色、国家级的自然风景区，具有重要的保护价值。全英国共有47个建制的杰出的自然景观地区，杰出的自然景观地区不具备单独的管理机构，其管理职责归地方政府所有，管控要求与国家公园保持一致。

第二节 ▸ 德国的村庄规划

一、发展历程

10世纪中期，基于当时大规模的农业生产活动和大规模的工业化，德国乡村地区生态环境、乡村景观、村庄肌理等各方因素均遭到较大破坏，导致乡村人口流失和土地资源浪费。第二次世界大战结束后，德国城乡建设被严重破坏，亟须进行重建工作。由于这一时期德国被分为东德、西德两个国家，村庄规划建设出现较大差异，西德地区仍保持传统的欧洲大陆乡村制式，而东德则在苏联的指导下，形成了一批独立房屋沿网格化道路平均分布的村庄肌理。

20世纪70年代，为缓解城乡之间的发展矛盾，德国联邦政府提出“城乡等值化”的概念，模糊了城乡二元边界，城乡居民可以享有对等的生活条件，同时也使得乡村地区建设风格城镇化，破坏了原有的乡村风貌，时值欧洲地区文化保护运动兴起，使得德国村庄更新规划开始向“保护乡村地区风貌特色”方向发展[①]。

20世纪90年代后，可持续发展理念逐步融入德国村庄更新规划中，建设方式持续从工业化向生态化转变。维持自然生态过程的完整性、持续性，顺其自然搞乡村居住区建设。农村地区的生态价值、文化价值、旅游价值和休闲价值都被提到与经济价值同等重要的高度。

2004年，为应对各方面的挑战，德国确立了整合性乡村地区发展框架，将村庄更新、田地重划和农业结构发展规划等内容整合在一起。整合性的乡村规划策略以及由此构建的工作框架，成为包括地方社区政府，其他利益相关者以及公众相互沟通协调的平台[②]。

二、规划体系

（一）规划法规体系

德国村庄规划具有双重立法体系。一是以《建设法典》为主体的立法体系。规定了城市规划作为地方自治的管理范畴，联邦政府、州政府不能直接干预，只能通过行使监督权进行规划管理，且受到较大的限制。二是以《空间秩序法》为主体的立法体系。联邦制定的《空间秩序法》及各州制定的《州域规划法》，核心是防止地区自主性权力过大，平衡联邦、州、地区之间的权力关系，协调临近地区的发展关系，通过具有纲要性的空间秩序规划，对国家的社会发展、经济发展等作出原则性的规定，并逐级传导形成州域发展规划、区域规划等下位规划。除了《建设法典》和《空间秩序法》两部联邦的城市规划法之外，还有其他相关法律对各项专业规划、环境保护等工作作出规定[③]。德国规划法体系见附图28。

---

① 王长悦，林箐.德国乡村规划方法与我国的对比及启示：以韦亚恩社区为例[J].北京规划建设，2018（2）：96-99.

② 易鑫，施耐德.德国的整合性乡村更新规划与地方文化认同构建[J].现代城市研究，2013，28（6）：51-59.

③ 易鑫.德国的乡村规划及其法规建设[J].国际城市规划，2010，25（2）：11-16.

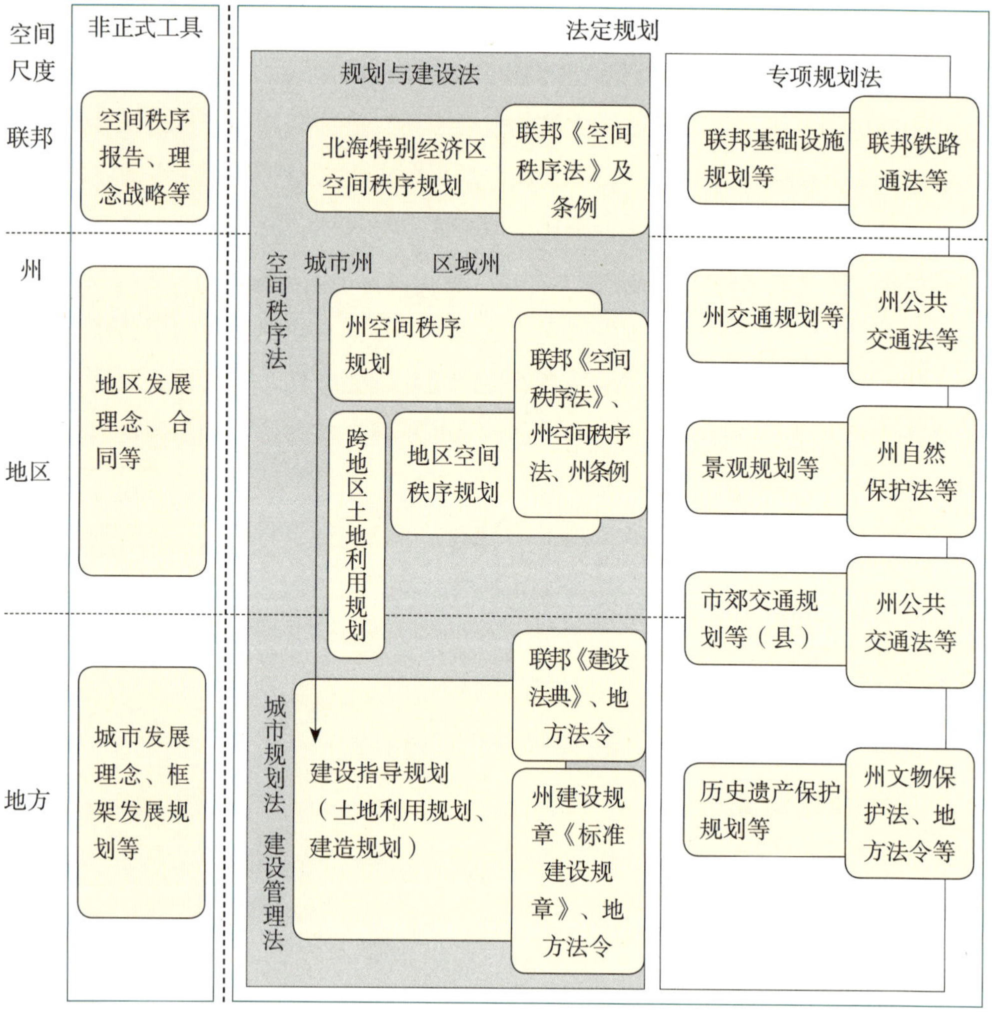

附图28 德国规划法体系[①]

（二）规划编制体系

德国村庄更新规划体系处于德国整个规划体系里上级规划的下部和建筑指导性规划中。在上级规划里，村庄更新规划要遵循各州的州发展规划和区域规划，根据这些规划制定村庄更新专业项目和计划，在该体系中，村庄更新规划是非正式规划。在建筑指导性规划层面上，根据《建筑法典》《建筑利用条例》《州规划法》《州建筑条例》和《土地整理法》等制定村庄更新正式规划，在该体系下村庄更新规划是具体落实的正式规划，必须具备较强的可操作性。同时，村庄更

① 周宜笑.德国规划法体系与《空间秩序法》简介[J].国际城市规划，2021，36（2）：143-152.

新规划也必须符合州发展规划和区域规划的要求。

非正式村庄更新规划方面，德国没有独立的村庄更新规划法律，而是以土地发展规划项目的形式表现，体现在各州的州发展规划和区域规划里。非正式村庄更新规划要采用土地发展规划项目形式，考虑城市发展规划要求。从规划空间范围看，非正式村庄更新规划属于跨地区性规划；从规划内容看，属于根据规划委托合同表述制定的标准性规划。

正式的村庄更新规划有两种实现形式，即根据《建筑法典》进行地区更新——乡镇规划，以及在《建筑法典》城市更新之外的村庄更新项目框架下进行村庄更新——土地整理规划。这两种不同形式的村庄更新规划依照的法律不同，程序也有所差异。根据《建筑法典》实施村庄规划，首先要制定土地利用规划，然后编制建设规划。在规划实施上要根据《建筑法典》规定的土地管理方法进行。而土地整理规划形式的村庄更新主要参考《土地整理法》进行，首先需要制定重建基本原则，然后依据重建基本原则制定针对公共设施的规划，最后根据《土地整理法》中的土地管理手段实施规划。正式的村庄规划从空间上看属于地区性规划，从内容上看属于竞争性规划和实施性规划[①]。

三、规划特色

（一）城乡等值化

德国的城乡等值化理论是维持其乡村发展、村庄特色的主要理念，在社会发展过程中，城乡具备着同等的发展机会，承载着相同等级的空间职能，城乡结合起来成为一个有机的整体。从行政区划角度来看，乡村与城市是平级关系，城市规划与村庄规划各司其职，仅通过跨区域规划进行区域发展统筹。

基于城乡等值化的发展理念，基于可持续发展原则、系统性原则、互补性原则、地方性原则、保护性原则、公众参与原则六大原则，很大程度上保障了乡村地区的发展活力以及对人才的吸引力。

值得注意的是，德国城乡等值化的发展现状，很大程度上是农业经济发展退行、乡村地区大量非农化延伸出来的经济政策。事实上，德国农业经济很大程度上需要依靠“财政补贴+乡村旅游”的模式才能维持发展。德国农民只要按照相关

① 曲卫东，斯宾德勒.德国村庄更新规划对中国的借鉴[J].中国土地科学，2012，26（3）：91-96.

规定去进行耕作，就可以获得每公顷210～750欧元的直接补贴[①]，同时还能获得特殊补贴、生态转型和维持补贴、休耕补贴等各类补贴。根据相关统计，德国农民收入60%依赖于各级政府补贴，剩余的40%才是出售农产品获得的收入[②]。这就使得德国的农业经济实质上成了补贴经济。我国作为自古以来的农业大国，不能盲目借鉴德国城乡等值化的具体做法，而是应当提取其中有价值的理念。不同时期德国对转换期和维持期有机农业耕作每公顷补贴情况见附表3。

附表3　不同时期德国对转换期和维持期有机农业耕作每公顷补贴情况[③]

栽培类型	2013—2016年		2018—2021年		增长率/%	
	转换期	维持期	转换期	维持期	转换期	维持期
蔬菜栽培	480	300	590	360	23	20
耕地	210	170	250	210	19	24
牧草地	210	170	250	210	19	24
永久农作物或育苗地	900	720	950	750	6	4

（二）基于“资源—网络”的发展路径

基于“资源—网络”的发展路径最早起源于德国图林根州，该州政府认为全方位、层层覆盖的巨量市政公服投资，难以对地区形成有效的影响，在其新制定的2025年州发展规划中，鼓励民间基于组织形式和财政支持，开展自下而上的合作发展模式，依照地方居民的发展意愿、自然和人文资源条件及发展潜力，以及各发展参与主体对地方资源的理解和规划预期进行资源整合，从而建构外部投资和本地资源高度匹配的区域资源网络。同时，该规划也大大提高了申请与之匹配的发展基金支持和企业投资，进而加强乡村地区跨区联动发展的机会。

“资源—网络”的核心是跨越行政等级、行政区划，以自下而上的形式推动地方发展。该模式下通过将地方政府的发展意愿，非政府组织、非营利组织、当地潜在的自然、人文、人力资源和当地民间团体智慧汇集起来，形成“资源—网络”，保障有限的资金可以精准高效地被投入最富有发展潜力的地区、项目中。

---

① 曾哲.欧盟共同农业政策框架下德国农业生态补偿政策及启示[J].辽宁大学学报（哲学社会科学版），2020，48（3）：76-81.

② 吴文浩，周琳，尹昌斌，等.欧美有机农业补贴政策分析：基于农业生产环境视角[J].世界农业，2019（2）：36-42，106.

③ 同上。

在图林根州的自下而上发展模式实践中，一个首要的关键环节在于对该地区独特地方资源的发掘，并通过地方政府与各组织间的紧密联动推送合作项目，形成对评估第三方和资金方的吸引力和说服力[①]。

（三）公众参与

德国的村庄规划公众参与有别于其他国家，其核心特征在于颁布了一个基于法律框架下村庄规划的公众参与体系，并以法律形式明确“乡村居民组成了农村社区，他们是乡村振兴战略中的主体”。这就说明乡村居民参与村庄规划是一种义务，也是一种权利，构成了参与主体的核心。除了乡村居民，由于德国乡村振兴战略既贯彻城乡等值化理念，又强调乡村的本土化，突出自身文化的独特性，因此城市居民和专家学者必然参与其中，构成村庄规划制定的参与人员[②]。

具体到相关法规层面，《建设法典》与《田地重划法》对公众参与的要求存在一定差异，《建设法典》对法定的公众参与程序有着严格的规定，从决定制定规划，到具体制定、介绍和修改规划方案，以及最后立法通过，每个阶段都要通过公示、召开代表会议等方式开展公众参与，接受各方质询，并按照当地惯例公布结果。《田地重划法》规定的公众参与则相对宽松一些，不需要全体社区人员参与，而是仅仅在利益相关者内部进行沟通公示。该模式往往适用于仅涉及农业用地局部调整的相关规划中[③]。

---

① 黄璜，杨贵庆，米塞尔维茨，等.“后乡村城镇化”与乡村振兴：当代德国乡村规划探索及对中国的启示[J].城市规划，2017，41（11）：111-119.

② 张延龙. 乡村振兴促乡村可持续发展的德国经验[N]. 中国社会科学报，2022-04-06（3）.

③ 易鑫.德国的乡村规划及其法规建设[J].国际城市规划，2010，25（2）：11-16.

第三节 日本的“一村一品”规划

一、发展历程

（一）萌芽期

日本“一村一品”规划起源于1961年日本大分县大山町的一次自下而上的规划尝试。时任大山町町长矢幡治美根据本地的实际情况，认为传统农业无法解决当时大山町的农民生活问题，因此开展了第一次种植梅子和栗子运动（NPC运动）：基于当地生产环境及生产基础，带领村民改种梅子树和栗子树，并结合产业开展农家乐等乡村休闲旅游项目，成功带领村民脱贫致富。大山町的NPC运动，是日本“一村一品”规划在基层自下而上的积极探索，为后续官方正式提出“一村一品”规划打下了深厚的基础[①]。

（二）实施期

1979年，刚上任的大分县知事平松守彦正式提出要在全县范围内实施“一村一品”规划，先后推出了“雪子寿司”“一头牛牧场”“汤布院町温泉”等大分县知名乡村品牌。

该规划提出后，大分县特产销售额从1980年的358.6亿日元增长至1999年的1416亿日元，当地特产种类从143个增加到319个，其中销售额10亿日元以上的产品有19个。

“一村一品”规划在大分县的成功，使其在全日本的农村逐渐开展，也开发出高知县“马路村柚子”、群马县川场村“世田谷区民健康村”、新潟县“越后妻有大地艺术节”、兵库县八千代区“市民农园”等“一村一品”产业品牌，成了日本乡村振兴的重要抓手。

（三）推广期

2005年12月，在世界贸易组织第六次部长级会议上，日本政府提出国际版

① 周维宏.日本农村振兴道路的转型实践：“一村一品”产业运动的发展逻辑考察[J].日本研究，2019（4）：11-22.

“一村一品”概念，将“一村一品”工作推广到中国、泰国、老挝、尼泊尔、马拉维共和国、吉尔吉斯斯坦等国，其成效根据不同国家国情及实施路径各有不同。

除输出理念外，日本内部对于“一村一品”规划也有了新的要求，先是提出1.5次产业（即介于第一产业和第二产业之间的农产品粗加工业），寻求地方农业特产加工业的发展，后随着经济与社会的发展，“一村一品”的概念逐渐被“农业六次产业化”所替代①。

日本乡村的“一村一品”规划，核心目的是通过提高农产品的附加价值来提升农村的经营效益，通过多层次地挖掘农产品的附加价值，提高当地农产品的市场竞争能力，拓展农产品的消费客户群体，增加乡村农业的经营效益。

二、规划路径

（一）明确产品选择

1. 产品选择

根据平松守彦提出的“磁场理论”，城市作为强磁场，对于资源人才的吸引力必然大于作为弱磁场的町、村，因此，要使得町、村也成为强磁场，才能保障其拥有与城市对等的竞争力。针对这一目标，首先是要确立“一村一品”中的“一品”，其次是要为该产品赋予更高的价值②。

2. 产品发展

产品确定之后，就要考虑如何为其附加更高的价值。平松守彦提出了通过1.5次产业，充分利用当地资源，丰富产业体系，延长产业链的手段。在农业生产结构中，针对不同领域，其发展1.5次产业具有不同的表现形式③。

（二）植入文化内涵

在农产品市场初步形成后，下一步就要通过文化旅游产业为其附加更高的产业价值，如大分县汤布院町的“一头牛牧场”，最早是“城市人投资一头牛，每年获得一定数量农产品分红，5年后拿回投资本金”的模式，后逐渐延伸出“绝

① 周维宏.日本农村振兴道路的转型实践：“一村一品”产业运动的发展逻辑考察[J].日本研究，2019（4）：11-22.

② 薛曜祖.日本OVOP战略的实施成效及经验借鉴[J].现代日本经济，2014（6）：41-51.

③ 同上。

叫大会”活动，即农家邀请认养肉牛的主人（家人朋友可以一同参加，实行限定人数收费制度）到牧场参加活动，品尝肉牛，并抽签决定一部分人依次喊出自己平时不敢说出的话语，通过噪声分贝测试器，根据噪声大小、喊出的内容有趣与否排名，发放奖品。汤布院町的产业发展模式，成功将原本的农业募资行为转变为地方特色文旅活动，在打响地方农产品品牌的同时，也促进了地方文旅产业发展，形成了一二三产业融合的业态。

日本知名的“一村一品”项目，如“马路村柚子”“雪子寿司”等，或多或少都有利用文化植入发展文旅产业的内容，也有类似于“世田谷区民健康村”“越后妻有大地艺术节”等一开始就以文旅产业为主打的“一村一品”项目。其产业发展内核是帮助农村摆脱单一的第一产业，多方向多角度助力农村发展。

（三）政府专项扶持

尽管日本“一村一品”规划的实施更多地强调村民自主独立，然而，也离不开政府的支持。在“一村一品”规划的实施过程中，政府主要承担政策扶持、技术研发、人才培训和市场开拓的职能。

政府通过财政支出、成立农业科研机构、培养农业技术人才和专业技能、协助开拓市场等积极参与“一村一品”产业发展扶持工作。政府还通过成立半官半民的组织日本农业协同工会，承担了维护农民利益、保障农产品生产流通、农业金融信贷三大业务，其会员涵盖日本绝大多数农民，通过产品研发、种苗配置、生产资料供应、产品加工、市场流通等全流程覆盖的服务，保障农业生产的稳定有序发展①。

三、规划特色

（一）自下而上，政府引导

“一村一品”规划，本质上还是一种自下而上的自发性运动，是农村社会自主性的有效释放，从大分县大山町第一次NPC运动开始，“一村一品”规划的核心就是自愿，种植什么作物、采用什么模式、如何进行销售，全部由本村的村民决

① 薛曜祖.日本OVOP战略的实施成效及经验借鉴[J].现代日本经济，2014（6）：41-51.

定。在“一村一品”规划具体实施过程中，政府既不会过多干预，也不会提供无偿资金支持，其发挥的核心作用是政策扶持、技术研发、人才培训和市场开拓，帮助村民少走弯路。

以自下而上为主导的“一村一品”规划，可以充分发挥村民的主观能动性，防止出现传统自上而下政策带来的效率低下，村民产生依赖心理，自我创新、摆脱贫困动力不足等情况。政府干预过少，特别是不提供资金支持这一方面，很大程度上对村庄本身基础条件设立了一定的门槛，同时，高度自主性意味着对村民群体的基本素质也有一定的要求[①]。“一村一品”规划中政府的引导措施见附表4。

附表4　“一村一品”规划中政府的引导措施[②]

研究机构	人才培养	市场建设	金融服务
农业渔业产品加工指导中心	土地多元利用培训学校	“一村一品”集市——互动市场	低率信贷
温泉园艺研究指导中心	“一村一品”研讨交流会	“一村一品”公司	基础设施建设补贴
菌类研究指导中心	海外培训计划	“一村一品”产业展销会	“一村一品”运动促进基金
海洋和渔业科学研究所	“一村一品”创建荣誉奖	“一村一品”节	—
农业技术中心	—	“一村一品”家乡茶艺馆	—
柑橘水果试验站	—	地区特产开发推进协会	—
畜禽试验站	—	销售促进恳谈会	—
制造业技术试验中心	—	消费者恳谈会	—

（二）激励创新，产业赋能

日本“一村一品”规划的成功与地区居民“靠自己的力量站起来”的精神是分不开的，而“一村一品”发展的核心，是村民挖掘本地原本不被重视、没有销路、难以延续的特产，通过包装、加工、宣传等途径，重点发展1.5次产业，使其成为地方性支柱产业。其中最经典的案例莫过于高知县马路村的柚子产业。

① 常伟，王微，阚庆云.日本“一村一品”运动对中国乡村振兴的启示：基于政府职能转变视角[J].改革与战略，2020，36（5）：111-118.

② 张婧.日本一村一品运动走向世界对中国乡村振兴的启示[J].日本问题研究，2019，33（5）：57-66.

马路村位于高知县的群山之中，对外交通极度不发达，森林覆盖率达96%，村里的支柱产业曾是伐木业，随着1979年政府立法保护生态，村里失去了支柱产业，村民也开始大量流失。为解决村中产业发展问题，村长带领村民开始种植当地唯一可以种植的产物——柚子，但是，由于种出来的柚子外形不好，加上交通不便，马路村的柚子一直难以作为水果投入市场，于是另辟蹊径，建立加工厂，以柚子果汁、果酱作为马路村"一村一品"的拳头产品，辅助以柚子调料、酱油、味噌、胡椒盐等调味品，成功打入了日本市场，其中柚子果汁的销量达到全国第一。由于柚子加工会产生大量加工废弃物，马路村又建立了一座以柚子加工废弃物为原料的化妆品工厂，生产柚子香皂、化妆水、美容液等7种系列产品，吸引了一些游客，以此形成了"产业+文旅"的乡村发展路径。

（三）放眼未来，培养人才

人才培养一直都是"一村一品"规划的重要组成部分，早在第二次NPC运动时期，大分县大山町就多次委派年轻人去国外学习先进农业经验，大分县政府也在"一村一品"规划实施过程中常设性开办各类讲习班，包括农业技术讲习班、商业讲习班、海洋养殖讲习班、妇女讲习班等[①]。针对不同层次农业人才进行定向培养，大分县的知名品牌"雪子寿司"，就是在这一人才培养工作中成功孵化的。

"雪子寿司"的创造者高桥文子女士，在参加了建设丰之国学校的培训后，受到启发，组织部分村民成立家乡本匠会，经过多轮研制，最终推出以香菇、大叶、萝卜混合制成的寿司饭——"雪子寿司"，屡获竞赛名次，取得了大量人气，最终成为当地的知名特产，拓展了销路，同时还吸引来了不少游客[②]。

第四节 ▸ 韩国的新村运动

一、发展历程

第二次世界大战及朝鲜战争结束后，韩国经济百废待兴，加之李承晚政权独

① 周维宏.日本农村振兴道路的转型实践："一村一品"产业运动的发展逻辑考察[J].日本研究，2019（4）：11-22.

② 农产品也要信仰创新：日本"一村一品"的成功典范[J].北京农业，2013（4）：20-23.

裁腐败，导致韩国政治紊乱，经济颓废，民不聊生。为解决乡村发展问题，改变乡村生活生产环境的紊乱情况，新任韩国总统朴正熙提出了“新村运动”，其核心内容是向全国33267个行政洞各无偿支援335袋水泥，后对成效好的16600个村庄再追加支援500袋水泥和1吨钢筋，以推动乡村自主建设发展，同时解决当时韩国水泥产量严重过剩、亟须拉动内需的困境[①]。

新村运动初期可分为基础村庄（1970—1973年）、自助村庄（1974—1976年）和自立村庄（1977—1979年）三个阶段，每个阶段对应不同的村庄建设标准，逐级提高。政府对类型村的支援力度也不断加大，支援主要集中于道路、排水等设施建设，此外，还有旨在增加收入的村庄非农共同事业的建设投资（见附表5）。

附表5　20世纪70年代新村运动的主要工作内容[②]

<table>
<tr><th rowspan="2">类别</th><th rowspan="2">推进时期</th><th colspan="2">支援工作</th><th rowspan="2">村民自力工作</th></tr>
<tr><th>主要工作</th><th>附加工作</th></tr>
<tr><td rowspan="2">基础村庄（18415个）</td><td rowspan="2">1970—1973年</td><td>改善环境</td><td>生产性基础设施</td><td rowspan="2">厨房、屋顶改良，堆肥增产等</td></tr>
<tr><td colspan="2">道路、供水、排水等设施建设</td></tr>
<tr><td rowspan="2">自助村庄（13943个）</td><td rowspan="2">1974—1976年</td><td>生产性基础建设</td><td>提升收入</td><td rowspan="2">新村广场，农业合作、住宅改良等</td></tr>
<tr><td colspan="2">道路和供水设施建设，围绕提升收入的有关工作</td></tr>
<tr><td rowspan="2">自立村庄（2307个）</td><td rowspan="2">1977—1979年</td><td>提升收入</td><td>文化和福利事业发展</td><td rowspan="2">标准住宅、新村工厂、接通电话等</td></tr>
<tr><td colspan="2">围绕提升收入的有关工作，完成环境改善方面的未尽工作</td></tr>
</table>

随着新村运动的发展，城乡经济的比值从1970年的1：0.75提高到1975年的1：1.1，到1990年基本持平。这一时期的城乡差别较小，逐渐从城乡二元发展到城乡一元的体制，但是，自从1996年政府停止对乡村面上的支援后，城乡差距再度拉大，青年人口再次大规模向城市流动，虽然乡村地区推出了各项政策试图再度

① 李仁熙，张立.韩国新村运动的成功要因及当下的新课题[J].国际城市规划，2016，31（6）：8-14.

② 金俊，金度延，赵民.1970—2000年代韩国新村运动的内涵与运作方式变迁研究[J].国际城市规划，2016，31（6）：15-19.

缩小差距，但是由于人口老龄化不断加剧，使得城乡差距越来越大[①]。

二、组织架构

20世纪70年代新村运动初期，新村运动由中央政府自上而下实施推进，在中央、市/道、市/郡、邑/面层面设置各级协议会，主导新村运动开发统筹工作，在村庄一级设置里/洞开发委员会，作为村级新村运动实施主体，同时，村级还设有妇女会、青年会、老人会、作业班、相助契、信用社等自治组织，作为村民公众参与的媒介。具体组织架构见附图29。

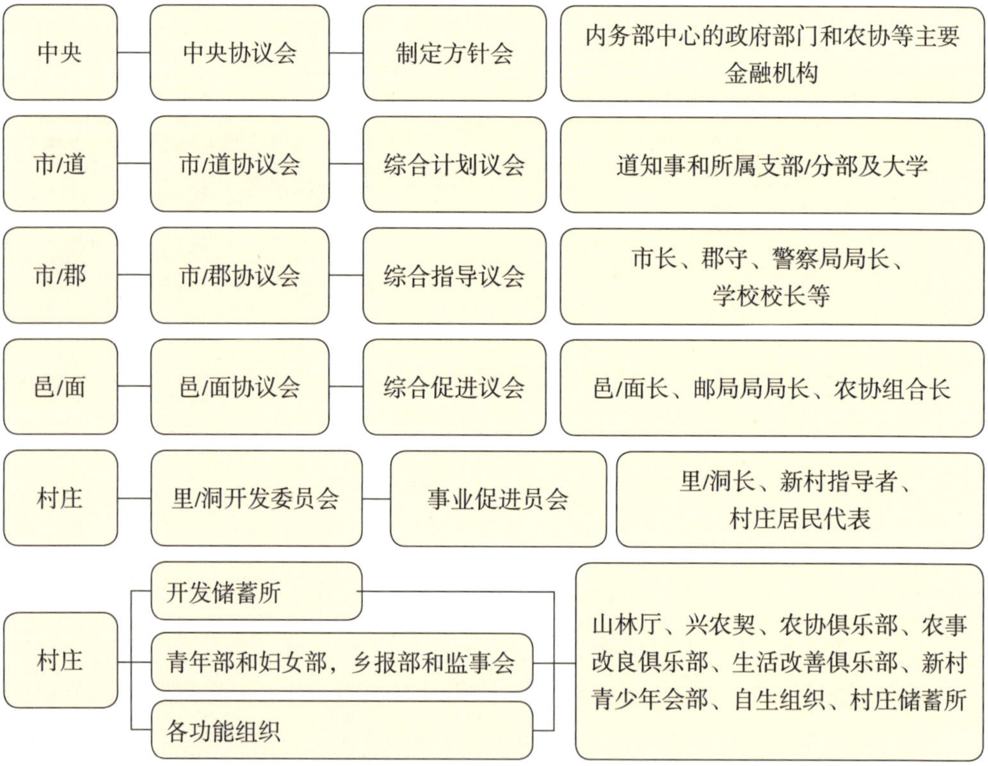

附图29 1970年新村运动的组织架构[②]

20世纪80年代后，新村运动逐渐从政府主导的运动转换为半官方半民间模

---

① 金俊，金度延，赵民.1970—2000年代韩国新村运动的内涵与运作方式变迁研究[J].国际城市规划，2016，31（6）：15-19.

② 同上。

式，承办主体也由原本的中央协议会转变为新村运动中央总部，从原本的“基础—自助—自立”三级新村体系进化为“自立—自营—福祉”三级新村体系，支援范围也从原本的村庄单位扩大至地区单位。20世纪90年代，韩国内外经济形势恶化，并最终在1997年亚洲金融危机中全面引爆，新村运动的重点工作从推动经济发展逐渐走向克服经济困难、维持经济稳定的方向。2000年后，新村运动作为韩国乡村振兴的实践经验，作为韩国对外援助输出手段及提升国际影响力的重要抓手，韩国政府对其赋予了新的内涵，并相应提出了国际开发援助的对策方法。新村运动的发展见附图30。

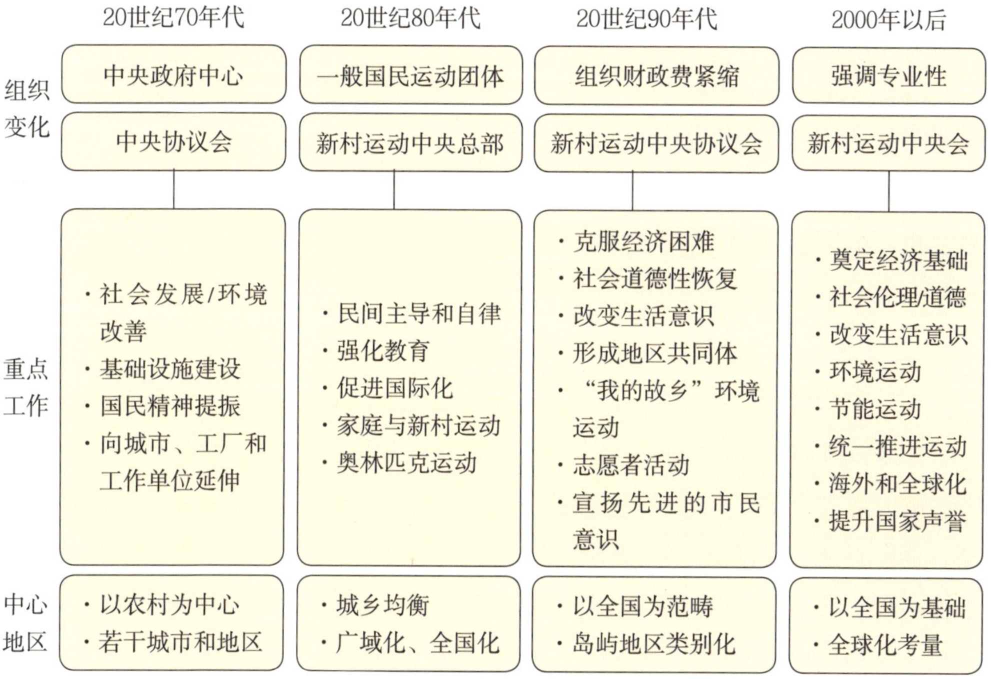

附图30　新村运动的发展[①]

三、规划特色

（一）发放水泥

发放水泥可以说是新村运动的标志性动作，其核心内涵是以物资补助代替金钱补助，推动乡村发展，既标志着新村运动的开端，拉开了韩国战后乡村建设的

① 金俊，金度延，赵民.1970—2000年代韩国新村运动的内涵与运作方式变迁研究[J].国际城市规划，2016，31（6）：15-19.

序幕，同时也定下了新村运动的整体内核，即通过政府援助撬动乡村建设杠杆，激发村民建设的积极性，从结果来看，它成功推动了韩国新村建设。

但是，该措施也存在一些弊端，学者陈明认为，韩国新村运动，本质上是一场钢筋水泥的“消耗战”[①]，是韩国政府消耗过剩水泥产能的手段。与此同时，从经济角度上来看，1971年中央和地方援助财政开支分别是27亿韩元和14亿韩元，合计41亿韩元，居民承担费用为81亿韩元；到了1979年，中央和地方援助财政开支分别为1258亿韩元和1010亿韩元，合计2268亿韩元，而居民承担费用则达到了3330亿韩元，这反映政府确实通过较少的资本撬动了乡村发展的杠杆，但是也带来了村民高额的成本支出[②]。有关数据显示，1970—1980年10年间，韩国农民每户平均负债从1.59万韩元激增至33.8万韩元，涨幅高达20倍，导致村民生活质量降低，违背了新村运动的初衷。这也导致1996年政府全面停止新村援助后，乡村地区经济急剧下滑，最终没能巩固新村运动的成果。

因此，对于政府支援模式方面的经验借鉴，既要考虑到新村运动对促进乡村发展积极的一面，同时也要考虑到消极的一面，不能全盘照搬，以免村民生活压力增大，违背乡村振兴的初衷。

（二）精神启蒙

如果说发放水泥是新村运动的标志性动作，那么精神启蒙就是新村运动的内核。政府通过物质、政策支持，激励村民通过自主参与的形式，开展村庄建设活动，逐渐形成现代意识，使饱受战乱饥饿的韩国国民树立起自信心，改善他们的精神面貌，加上官方的有意引导，将新村运动从一场物质环境改善的表象运动升华成一次国民层面的精神启蒙，让人们在农闲期不过度饮酒和赌博，而是自主地参与村庄建设活动，引导人们感受到成就感，并激发“我们也能做到”的热情和自信[③]，形成“必须通过经济自立成长为先进国”的国民意志。

虽然新村运动初期成功激发了村民的斗志，调动了他们的主观能动性，但是，那一时期的新村运动归根结底还是纯粹的自上而下的政治运动，其各级主导

① 陈明．韩国“新村运动”：一场钢筋水泥的消耗战[EB/OL].（2020-11-18）.https：//www.thepaper.cn/newsDetail_forward_9974159.

② 刘载祐，赵民.传统价值延续与现代化之路探索的全民实践：论韩国1970年代的新村运动[J].国际城市规划，2016，31（6）：20-24.

③ 李仁熙，张立.韩国新村运动的成功要因及当下的新课题[J].国际城市规划，2016，31（6）：8-14.

部门均是官方组织，村级主导部门里/洞开发委员会则是村民自治组织。随着新村运动的发展，官方有意逐渐淡出新村运动的主导序列，新村运动的主体也从各级协议会转变为以新村运动中央总部为首的半官方性质组织，更多的民营企业、非政府组织（NGO）、非营利组织（NPO）加入新村运动的支援中来。这一时期，居民的公众参与热情逐渐提高，妇女会、青年会、老人会、作业班、相助契、信用社等自治组织如雨后春笋般冒出，构成了农村新村运动的基层组织体系并作为村民意志的体现。

（三）新村领导人培训

20世纪70年代以村庄为单位的新村运动大体上是在新村领导人的能力、政府的政策和总统的意志，以及村庄的社会结构因素等的综合作用下取得显著成效的，其中新村领导人作为新村基层组织的领导者，起着承上启下的作用。

新村领导人作为村庄的领袖，发挥了最重要的作用。新村领导人最初是从自主的参与开始的，在政府的教育培训和奖励补偿政策影响下愈发活跃起来。政府从新村运动初期就开始培养新村领导人，为这些可能对村庄的发展和功能提升发挥重要作用的能人提供支持，使他们感受到作为村庄领导人的自豪感和使命感。通过教育培训和其他支持，新村领导人作为村庄领袖开展相关活动，对于村庄领导人自愿的风险和劳动，政府用新村勋章或表彰来补偿，并在正式场合积极宣传其成效①。

新村领导人的作用在于与村民讨论形成对村庄未来发展方向的共识，并对村民进行意识革新等相关的宣传教育。政府通过组织研修班、专门化技术教育、领导艺术课程等，提高了新村领导人的综合素质，使他们能够更加高效地带领村庄实现健康发展。新村领导人使得村庄分散的民心得以集聚，大家齐心协力建设新农村。

新村领导人的培训，同样作为近些年新村运动走向国际的重要抓手，帮助受助国家农村实现自我发展，促进村民互帮互助，形成有凝聚力的基层组织，有效促进发展中国家形成“居民自主，自己克服困难”的发展建设模式。

① 李仁熙，张立.韩国新村运动的成功要因及当下的新课题[J].国际城市规划，2016，31（6）：8-14.

第五节 上海市的郊野单元规划①

一、发展历程

自2012年起，上海市以郊野公园、不同城镇化阶段的新市镇为试点，开展郊野单元规划编制工作，至今已经历三轮规划调整，即上海郊野单元1.0版（2012—2014年）、上海郊野单元2.0版（2015—2017年）、上海郊野单元3.0版（2018年至今）。

郊野单元规划的3个版本都与当时的实际工作密切相关，但侧重点有所不同。上海郊野单元1.0版侧重于土地整治，主要目的是实现低效建设用地减量化，初步形成以空间规划为引领、以土地综合整治为基础、以城乡建设用地增减挂钩等政策为工具的郊野地区网格化精细管理平台。上海郊野单元2.0版侧重于全地类管理，更强调全镇域统筹和"一张图"管理，细化空间规划落地和土地利用，并建立项目库和乡村单元图则以指导近期建设，同时勾勒出乡村地区详细规划的雏形。上海郊野单元3.0版在前两版的基础上更侧重于农民集中居住和乡村规划实施，并正式更名为"郊野单元（村庄）规划"。在编制过程中更加注重结合实际情况，加强对现状的排摸调查，从而确定合理的规划目标。这对乡村建设的指导作用更强，能够直接形成近期行动计划，制定单元图则，指导各村项目的实施。上海市郊野单元规划发展脉络见附表6。

附表6 上海市郊野单元规划发展脉络

时间	阶段	规划内容变化
2008—2011年	研究阶段	2008年，上海市组建上海市规划和国土资源管理局开始推进城规、土规的"两规合一"工作。2010年上海正式开展"两规合一"规划编制方法研究
2012—2014年	上海郊野单元1.0版	上海市政府于2012年底提出"郊野单元规划"概念，并于2013年出台相关措施，2014年3月下发上海郊野单元1.0版规划导则，以土地整治为综合平台、以增减挂钩为政策工具，主要包含农用地整治、建设用地整治和专项规划整合3项内容

① 上海市规划和国土资源管理局，上海市城市规划设计研究院. 上海市郊野单元规划探索和实践[M].上海：同济大学出版社，2015.

（续表）

时间	阶段	规划内容变化
2015—2017年	上海郊野单元2.0版	随着“上海2035”总规的编制发布，为衔接最新版市、区、乡镇三级总规强制性内容，2015年6月上海市正式开展上海郊野单元2.0版的研究编制工作。上海郊野单元2.0版在延续上海郊野单元1.0版成果精髓的基础上，主要内容包括：承接上位规划要求，明确近期发展目标；强化空间统筹布局，细化近期空间规划落地和土地利用；整合近期重点建设项目，实行单元图则管理
2018年至今	上海郊野单元3.0版	2017年乡村振兴战略的提出、2018年自然资源部的成立，促使上海市开启上海郊野单元3.0版时代，在延续上两版郊野单元核心内容的基础上，衔接国土空间规划编制相关内容，搭建乡村振兴战略的重要平台

二、规划体系

上海市不拘泥于规划的法定性和完整性，通过土规重点专项——土地整治规划的4级体系构建，将城乡空间布局优化、低效建设用地减量化和土地综合整治的思路贯穿始终。

上海郊野单元1.0版尚处于城规、土规两规并行的时期，这一时期的郊野单元规划是作为土规体系下乡镇级土地整治专项规划实行，对乡镇集中建设区外低效用地进行综合整治，同时具备一定的详细规划属性，可通过规划许可手段管控项目落地。

上海郊野单元2.0版适逢“上海2035”总规发布，作为探索“两规合一”模式的重要手段，郊野单元规划同时具备城规与土规属性，相当于土地整治规划与控制性详细规划的结合体。

上海郊野单元3.0版作为“五级三类”国土空间规划体系下村庄层面的法定详细规划，向上承接乡镇级国土空间规划及乡镇级村庄布局规划，向下指引村庄规划设计[①]（见附图31）。

① 林坚，陈雪梅.郊野单元规划：高度城市化地区国土整治和用途管制的重要抓手[J].上海城市规划，2020（2）：99-103.

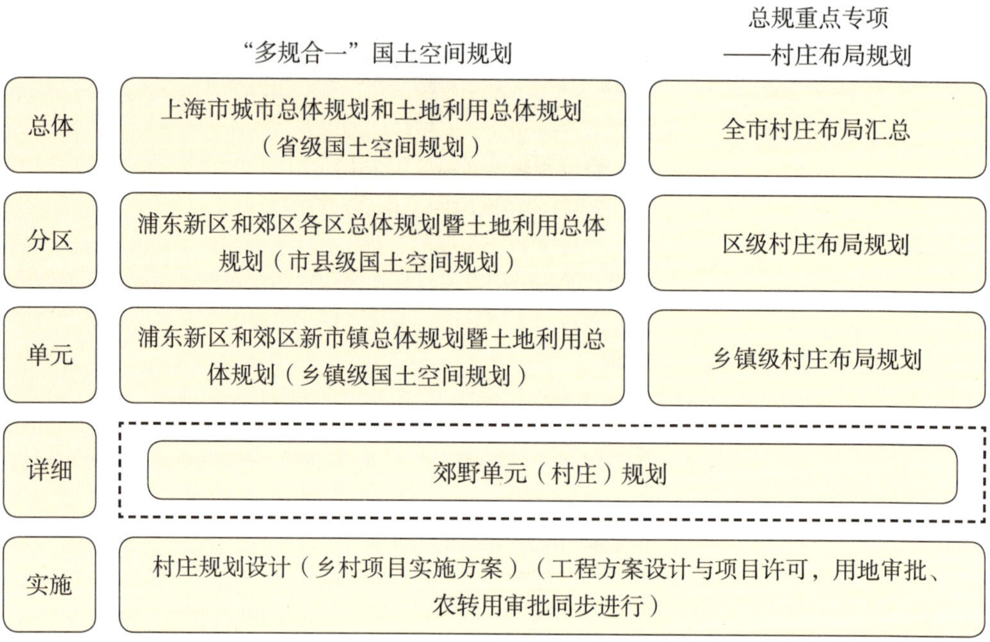

附图31　上海郊野单元3.0版规划体系

三、规划特色

（一）以减量化为抓手

减量化是上海郊野单元规划的重要建设用地指标腾挪手段。最早的减量化工作主要针对198工业用地的减量，即对上海市集中建设区以外198平方公里工业用地的减量与转型。上海市成立由市分管领导挂帅的减量化指挥部，出台相应配套政策，形成全覆盖规划平台，以镇域为范围开展规划编制工作。减量化的对象，主要是集建区外散乱、废弃、损毁、闲置、低效的现状建设用地。

为推动减量化工作顺利实施，上海市提出类集建区空间奖励政策，即在集建区外实现现状建设用地减量的，可以在集建区外获得不高于减量化面积三分之一的建设用地规划空间补偿，即“拆三还一”。同时，可以叠加的还有增减挂钩政策的“拆一还一”指标平移，实现双用地指标的有效腾挪。

（二）以乡村单元为基础

从维持自然生态网络格局的完整性、生活服务设施配置的便利性、产业功能集聚的便捷性等角度出发，依据自然边界、生活圈边界、产业分区边界划分乡村单元。具体划分原则由各区规划和土地行政管理部门制定，应与镇总规做好衔接。

从行政管理需求角度出发，率先在乡村地区建立起全域覆盖的网格化单元管理模式，以镇总规划分的乡村单元为边界或以行政村为边界（即每个行政村为一个乡村单元）划分乡村单元，将郊野单元的各项发展指标落实到各个乡村单元，形成郊野单元（村庄）规划图则，包括各行政村的用地布局、设施配套、规划指标和管理要求。

在乡镇级国土空间规划缺位的情况下，以郊野单元规划作为开放性规划平台，通过统筹协调集建区外农村建设所涉及的各类专业规划，整合各领域资源，实现集建区外格局优化、用地集约、生产高效、生活便利、生态改善、城乡统筹的发展目标，并将其作为核发建设项目规划许可证的法定依据。

（三）以土地整治为平台

上海郊野单元规划的土地整治主要是对农村田水路林村用地的统筹安排，按照用地性质可分为两大平台，即农用地整治与建设用地整治。

农用地整治可分为农业布局规划、农田水利规划、田间道路系统规划、农田防护与生态环境保护规划、项目区划分五大基本内容，建设用地整治则主要包括集建区外建设用地减量化方案制定、新增类集建区选择和建设用地的总体布局。

第六节 ▸ 浙江省的“千万工程”①

一、发展历程

浙江省自21世纪以来经历了“千万工程”、美丽乡村、“两美”浙江、乡村振兴的规划历程，其政策的延续性非常连贯，且在国土方面也开展了农村土地综合整治规划，两规配合，形成了优秀的乡村规划编制实施体系。

2003年，浙江省开展了“千村示范、万村整治”工程（简称“千万工程”），大力开展村庄整治，努力改善村庄生产生活条件，完善乡村基础设施和公共服务设施，使乡村风貌和生产生活条件有了很大的改善。

2010年，浙江省委、省政府制定实施了《浙江省美丽乡村建设行动计划

① 杨晓光，余建忠，赵华勤.从“千万工程”到“美丽乡村”：浙江省乡村规划的实践与探索[M].北京：商务印书馆，2018.

（2011—2015年）》，全面开展美丽乡村建设，着力建设规划科学布局美、村容整洁环境美、创业增收生活美、乡风文明身心美，宜居、宜业、宜游的“四美三宜”美丽乡村。

2014年，为响应党的十八大提出的“美丽中国”战略，浙江省启动了“建设美丽浙江、创造美好生活”的“两美”浙江建设，赋予美丽乡村建设更深刻的含义。

2017年，党的十九大首次提出乡村振兴战略，2018年，浙江省通过《浙江省实施全域土地综合整治助推乡村振兴战略行动计划工作方案》，形成了新的乡村规划实施抓手。不同时期“千万工程”的主要内容见附表7。

附表7　不同时期“千万工程”的主要内容①

时间	目标任务	配套支撑	主要抓手
2003年	从全省选择10000个左右的行政村进行全面整治，把其中1000个左右的行政村全面建成小康示范村	启动“千村示范、万村整治”工程	以农村生产、生活、生态的“三生”环境改善为重点，以改善农村生态环境、提高农民生活质量为核心的村庄整治建设大行动
2010年	“四美三宜两园”	《浙江省美丽乡村建设行动计划（2011—2015年）》	推进农村生态人居体系、农村生态环境体系、农村生态经济体系和农村生态文化体系建设，建设美丽乡村
2014年	“两美”浙江	《浙江省深化美丽乡村建设行动计划（2016—2020年）》	美丽乡村建设从“一处美”向“一片美”“全域美”拓展，大力发展美丽经济，以实现环境美与产业美、自然美与人文美、形态美与制度美相统一，打造美丽乡村升级版
2017年	千村3A景区、万村A级景区	浙江省第十四次党代会作出推进万村景区化建设的新决策	大力发展全域旅游，积极培育旅游风情小镇，推进万村景区化建设，提升发展乡村旅游、民宿经济，创建千个乡村振兴精品村、万个美丽乡村景区村
2020年	共建共享全域美丽大花园	全省深化“千万工程”建设新时代美丽乡村现场会	以“两进两回”为重要抓手，全面实施新时代美丽乡村“六大行动”，到2025年，基本建成具有“国际范、江南韵、乡愁味、时尚风、活力劲”浙江气质的美丽乡村

① 黄祖辉，傅琳琳.我国乡村建设的关键与浙江“千万工程”启示[J].华中农业大学学报（社会科学版），2021（3）：4-9，182.

二、规划体系

浙江省涉及村庄的规划主要分为三类五级，即村庄布点规划、村庄规划、村庄设计三大类，县（市）域村庄布点规划、乡镇域村庄布点规划、村庄规划、村庄设计、村居设计五个层级。其中村庄规划可以具体划分为村域规划与居民点规划（见附图32）。

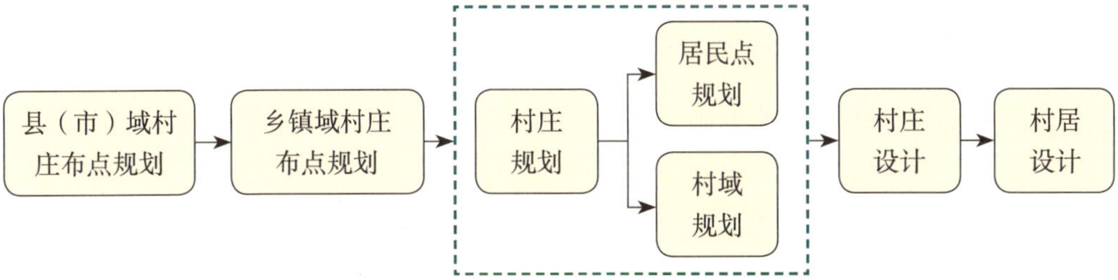

附图32　浙江省村庄规划体系

（一）村庄布点规划

村庄布点规划以乡镇域为基本单元，以县（市）域总体规划城乡居民点布局为依据，合理确定村庄等级与规模，科学安排农村居民点的数量、布局和规模，统筹区域内部基础设施和公共服务设施配置，做好区域内村庄整体风貌控制指引。

（二）村庄规划

村庄规划立足乡村发展，以整个行政村为规划范围，探索村庄规划与村庄土地利用规划“两规合一”，挖掘村庄地域特色、历史文化特色、产业特色等，因地制宜编制村庄规划，做好空间布局，合理安排基础设施与公共服务设施。

（三）村庄设计

中心村、美丽宜居示范村、历史文化名村、传统村落等重要村庄和建设项目较多的村庄，在编制（修改）村庄规划的同时开展村庄设计。

三、规划特色

（一）细化现状调查与分析内容

分析内容分为经济社会发展现状调查与分析、自然资源调查与分析、历史文化资源调查与分析、土地权属情况调查、农村居民点调查与分析、公共服务与基础设施调查与分析、村庄产业用地调查与分析和工程基础调查与分析。

（二）空间控制底线勘界定标

明确编制单元内生态保护红线、永久基本农田、村庄建设边界、历史文化保护控制线、重要基础设施廊道控制线以及其他重要控制线的空间分布与坐标定位。开展生态保护红线勘界定标、永久基本农田划区定界工作。

（三）乡村全域土地综合整治与生态修复

2018年，为推进浙江省乡村振兴的领跑者和示范省工作，经自然资源部批复同意，浙江在全国率先开展乡村全域土地综合整治与生态修复工程，要求在国土空间规划的引领下，进行全域规划、整体设计、综合治理、多措并举，用“内涵综合、目标综合、手段综合、效益综合”的综合性整治手段进行整治[①]。

全域土地综合整治是指按照山水林田湖草系统治理的理念，进行全域规划、全域设计、全域整治，对田水林路村进行全要素综合整治，建成农田集中连片、建设用地集中集聚、空间形态集约高效的美丽国土新格局[②]。通过推进“土地整治+”模式，整合各方力量，统筹推进各类涉农项目和资金，实施全要素、全区域的土地综合整治，实现了“土地功能腾挪、城市面貌更新、群众居住环境改善”有机结合的“1+N”综合效应[③]。

（四）明确区块管控与区块法定图则内容

区块管控内容分为区块法定图则、生态保护红线、生态修复、耕地永久基本农田、农用地综合整治、村庄居民点、集体经营性建设用地、建设用地整治、“两山”转化建设用地、历史文化保护10类。

涉及村庄居民点建设、集体经营性建设用地建设、全域土地综合整治和生态修复用地的必须编制区块法定图则。

---

① 何振嘉.关于实施农村全域土地综合整治的思考[J].国土资源情报，2020（11）：30-35.

② 朱仲华.关于湖州市农村开展全域土地综合整治的思考[J].浙江国土资源，2018（9）：27-29.

③ 钟天明，严桥来，何佑勇.对开展全域土地综合整治助力乡村振兴战略实施的思考[J].浙江国土资源，2020（3）：21-23.

第七节 启示与借鉴

一、城乡机会均等化

城乡发展不均衡的问题，核心是城乡面对的发展机遇不对等的问题，德国在这方面的做法较好，通过立法确立城乡发展机会平等；日本“一村一品”规划后期也通过“磁场理论”，提出乡村要发展，就要保障其具备不输于城市的人才、产业吸引力；英国虽然早期严重抑制乡村地区发展，但是现如今同样通过政策扶持，鼓励乡村多元化发展。由此可见，乡村要发展，应当通过合理的政府引导与政策扶持，创造乡村发展需要的土壤，保障其发展机会。

广东省作为改革开放的桥头堡，早期重城市轻农村的规划理念虽然给村级产业的发展带来了充足的灵活性，一定程度上确保了城乡机会均等化，但随着城市地区的发展壮大，对于各项资源的吸引力愈发严重，因此需要通过强化村庄地区的规划建设，增强其在当代的发展竞争力。

二、公众参与常态化

公众参与是保障村庄规划有效落地的重要手段，无论是英国村庄规划编制过程中的全流程公众参与，还是德国村庄规划立法保障村民在规划中的主体地位，抑或是日本自下而上的“一村一品”规划、韩国自上而下的新村运动，其核心都是通过公众参与，增强村民规划意识，切实保障规划编制的内容是村民希望的、需要的，同时，通过特色的公众参与模式抓住村民的心理需求，激发他们的主观能动性。

广东省过往的村庄规划虽然一直在开展公众参与工作，但是由于缺少具体措施指引，大部分公众参与工作往往流于形式，导致编制出来的村庄规划缺乏实用性，村民不满意。

三、乡村景观特色化

英国、德国的村庄规划改革、乡村振兴发展，核心背景是其社会发展进程导致“逆城市化”现象的出现，大批城市居民涌入乡村生活，导致乡村地区生活、环境、风貌的剧烈变化，为保护乡村环境风貌不遭受进一步的破坏，英国、德国政府推出了各自的村庄规划改革路径。

改革开放后，由于大批粤东、粤西、粤北农民前往珠三角地区务工，因而这批农民的经济相对富裕，另外，受城市风貌的影响，他们返乡建房时往往会选择“城市化”“欧陆风”作为建房的风貌参考，且因为资金预算相对不足，最终形成一种相对“廉价”的仿城市风貌，使乡村风貌发生改变。在乡村振兴战略的大背景下，除保护乡村环境、促进乡村发展之外，同样应当保护、维持原有的传统村落风貌，维持乡村景观特色，引导村民建设既好看又实用的中式乡村建筑。

四、推进“多规合一”

上海市作为全国最早进行乡村规划“两规合一”“多规合一”的地区之一，其主要目的之一就是通过一个统一的规划来解决城市之外地区的发展问题与用地问题，浙江省“千万工程”也进行了村庄规划与村庄土地利用规划“两规合一”的积极探索，并且取得了一定成效与实践经验。上海市、浙江省的村庄规划“两规合一”“多规合一”实践，为国家推行编制“多规合一”实用性村庄规划积累了理论基础与实践经验。

广东省积极响应国家有关编制“多规合一”实用性的村庄规划相关要求，编制了《广东省村庄规划编制基本技术指南（试行）》，印发了《广东省村庄规划全面优化提升三年行动计划》等一系列政策文件，通过开展村庄规划优化提升工作推进村庄规划层面的“多规合一”。

五、融入土地整治

上海市郊野单元规划提出了以198工业用地减量为首的土地整治工作，浙江省“千万工程”更是率先提出全域土地综合整治工作，实践成效都证明新时期的村庄规划需与土地整治工作有效结合起来，只有解决了用地问题，村庄规划的各项指标才能有效落地，形成真正意义上的实用性村庄规划。

广东省同样开展了21个国家级和21个省级全域土地综合整治试点，积极探索全域土地综合整治与村庄规划的有机融合。